传感器技术及应用

主　编　洪慧慧　叶　勇　封明亮

重庆大学出版社

内容提要

本书以传感器的应用技术为主线安排内容。全书共8章,第1章介绍传感器的基础知识、基本概念,第2章至第8章分别介绍应变式传感器、电感式传感器、电容式传感器、压电式传感器、霍尔式传感器、光电式传感器和新型传感器的工作原理、特性、测量电路及典型应用。

本书可作为高职高专院校自动化、应用电子、通信、电气技术、机电一体化及相近专业的教材,也可作为相关专业工程技术人员的参考书。

图书在版编目(CIP)数据

传感器技术及应用/洪慧慧,叶勇,封明亮主编.
—重庆:重庆大学出版社,2021.4(2021.8重印)
ISBN 978-7-5689-2249-4

Ⅰ.①传… Ⅱ.①洪… ②叶… ③封… Ⅲ.①传感器
—高等职业教育—教材 Ⅳ.①TP212

中国版本图书馆CIP数据核字(2020)第178666号

传感器技术及应用
主 编 洪慧慧 叶 勇 封明亮
责任编辑:周 立 版式设计:周 立
责任校对:邹 忌 责任印制:张 策
*
重庆大学出版社出版发行
出版人:饶帮华
社址:重庆市沙坪坝区大学城西路21号
邮编:401331
电话:(023)88617190 88617185(中小学)
传真:(023)88617186 88617166
网址:http://www.cqup.com.cn
邮箱:fxk@cqup.com.cn(营销中心)
全国新华书店经销
重庆魏承印务有限公司印刷
*
开本:787mm×1092mm 1/16 印张:11.25 字数:289千
2021年4月第1版 2021年8月第2次印刷
ISBN 978-7-5689-2249-4 定价:48.00元

前 言

根据教育部相关文件精神，高校要全面贯彻党的教育方针，落实立德树人的根本任务，把大学生思想政治教育摆在各项工作的首位，统筹规划，科学设计。在本书的设计编排中，我们既注重在理论知识传播中强调价值引领，又注重在价值传播中凝聚理论知识底蕴，突出显性教育和隐性教育相融通，将社会主义核心价值观、工匠精神、创新精神融入课程，培养学生具有吃苦耐劳、刻苦钻研的职业风尚，精益求精、革新鼎故的价值追求。本书通过实训和项目创新设计，培养学生成为具有敬业精神和创新精神的复合型技术技能人才，并激发学生立志为中国特色社会主义奋斗终生，成为能够担当中华民族伟大复兴重任的国家栋梁。

《中国制造 2025》如火如荼地推进，智能制造已经成为制造业转型升级的重要抓手与核心动力。传感器的应用领域涉及机械制造、工业过程控制、汽车电子产品、通信电子产品、消费电子产品和专用设备等，因此传感器技术及应用是高职高专院校自动化、应用电子、通信、电气技术、机电一体化及相近专业的一门职业能力主干课程，也是学生个人素质与职业能力培养最基本的理论实践一体化课程。

在编写本书的过程中，依据“立德树人”的要求，以培养“德技并修”高素质技术技能人才为目标，每一章节分为课程目标、案例引入、专业知识、课程育人、课堂互动、实训项目、创新项目及课后习题几个方面。案例引入、专业知识和课程育人环节通过相关的思政案例引入专业知识学习，介绍传感器的工作原理、特性、测量电路及典型应用，进行课程育人教育；课堂互动、创新项目和课后第一题环节，将国家政治、军事、经济、文化、科技等的发展融入其中进行育人教育；实训项目环节通过具体实验操作进行育人教育，培养学生认同国家，拥护政治，践行社会主义核心价值观的意识。

本书由重庆电子工程职业学院洪慧慧、叶勇、封明亮担任主编，编写分工如下：洪慧慧编写第 2 章、第 3 章、第 4 章、第 5 章，封明亮编写第 6 章，叶勇编写第 1 章、第 7 章、第 8 章。本书在编写过程中得到了有关专家的大力支持和帮助，部分内容参考了书后所列的参考文献，在此谨向所有给予帮助的同志和所列参考文献的作者深表谢意。

由于编者水平有限，书中不足之处在所难免，敬请广大读者批评指正。

编　者

2020 年 4 月

目　录

1

检测与传感技术基础

知识目标

1. 了解检测技术基础；
2. 掌握测量的基本概念、测量方法及误差情况；
3. 掌握传感器的定义、组成和作用。

技能目标

1. 能搭建检测系统，对信号进行检测；
2. 能识别传感器的类型。

素质目标

1. 使学生认识到发展智能产业的重要性，培养学生充分运用以互联网、大数据、人工智能等为代表的现代信息技术的能力；
2. 培养学生严格遵守职业道德规范，认真踏实、恪尽职守的职业风尚；
3. 弘扬敬老爱幼的中华民族传统美德。

1.1 检测技术基础

检测技术
基础(1)

【案例导读】2019 中国国际智能产业博览会(图 1.1)

2019 年 8 月 26 日,2019 中国国际智能产业博览会(以下简称“智博会”)在重庆国际博览中心开幕。国家主席习近平致贺信,对会议的召开表示热烈祝贺。

习近平指出,当前,以互联网、大数据、人工智能等为代表的现代信息技术日新月异,新一轮科技革命和产业变革蓬勃推进,智能产业快速发展,对经济发展、社会进步、全球治理等方面产生重大而深远影响。

2019 智博会以“智能化:为经济赋能,为生活添彩”为主题,智汇八方、博采众长,重点围绕“会”“展”“赛”及“论”,集中展示全球智能产业的新产品、新技术、新业态和新模式等。对比首届智博会,2019 智博会更加突出国际化,对接国际标准,创新办展理念,拓展服务功能,进一步扩大国外嘉宾、企业参会参展的规模、范围和层次,不断提升国际影响力;更加突出专业性,聚焦人工智能、大数据、云计算、5G、区块链等全球智能技术最新成果,举办 100 多场顶级专业论坛、成果发布和赛事活动;更加突出实效性,着力打造务实高效的招商对接平台,举办系列精准招商推介活动,促成一批智能化领域重大项目合作;更加突出体验感,设立两江新区礼嘉智慧生态城、悦来智慧生活互动体验区、渝北仙桃数据谷智慧交通及自动驾驶示范区、重庆经开区(南岸区)智谷智能科技体验区等四个实景体验场馆。立足智慧生活、智慧生产、智慧设施三大领域,设立无人超市、智慧医疗、氢燃料汽车、智慧步道等 50 余个生活场景,全面展示智能产业最新成果和未来智慧城市生动形态。同时,智博会期间,重庆国际博览中心所有场馆和室外智慧体验区实现 5G 网络全覆盖,让 2019 智博会成为全市 5G 生态的体验场。

图 1.1　2019 中国国际智能产业博览会主会场

【案例分析】中国人工智能产业发展离不开传感器与检测技术的应用,获取自然和生产领域准确可靠的信息。传感器与检测技术的应用领域涉及机械制造、工业过程控制、汽车电子产品、通信电子产品、消费电子产品、智能家居产品和专用设备等,传感器已无处不在。

在科学技术高度发达的现代社会中，人类已进入瞬息万变的信息时代，人们在从事工业生产和科学实验等活动时，主要依靠对信息资源的开发、获取、传输和处理。传感器处于研究对象与测控系统的接口位置，是感知、获取与检测信息的窗口，一切科学实验和生产过程，特别是在自动检测和自动控制系统要获取的信息，都要通过传感器转换为容易传输与处理的电信号。在工程实践和科学实验中提出的检测任务是正确及时地掌握各种信息，大多数情况下是要获取被测对象信息的大小，即被测量的大小。这样，信息采集的主要含义就是通过检测技术获取数据。在工程中，需要有传感器与多台仪表组合在一起，才能完成信号的检测，形成检测系统。随着计算机技术及信息处理技术的发展，检测系统所涉及的内容也不断得以充实。

1.1.1 检测技术的概念与作用

检测技术是人们为了对被测对象所包含的信息进行定性了解和定量掌握所采取的一系列技术措施，它是产品检验和质量控制的重要手段。人们十分熟悉借助于检测工具对产品进行质量评价，这是检测技术最重要的应用领域。另外，新型检测技术的不断发展和成熟，使得它在大型设备的安全经济运行和检测中得到了越来越广泛的应用。例如，电力石油、化工、机械等行业的一些大型设备，通常都在高温、高压、高速和大功率状态下运行。保证这些关键设备的运行具有十分重要的意义。因此，通常设置故障检测系统对温度、压力、流量、转速、振动和噪声等多种参数进行长期动态检测，及时发现异常情况，加强故障预防，达到早期诊断的目的。这样做可以避免突发严重的事故，保障设备和人员的安全，提高经济效益。随着计算机技术的发展，这类检测系统已经发展成故障自诊断系统，即采用计算机来处理检测信息，进行分析、判断及时诊断出故障并自动报警或采取相应的对策。

检测技术也是自动化系统中不可缺少的组成部分。任何生产过程都可以看作由物流和信息流组合而成的，反映物流的数量、状态和趋向的信息流则是管理和控制物流的依据。为了有目的地进行控制，首先必须通过检测获取有关信息，然后才能进行分析、判断，实现自动控制。因此，自动检测技术与转换是自动化技术中不可缺少的组成部分。

检测技术与现代化生产和科学技术的密切关系，使它成为一门十分活跃的技术学科，几乎渗透到了人类的一切活动领域，发挥着越来越重要的作用。表 1.1 为工业检测涉及的内容。

表 1.1 工业检测涉及的内容

被测量类型	被测量	被测量类型	被测量
热工量	温度、热量、比热容、热流、热分布、压力（压强）、压差、真空度、流量、流速、物位、液位、界面	物体的性质和成分量	气体，液体、固体的化学成分、浓度、黏度、湿度、密度、酸碱度、浊度、透明度、颜色

续表

被测量类型	被测量	被测量类型	被测量
机械量	直线位移、角位移、速度、加速度、转速、应力、应变、力矩、振动、噪声、质量(重量)	状态量	工作机械的运动状态(启停等)、生产设备的异常状态(超温、过载、泄漏、变形、磨损、断裂等)
几何量	长度、厚度、角度、直径、间距、形状、平行度、同轴度、粗糙度、硬度、材料缺陷	电工量	电压、电流、功率、电阻、阻抗、频率、脉宽、相位、波形、频谱、磁场强度、电场强度、材料的磁性能

1.1.2　检测系统的基本组成

检测技术基础(2)

一个完整的检测系统或装置通常是由传感器、信号调理电路和显示器等几部分组成的,分别完成信息获取、转换、显示和处理等功能。当然,其中还包括电源和传输通道等不可缺少的部分。图1.2所示为检测系统组成框图。

图1.2　检测系统组成框图

传感器是把被测量转换成电化学量的装置。显然,传感器是检测系统与被检测对象直接发生联系的部件,是检测系统最重要的环节。检测系统获取信息的质量往往是由传感器的性能决定的,因为检测系统的其他环节无法添加新的检测信息,并且不易消除传感器所引入的误差。传感器通常以电信号的形式输出以便传输、转换、处理和显示,输出电信号的形式多种多样,如电压、电流等,一般由传感器的原理确定。

信号调理电路包括放大(衰减)电路、滤波电路、隔离电路等。其中,放大电路的作用是把传感器输出的电量变成具有一定驱动和传输能力的电压、电流或频率信号等,以推动后级的显示器、数据处理装置及执行机构。

显示器是检测人员和监测系统联系的主要环节,其主要作用是使人们了解被测量的大小或变化的过程。目前常用的显示记录装置有四类:模拟显示、数字显示、图像显示及记录仪等。

数据处理装置用来对测试所得的实验数据进行处理、运算、逻辑判断、线性变换,对动态测试结果作频谱分析(幅值谱分析、功率谱分析)、相关分析等,完成这些工作必须采用计算机技术。

执行机构通常是指各种继电器、电磁铁、电磁阀门、电磁调节阀、伺服电动机等,在电路中是起通断、控制、调节、保护等作用的电器设备。许多检测系统能输出与被测量有关的电流或电压信号,作为自动控制系统的控制信号去驱动这些执行机构。

1.1.3 检测技术的发展趋势

科学技术的迅猛发展，为检测技术的现代化创造了条件，现代检测技术发展的总趋势大体有以下几个方面：

1.不断拓展测量范围，努力提高检测精度和可靠性

随着科学技术的发展，对检测仪器和检测系统的性能要求，尤其是精度、测量范围、可靠性指标的要求越来越高。仅十余年前，如果在长度、位移检测中达到微米级的测量精度，则一定会被大家认为是高精度测量；但随着近几年许多国家大力开展微机电系统、超精细加工等高技术研究，“微米、纳米技术”很快成了人们熟知的词汇，这就意味着科技的发展需要达到纳米级，甚至更高精度的检测技术和检测系统。

随着自动化程度不断提高，各行各业高效率的生产更依赖于各种检测、控制设备的安全可靠，努力研制在复杂和恶劣测量环境下能满足用户所需精度要求且能长期稳定工作的各种高可靠性检测仪器和检测系统将是检测技术的一个长期发展方向。对于航天、航空和武器系统等特殊用途的检测仪器的可靠性要求更高。例如，在卫星上安装的检测仪器，不仅要求体积小、质量小，而且既要能耐高温，又要能在极低温和强辐射的环境下长期稳定地工作，因此，所有检测仪器都应有极高的可靠性和尽可能长的使用寿命。

2.传感器逐渐向集成化、组合式、数字化方向发展

鉴于传感器与信号调理电路分开，微弱的传感器信号在通过电缆传输的过程中容易受到各种电磁干扰信号的影响，由于各种传感器输出信号形式众多，而使检测仪器与传感器的接口电路无法统一和标准化，实施起来颇为不便。

随着大规模集成电路技术的迅猛发展，采用贴片封装方式、体积大大缩小的通用和专用集成电路越来越普遍，因此，目前已有不少传感器实现了敏感元件与信号调理电路的集成和一体化，对外可直接输出标准的4~20 mA电流信号，成为名副其实的变送器。这对检测仪器整机研发与系统集成提供了很大的方便，从而使得这类传感器身价倍增。

其次，一些厂商把两种或两种以上的敏感元件集成于一体，成为可实现多种功能的新型组合式传感器。此外，还有厂商把敏感元件与信号调理电路、信号处理电路统一设计并集成化，成为能直接输出数字信号的新型传感器。例如，东南大学吴健雄实验室已成功研制出可用于检测和诊断不同类型和亚型的肝炎病毒的生物基因芯片。

3.重视非接触式检测技术研究

在检测过程中，把传感器置于被测对象上，可灵敏地感知被测参量的变化，这种接触式检测方法通常比较直接、可靠，测量精度较高，但在某些情况下，因传感器的加入会对被测对象的工作状态产生干扰，而影响测量的精度。有些被测对象，不允许或不能安装传感器，例如测量高速旋转轴的振动、转矩等。因此，各种可行的非接触式检测技术的研究越来越受到重视，目前已商品化的光电式传感器、电涡流式传感器、超声波检测仪表、核辐射检测仪表等正是在这些背景下发展起来的。今后不仅需要继续改进和克服非接触式（传感器）检测仪器易受外界干扰及绝对精度较低等问题，而且相信对一些难以采用接触式检测或无法采用接触方式进行检测的，尤其是那些具有重大军事、经济或其他应用价值的非接触检测技术课题的研究投入会不断增加，非接触检测技术的研究、发展和应用步伐将会明显加快。

4.检测系统智能化

近十年来，由于包括微处理器、单片机在内的大规模集成电路的成本和价格不断降低，功能和集成度不断提高，使得许许多多以单片机、微处理器或微型计算机为核心的现代检测仪器实现了智能化，这些现代检测仪器通常具有系统故障自测、自诊断、自调零、自校准、自选量程、自动测试和自动分选功能，强大数据处理和统计功能，远距离数据通信和输入、输出功能，可配置各种数字通信接口，传递检测数据和各种操作命令等，还可方便地接入不同规模的自动检测、控制与管理信息网络系统。

2019 年中国国际智能产业博览会给我们的启示：

(1)重庆正通过智博会这一重要平台，加快数字产业化、产业数字化，推动数字经济和实体经济深度融合，更加注重研发创新，更加注重补链成群，更加注重应用服务，着力打造“智造重镇”和“智慧名城”。

(2)“智博会”使我们认识到要进一步发展智能产业的重要意义，充分运用以互联网、大数据、人工智能等为代表的现代信息技术，积极推动数字经济和实体经济深度融合，为“共创智能时代，共享智能成果”做出新的贡献。

(3)我们要学好传感器以及检测技术知识，为将来参与智能产业建设打好坚实的基础。

1.2　测量理论

测量理论(1)

【案例导读】美国火星探测器神秘消失

1998 年 12 月 11 日，“火星气候轨道器”在佛罗里达州卡纳维拉尔角空军基地升空，如图 1.3 所示。该轨道器是由洛克希德·马丁公司承制的，质量为 629 kg，星体结构高为 2.3 m，宽为 1.65 m，太阳能帆板长 5.5 m。

1999 年 9 月 23 日，美国人正在翘首期盼“火星气候轨道器”进入预定轨道的好消息时，“火星气候轨道器”突然与地面控制中心失去了联系，原计划经过 6.65 亿 km 的长途飞奔就可以进入预定轨道了，谁知这个耗资巨大的火星探测器就这样神秘地消失了。

美国太空署组成的调查组,对“火星气候轨道器”飞临火星前传回的数据进行分析后发现,它进入火星大气层之后与火星的距离大约只有 60 km,这一高度大大低于科学家提出的 85~100 km 的最小安全距离,与预定的轨道高度 140~150 km 更是相差甚远。因此,调查组认为高度太低可能是造成探测器坠毁的直接原因,美国太空署的喷射推进实验室使用的是公制单位,该实验室每天都要根据洛克希德·马丁空间系统公司提供的数据启动两次小推进器,以调整探测器的航向。而洛克希德·马丁公司提供的数据为英制单位,导航人员误认为是公制数据而未加换算就输入了计算机系统,这样就导致了公制单位和英制单位数据的混乱,从而造成了严重的导航错误。

图 1.3　“火星气候轨道器”发射升空

【案例导读】导航人员在计算推力器每次工作的冲量时把英制的“磅力”误作“牛顿”进行操作。1 lb≈4.45 N,这样的失误造成的差距很大,因此,在进行测量和计算的时候,对于测量所用的标准和计算的单位都马虎不得,小小的失误可能来带巨大的损失。

1.2.1　测量方法

测量是在有关理论的指导下,用专门的仪器或设备,通过实验和必要的数据处理求得被测量的值的过程。在工业生产中,测量的目的是在限定的时间内尽可能准确地收集被测对象的未知信息,掌握被测对象的参数,进而控制生产过程,例如电厂中对锅炉水位的检测,钢厂中对热风炉风温的检测等。

测量方法的分类多种多样。例如,按在测量过程中被测量是否随时间变化可分为静态测量和动态测量;按测量手段的不同,可分为直接测量、间接测量和组合测量;按测量方式的不同,可分为偏差式测量、零位式测量和微差式测量等。除了上述分类外,还有另外一些分类方法。例如:按测量敏感元件是否与被测介质接触。可分为接触式测量和非接触式测量。

1.直接测量、间接测量和组合测量

1)直接测量

用按已知标准标定好的测量仪器对某一未知量直接进行测量,得出未知量的值,这类测量称为直接测量。例如,用弹簧压力表测压力,用磁电式电表测量电压或电流等都属于直接

测量。

直接测量并不意味着就是用直读式仪表进行测量，许多比较式仪器如电桥、电位差计等，虽然不一定能直接从仪器度盘上获得被测量的值，但因参与测量的对象就是被测量本身，所以仍属于直接测量。直接测量的优点是测量过程简单且迅速，是工程技术中采用较为广泛的测量方法。

2)间接测量

对几个与被测量有确切函数关系的物理量进行直接测量，然后通过已知函数关系的公式、曲线或表格求出该未知量，这类测量称为间接测量。例如，在直流电路中测出负载的电流 I 和电压 U。根据功率 $P=IU$ 的函数关系，便可求得负载消耗的电功率，这属于间接测量。

间接测量方法操作较麻烦，花费时间也较多，一般在直接测量很不方便、误差较大及缺乏直接测量的仪器等情况下采用，这类方法多用在实验室，工程中有时也用。

3)组合测量

在测量中，使各个未知量以不同的组合形式出现(或改变测量条件来获得这种不同的组合)。根据直接测量和间接测量所得到的数据，通过解一组联立方程而求出未知量的数值，这类测量称为组合测量，又称联立测量。组合测量中，未知量与被测量存在已知的函数关系(表现为方程组)。

例如，为了测量电阻的温度系数，可利用电阻值与温度间的关系公式，即

$$R_t = R_{20} + \alpha(t - 20) + \beta(t - 20)^2 \tag{1.1}$$

式中：α、β——电阻温度系数；

R_{20}——电阻在 20 ℃时的阻值；

t——测试时的温度。

为了测出电阻的 α、β 和 R_{20} 的值，采用改变测试温度的方法，在 3 种温度 t_1、t_2 及 t_3 下分别测出对应的电阻值 R_{t_1}、R_{t_2} 及 R_{t_3} 代入式(1.1)，得到一组联立方程，解此方程后便可求得 α、β 和 R_{20}。

组合测量的测量过程比较复杂，费时较多，但易达到较高的精度，因此被认为是一种特殊的精密测量方法，一般适用于科学实验和特殊场合。

2.偏差式测量、零位式测量和微差式测量

1)偏差式测量

在测量过程中，用仪表指针相对于刻度线的位移(偏差)来直接表示被测量，这类测量称为偏差式测量。如用弹簧压力表检测压力，它的测量过程比较简单、迅速，但测量精确度较低，被广泛应用于工程测量。

2)零位式测量

零位式测量(又称补偿式或平衡式测量)是在测量过程中，用指零仪表的零位指示来检测测量系统是否处于平衡状态，当测量系统达到平衡时，用已知的基准量决定被测未知量的量值。例如，用天平测量物体的质量。

3)微差式测量

微差式测量是综合了偏差式测量和零位式测量的优点而提出的一种测量方法。它将被测未知量与已知的标准量进行比较，并取出差值，然后用偏差式测量求出此偏差值。微差式

测量的优点是反应快,不需要进行反复的平衡操作和测量精度高,所以它在工程测量中已获得越来越广泛的应用。

1.2.2　测量系统的分类

1.开环测量系统

开环测量系统的全部信息转换只沿着一个方向进行。如图 1.4 所示。

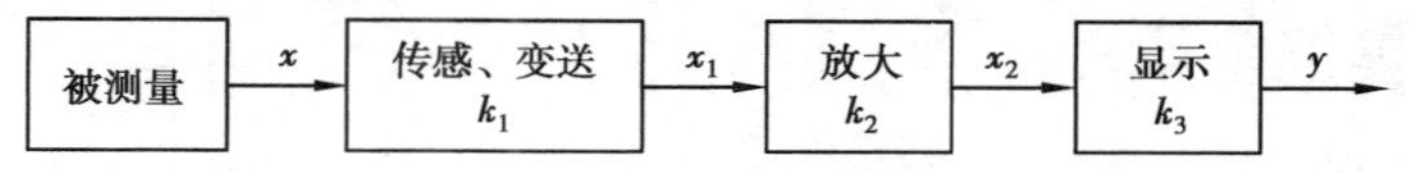

图 1.4　开环测量系统框图

其中 x 是输入量,y 是输出量,k_1、k_2 及 k_3 为各个环节的传递系数,输出关系表示为

$$y = k_1 k_2 k_3 \tag{1.2}$$

因为开环测量系统是由多个环节串联而成的,因此系统的相对误差等于各环节相对误差之和,即

$$\delta = \delta_1 + \delta_2 + \cdots + \delta_n = \sum_{i=1}^{n} \delta_i \tag{1.3}$$

式中:δ——系统的相对误差;

δ_i——各环节的相对误差。

采用开环方式构成的测量系统结构较简单,但各环节特性的变化都会造成测量误差。

2.闭环测量系统

闭环测量系统有两个通道,一个正向通道,一个反馈通道,其结构如图 1.5 所示。其中 Δx 为正向通道的输入量,β 为反馈环节的传递系数,正向通道的总传递系数 $k=k_2k_3$。

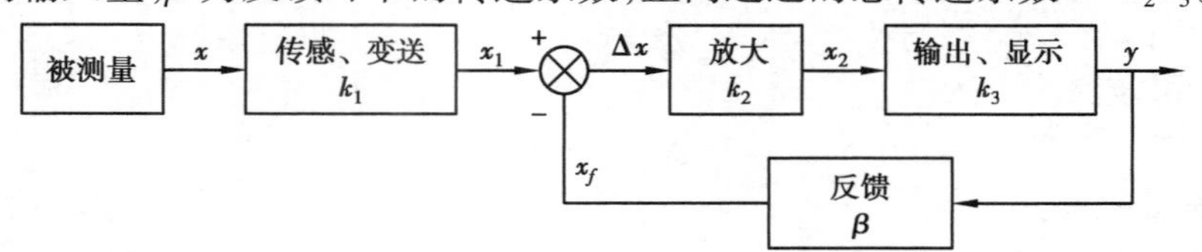

图 1.5　闭环测量系统框图

由图 1.5 得

$$\Delta x = x_1 - x_f \tag{1.4}$$

$$x_f = \beta y \tag{1.5}$$

$$y = k\Delta x = k(x_1 - x_f) = kx_1 - k\beta y \tag{1.6}$$

将式(1.6)进行数学计算,得

$$y = \frac{k}{1 + k\beta} x_1 = \frac{1}{\dfrac{1}{k} + \beta} x_1 \tag{1.7}$$

当 $k \gg 1$ 时,有

$$y \approx \frac{1}{\beta} x_1 \tag{1.8}$$

因为 $x_1 = k_1 x$,系统的输入、输出关系为

$$y = \frac{kk_1}{1 + k\beta}x \approx \frac{k_1}{\beta}x \tag{1.9}$$

显然,这时整个系统的输入、输出关系由反馈环节的特性决定,放大器等环节特性的变化不会造成测量误差,或者造成的测量误差很小。

据以上分析可知,在构成测量系统时,应将开环系统与闭环系统巧妙地组合在一起加以应用,才能达到所期望的目的。

1.2.3 测量误差

测量理论(2)

测量误差是测得值与被测量的真值的差,由于真值往往不知道,因此测量的目的是希望通过测量获取被测量的真值。但由于种种原因,如传感器本身性能不十分优良、测量方法不完善、外界干扰的影响等,造成被测量的测得值与真值不一致,因而测量中总是存在误差。由于真值未知,所以在实际中,有时用约定真值代替真值,常用某量的多次测量结果来确定约定真值,或用精度高的仪器示值来代替约定真值。

在工程技术及科学研究中,对被测量进行测量时,测量的可靠性至关重要,不同的场合对测量结果的可靠性要求也不同。例如:在量值传递、经济核算、产品检验场合应保证测量结果有足够的准确度,当测量值用作控制信号时,则要注意测量的稳定性和可靠性。

因此,测量结果的准确度应与测量的目的和要求相联系、相适应,那种不惜工本、不顾场合、一味追求越准越好的做法是不可取的,要有技术和经济兼顾的意识,按不同的方法,测量误差可分为不同的类。

1.按误差的表示方法分

测量误差按误差表示方法的不同,可分为绝对误差、实际相对误差、引用误差、基本误差和附加误差。

1)绝对误差

绝对误差可定义为

$$\Delta = x - L \tag{1.10}$$

式中:Δ——绝对误差;

x——测量值;

L——真值。

绝对误差可正、可负,并有量纲。

在实际测量中有时要用到修正值,修正值是与绝对误差大小相等、符号相反的值,即

$$c = -\Delta \tag{1.11}$$

式中:c——修正值,通常用高一等级的测量标准或标准仪器获得。

利用修正值可对测量值进行修正,从而得到准确的实际值修正后的实际测量值 x',即

$$x' = x + c \tag{1.12}$$

修正值给出的方式,可以是具体的数值,也可以是一条曲线或公式。

采用绝对误差表示测量误差不能很好地说明测量质量的好坏,例如,在温度测量时,绝对误差 $\Delta = 1$ ℃,对体温测量是不允许的,而对钢水温度测量来说却是极好的测量结果。所以,用相对误差可以客观地反映测量的准确性。

2)实际相对误差

实际相对误差的定义为

$$\delta = \frac{\Delta}{L} \times 100\% \tag{1.13}$$

式中：δ——实际相对误差，一般用百分数表示；

Δ——绝对误差；

L——真值。

由于被测量的真值 L 无法知道，实际测量时用测量值 x 代替真值 L 进行计算，这个相对误差称为标称相对误差，即

$$\delta = \frac{\Delta}{x} \times 100\% \tag{1.14}$$

3）引用误差

引用误差是仪表中通用的一种误差表示方法，它是相对于仪表满量程的一种误差，又称满量程相对误差，一般用百分数表示，即

$$\gamma = \frac{\Delta}{\text{测量范围的上限} - \text{测量范围的下限}} \times 100\% \tag{1.15}$$

式中：γ——引用误差；

Δ——绝对误差。

仪表的精度等级是根据最大引用误差来决定的。我国的模拟仪表有 7 种精度等级（见表 1.2），精度等级的数值越小仪表就越昂贵。例如，在正常情况下，用精度等级为 0.5 级、量程为 100 ℃的温度表来测最温度时，可能产生的最大绝对误差为

$$\Delta_m = (\pm 0.5\%) \times A_m = \pm(0.5\% \times 100)℃ = \pm 0.5 ℃ \tag{1.16}$$

表 1.2 仪表的精度等级和基本误差

精度等级	0.1	0.2	0.5	1.0	1.5	2.5	5.0
基本误差	±0.1%	±0.2%	±0.5%	±1.0%	±1.5%	±2.5%	±5.0%

例 1.1 现有精度等级为 0.5 级的 0~300 ℃和精度等级为 1.0 级的 0~100 ℃的两个温度计，要测量 80 ℃的温度，试问采用哪一个温度计好。

解 由题意知

$$\Delta_{m1} = (\pm 0.5\%) \times A_{m1} = \pm(0.5\% \times 300)℃ = \pm 1.5 ℃$$

$$\Delta_{m2} = (\pm 1.0\%) \times A_{m2} = \pm(1.0\% \times 100)℃ = \pm 1.0 ℃$$

$$\delta_1 = \frac{\Delta_{m1}}{x} \times 100\% = \pm\frac{1.5}{80} \times 100\% = \pm 1.875\%$$

$$\delta_2 = \frac{\Delta_{m2}}{x} \times 100\% = \pm\frac{1.0}{80} \times 100\% = \pm 1.25\%$$

计算结果表明，用 0.5 级表以及 1.0 级表测量时，可能出现的最大示值相对误差分别为±1.875%和±1.25%，即用 1.0 级表比用 0.5 级表的标称相对误差的绝对值反而小，所以更合适。

4）基本误差

基本误差是指传感器或仪表在规定的条件下所具有的误差。例如，某传感器是在电源电

压(220±5)V、电网频率(50±2)Hz、环境温度(20±5)℃、湿度65%±5%的条件下标定的。如果传感器在这个条件下工作,则传感器所具有的误差为基本误差,仪表的精度等级就是由基本误差决定的。

5)附加误差

附加误差是指传感器或仪表的使用条件偏离额定条件下出现的误差,如温度附加误差、频率附加误差、电源电压波动附加误差等。

2.按误差的性质分

根据测量数据中的误差所呈现的规律及产生的原因可将测量误差分为随机误差、系统误差和粗大误差。

1)随机误差

在同一测量条件下,多次测量被测量时,其绝对值和符号以不可预定方式变化着的误差称为随机误差。

在我国制定的国家计量技术规范 JJF 1001—1998《通用计量术语及定义》中,对随机误差的定义是根据国际标准化组织(ISO)等 7 个国际组织制定的《测量不确定度表示指南》定义的,即随机误差是测量结果与在重复性条件下对同一被测量进行无限多次测量所得结果的平均值之差。重复性条件包括:相同的测量程序,相同的观测者,在相同的条件下使用相同的测量仪器,相同的地点,在短时间内重复测量。

随机误差表示为

$$\text{随机误差} = x_i - \bar{x}_\infty \tag{1.17}$$

式中:x——被测量的某一个测量值;

$\bar{x}_\infty$——重复性条件下无限多次的测量值的平均值,即

$$\bar{x}_\infty = \frac{x_1 + x_2 + \cdots + x_n}{n} (n \to \infty) \tag{1.18}$$

由于重复测量实际上只能测量有限次,因此实用中的随机误差只是一个近似估计值。对于随机误差不能用简单的修正值来修正,当测量次数足够多时,随机误差就整体而言,服从一定的统计规律,通过对测量数据的统计处理可以计算随机误差出现的可能性的大小。

随机误差是由很多不便掌握或暂时未能掌握的微小因素(如电磁场的微变,零件的摩擦、间隙,热起伏,空气扰动,气压及湿度的变化,测量人员感觉器官的生理变化等)对测量值的综合影响所造成的。

2)系统误差

在同一测量条件下,多次测量被测量时,其绝对值和符号保持不变,或在条件改变时,按一定规律(如线性、多项式、周期性等函数规律)变化的误差称为系统误差,前者为恒值系统误差,后者为变值系统误差。

在我国制定的国家计量技术规范 JJF 1001—1998《通用计量术语及定义》中,对系统误差的定义是,在重复性条件下对同一被测量进行无限多次测量所得结果的平均值与被测量的真值之差。系统误差表示为

$$\text{系统误差} = \bar{x}_\infty - L \tag{1.19}$$

式中:$\bar{x}_\infty$——重复性条件下无限多次的测量值的平均值;

L——真值。

因为真值不能通过测量获知，所以通过有限次测量的平均值 $\bar{x}$ 与 L 的约定真值近似地得出系统误差，称之为系统误差的估计，利用得出的系统误差可对测量结果进行修正，但由于系统误差不能完全获知，因此通过修正值对系统误差只能有限地补偿。

引起系统误差的原因较复杂，如测量方法不完善、零点未调整、采用近似的计算公式、测量者的经验不足等。对于系统误差，首先要查找误差根源，并设法减小和消除，而对于无法消除的恒值系统误差，可以在测量结果中加以修正。

3）粗大误差

超出在规定条件下预期的误差称为粗大误差，粗大误差又称为疏忽误差，粗大误差的发生是由于测量者疏忽大意、测错、读错或环境条件的突然变化等引起的。含有粗大误差的测量值明显地歪曲了客观现象，故含有粗大误差的测量值称为坏值或异常值。

在数据处理时，要采用的测量值不应该包含粗大误差，即所有的坏值都应当剔除，所以进行误差分析时，要估计的误差只有系统误差和随机误差两类。

美国火星探测器神秘消失给我们的启示：

（1）航天无小事，即使“差之毫厘”的误差也会产生“失以千里”的后果。这个造价高达1.93亿美元的太空船，最终因计算失误迷失在了前往火星轨道的茫茫征途之中。同样，工作中的小失误或差错，可能给产品的质量带来本质的变化，给企业造成经济损失，因此，对自己所从事的工作及学习要有负责的态度，严格遵守职业道德规范，认真踏实、恪尽职守。

（2）在从事检测工作和计算的过程中，一定要保证每个步骤的严谨，不要出现测量上的失误，尽量减小误差，提高测量精度。

1.3 传感器技术基础

传感器技术基础（1）

【案例导读】关爱老年人

时光荏苒，岁月如梭。每个人都有老去的一天，昔日风华正茂的青年终会成为年过半百的老人，关爱老人既是中华民族的传统美德，也是人类进步发展的前提。

在无锡市百禾怡养老院里，每一位老人都佩戴着一个智能卡，如图1.6所示。借助该智能卡，通过人员定位系统、紧急呼叫系统等传感器设备的应用，可对老人进行24 h实时定位。据介绍，老人如遇紧急情况，只需轻按智能卡上的SOS按钮，屏幕上立刻就会显示出老人的名字和位置，护理员可迅速赶到老人身边进行处理，除智能卡外，院里的智能床垫也令人大开眼界，如图1.7所示，里面增加了传感器感知芯片。只要老人躺在床垫上，就能实时准确地检测出呼吸、心跳等生命体征数据，以及离床时间、离床次数、其他异常状态，并利用无线传输方式，将数据实时传送到远程工作站或移动手机终端上。

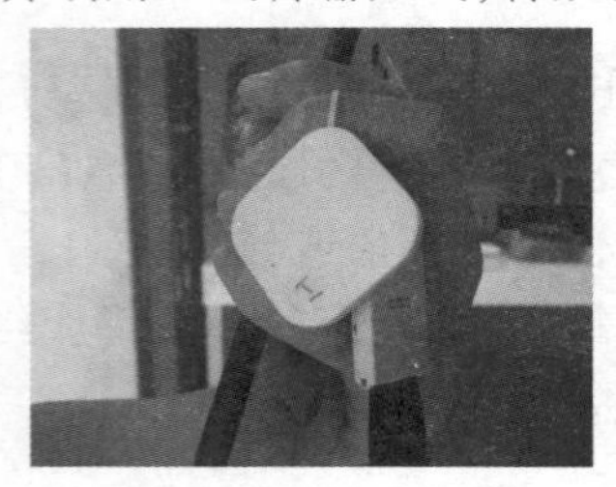

图1.6　智能胸卡

图1.7　智能床垫

【案例分析】将各种传感器设计成智能装备，日常生活中对老年人的身体进行检测，或者关注老年人的行动，能够及时获取老年人的状态，关键时候做出迅速的反馈，保障老年人活动的自主性和安全性。

构成现代信息技术的三大支柱：传感器技术（信息采集）——“感官”；通信技术（信息传输）——“神经”；计算机技术（信息处理）——“大脑”。随着物联网、人工智能等技术的发展，传感器的应用领域涉及机械制造、工业过程控制、汽车电子产品、通信电子产品、消费电子产品和专用设备等，传感器已无处不在。《中国制造2025》如火如荼地推进，智能制造已经成为制造业转型升级的重要抓手与核心动力，实现智能制造，首先要解决的就是要获取准确可靠的信息，而传感器是获取自然和生产领域中信息的主要途径与手段。

1.3.1　传感器的组成

传感器是一种以一定的精确度把被测量转换为与之有确定对应关系的、便于应用的某种物理量的测量装置。

在有些学科领域，传感器又称为敏感元件、检测器、转换器等。这些不同提法，反映了在不同的技术领域中，使用者只是根据器件用途对同一类型的器件给出了不同的技术术语而已。如在电子技术领域，常把能感受信号的电子元件称为敏感元件，如热敏元件、磁敏元件、光敏元件及气敏元件等；在超声波技术中则强调的是能量的转换，如压电式换能器等；这些提法在含义上有些狭窄，因此传感器一词是使用最为广泛而概括的用语。

传感器的输出信号通常是电量，它便于传输、转换、处理、显示等。电量有很多形式，如电压、电流、电容、电阻等,输出信号的形式由传感器的原理确定。

通常,传感器由敏感元件和转换元件组成,如图 1.8 所示。其中,敏感元件是指传感器中能直接感受或响应被测量的部分;转换元件是指传感器中能将敏感元件感受或响应的被测量转换成适于传输或测量的电信号的部分。由于传感器的输出信号一般都很微弱,需要信号调理与转换电路进行放大、运算调制等,此外信号调理与转换电路以及传感器的工作必须有辅助电源,因此信号调理与转换电路以及所需的电源都应作为传感器组成的一部分。随着半导体器件与集成技术在传感器中的应用,传感器的信号调理与转换电路和敏感元件集成在同一芯片上,安装在传感器的壳体里。

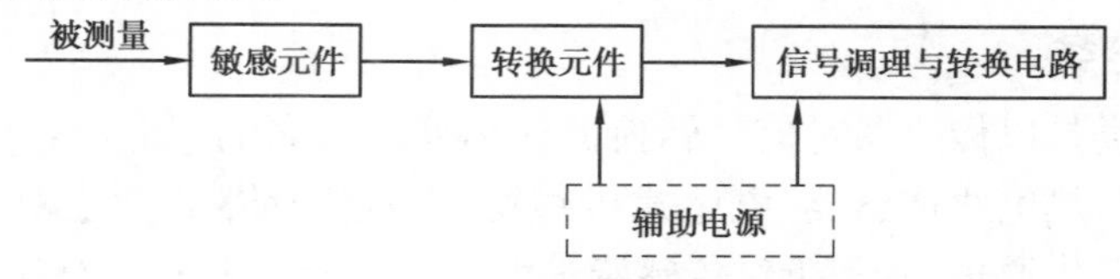

图 1.8　传感器组成方框图

传感器技术是一门知识密集型技术。传感器种类繁多,目前一般采用两种分类方法:一种是按被测参数分类,如温度、压力、位移、速度等;另一种是按传感器的工作原理分类,如应变式、电容式、压电式、磁电式等。本书是按后一种分类方法来介绍各种传感器的,而传感器的工程应用则是根据工程参数进行叙述的。对于初学者和应用传感器的工程技术人员来说,先从工作原理出发,了解各种各样的传感器,而对工程技术的被测参数应着重于如何合理选择和使用传感器。

1.3.2　传感器的分类

传感器种类繁多,功能各异。由于同一被测量可用不同转换原理实现探测,利用同一种物理法则、化学反应或生物效应可设计制作出检测不同被测量的传感器,而功能大同小异的同一类传感器可用于不同的技术领域,故传感器有不同的分类方法。传感器的分类方法很多,了解传感器的分类,旨在加深理解,便于应用。

1.按外界输入的信号变换为电信号采用的效应分类

按外界输入的信号变换为电信号采用的效应分类,传感器可分为物理型传感器、化学型传感器和生物型传感器三大类,如图 1.9 所示。

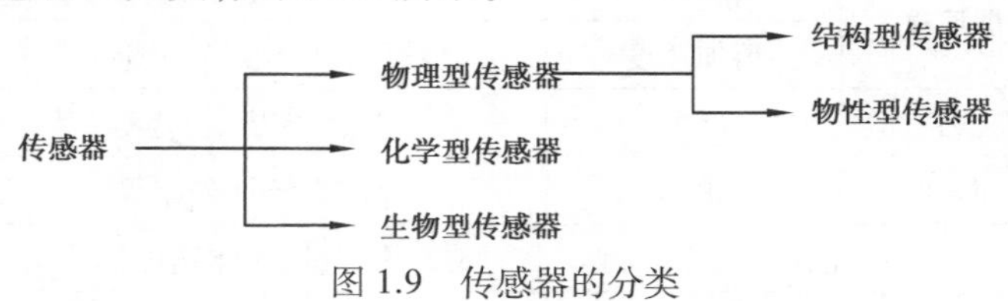

图 1.9　传感器的分类

利用物理效应进行信号变换的传感器称为物理型传感器。它利用某些敏感元件的物理性质或某些功能材料的特殊物理性能进行被测非电量的变换,如利用金属材料在被测量作用下引起的电阻值变化的应变效应的应变式传感器,利用压电材料在被测力作用下产生的压电效应制成的压电式传感器等,本书将重点讨论物理型传感器。

物理型传感器又可以分为结构型传感器和物性型传感器。结构型传感器是以结构(如形状、尺寸等)为基础,利用某些物理规律来感受(敏感)被测量,并将其转换为电信号实现测量的。例如,电容式压力传感器,必须有按规定参数设计制成的电容式敏感元件。当被测压力作用在电容式敏感元件的动极板上时,引起电容间隙变化,导致电容值变化,从而实现对压力的测量。物性型传感器就是利用某些功能材料本身所具有的内在特性及效应感受(敏感)被测量,并转换成可用电信号的传感器。例如,利用具有压电特性的石英晶体材料制成的压电式压力传感器,就是利用石英晶体材料本身具有的正压电效应而实现对压力测量的。

化学型传感器是利用电化学反应原理,把无机或有机化学的物质成分、浓度等转换为电信号的传感器;生物型传感器是近年来发展很快的一类传感器。它是一种利用生物活性物质的选择性来识别和测定生物化学物质的传感器。

2.按工作原理分类

按工作原理分类是以传感器对信号转换的作用原理命名的,如应变式传感器、电容式传感器、压电式传感器、热电式传感器、电感式传感器、霍尔传感器等。这种分类方法较清楚地反映出了传感器的工作原理,有利于对传感器进行深入分析。本书后面各章就是按传感器的工作原理分类编写的。

3.按被测量对象分类

按传感器的被测量对象——输入信号分类,能够很方便地表示传感器的功能,也便于用户选用。按这种分类方法,传感器可以分为温度、压力、流量、物位、加速度、速度、位移、转速、力矩、湿度、浓度等传感器。生产厂家和用户都习惯于这种分类方法。同时,这种方法还将种类繁多的物理量分为两大类,即基本量和派生量。例如,将"力"视为基本物理量,可派生出压力、质量、应力、力矩等派生物理量,当我们需要测量这些派生物理量时,只要采用基本物理量传感器就可以了。表 1.3 为常用的基本物理量和派生物理量。

表 1.3 基本物理量和派生物理量

基本物理量		派生物理量
位移	线位移	长度、厚度、应变、振幅等
	角位移	旋转角、偏振角,角振幅等
速度	线速度	速度、动量、振动等
	角速度	速度、角振动等
加速度	线加速度	振动、冲击、质量等
	角加速度	角振动,扭矩、转动惯量等
力	压力	质量、应力、力矩等
时间	频率	计数、统计分布等
温度		热容量、气体速度等
光		光通量与密度、光谱分布等

由于敏感材料和传感器的数量特别多,类别十分繁复,相互之间又有着交叉和重叠,故这里不再赘述。

1.3.3 传感器的主要性能指标

传感器技术基础(2)

在生产过程和科学实验中,要对各种各样的参数进行检测和控制,就要求传感器能感受被测非电量的变化并不失真地变换成相应的电量,这取决于传感器的基本特性,即输出输入特性。传感器的基本特性通常可以分为静态特性和动态特性。

传感器的静态特性是指被测量的值处于稳定状态时的输入与输出的关系。如果被测量是一个不随时间变化或随时间变化极慢的量,则可以只考虑其静态特性,这时传感器的输入量与输出量之间在数值上具有一定的对应关系,关系式中不含时间变量。

传感器的静态特性可用一组性能指标来描述,如灵敏度、线性度、迟滞、重复性、漂移和精度等。

传感器要检测的输入信号是随时间而变化的,传感器的特性应能跟踪输入信号的变化,这样才可以获得准确的输出信号。如果输入信号变化太快,传感器就可能跟踪不上。这种跟踪输入信号变化的特性就是响应特性,即动态特性,动态特性是传感器的重要特性之一。本节主要介绍传感器的静态特性。

1.灵敏度

灵敏度是传感器静态特性的一个重要指标。灵敏度是指传感器在稳态下的输出变化量 Δy 与引起此变化的输入变化量 Δx 之比,用 S 表示,即

$$S=\frac{\Delta y}{\Delta x} \tag{1.20}$$

显然,灵敏度值越大,传感器越灵敏。线性传感器的灵敏度就是它的静态特性的斜率,其灵敏度在整个测量范围内为常量,如图 1.10(a)所示;而非线性传感器的灵敏度为变量,用$S=\mathrm{d}y/\mathrm{d}x$ 表示,实际上就是输入输出特性曲线上某点的斜率,且灵敏度随输入量的变化而变化,如图 1.10(b)所示。

从灵敏度的定义可知,传感器的灵敏度通常是一个有因次的量,因此表述某传感器灵敏度时,必须说明它的因次。

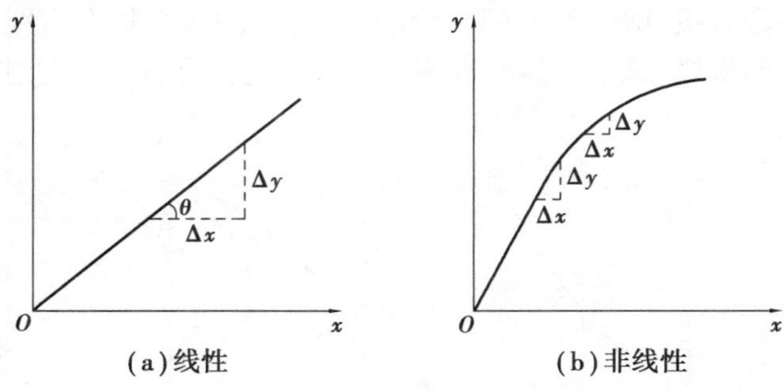

图 1.10　传感器的灵敏度曲线

2.线性度

人们总是希望传感器的输入与输出的关系成正比,即线性关系。这样可使显示仪表的刻度均匀,在整个测量范围内具有相同的灵敏度,并且不必采用线性化措施。但大多数传感器的输入、输出特性总是具有不同程度的非线性,可用下列多项式代数方程表示

$$y = a_0 + a_1 x + a_2 x^2 + a_3 x^3 + \cdots + a_n x^n \tag{1.21}$$

式中：y——输出量；

x——输入量；

a_0——零点输出；

a_1——理论灵敏度；

$a_2, a_3, \cdots, a_n$——非线性项系数，各项系数决定了传感器的线性度的大小。如果 $a_2 = a_3 = \cdots = a_n = 0$，则该系统为线性系统。

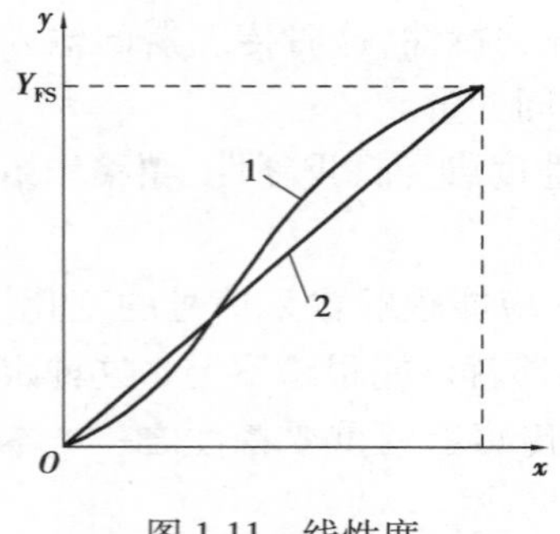

图 1.11　线性度
1—实际特性曲线；
2—理想特性曲线

传感器的线性度是指传感器的输出与输入之间数量关系的线性程度，输出与输入关系可分为线性特性和非线性特性。从传感器的性能看，希望具有线性关系，即理想的输入、输出关系，但实际遇到的传感器大多为非线性，如图 1.11 所示。

在实际使用中，为了标定和数据处理的方便，希望得到线性关系，因此引入各种非线性补偿环节，如采用非线性补偿电路或计算机软件进行线性化处理，从而使传感器的输出与输入关系为线性或接近线性。当传感器非线性的方次不高，输入量的变化较小时，可用一条直线（切线或割线）近似地代表实际曲线的一段，使传感器输入、输出特性线性变化，所采用的直线称为拟合直线。

传感器的线性度可表示为在全程测量范围内实际特性曲线与拟合直线之间的最大偏差值 ΔL_{max} 与满量程输出值 Y_{FS} 之比。线性度也称为非线性误差，用 γ_L，表示，即

$$\gamma_L = \pm \frac{\Delta L_{max}}{Y_{FS}} \times 100\% \tag{1.22}$$

式中：ΔL_{max}——最大非线性绝对误差；

Y_{FS}——满量程输出值。

选取拟合直线的方法很多，图 1.12 所示为几种直线的拟合方法，其中，实线表示实际特性曲线，虚线表示拟合直线。即使是同类传感器，拟合直线不同，其线性度也是不同的。较常用的方法有最小二乘拟合直线，即线性回归，是以实际特性曲线与拟合直线的偏差的平方和为最小的条件下所确定的直线，该方法使所有测量值最接近拟合直线，因此拟合精度高。

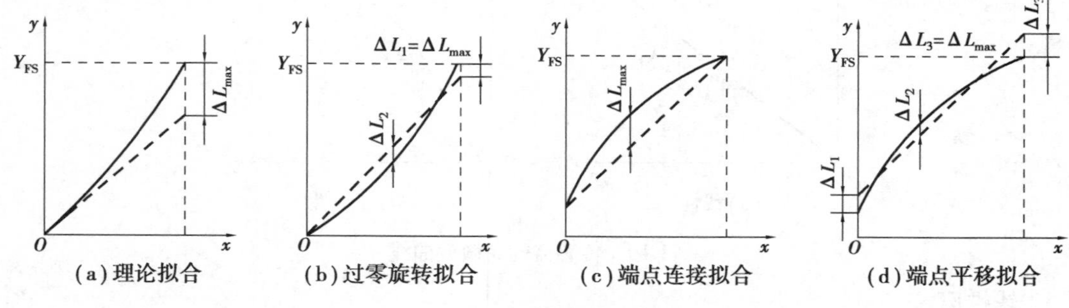

图 1.12　几种直线拟合方法

3.迟滞

传感器在输入量由小到大（正行程）及输入量由大到小（反行程）变化期间其输入、输出

特性曲线不重合的现象称为迟滞，如图 1.13 所示。也就是说，对于同一大小的输入信号，传感器的正反行程输出信号大小不等，这个差值称为迟滞差值。传感器在全量程范围内最大迟滞差值与满量程输出值之比称为迟滞误差，用 γ_H 表示，即

$$\gamma_H = \frac{\Delta H_{max}}{Y_{FS}} \times 100\% \tag{1.23}$$

这种现象主要是由于传感器敏感元件材料的物理性质和机械零部件的缺陷所造成的，例如弹性敏感元件弹性滞后、运动部件摩擦、传动机构有间隙、紧固件松动等。

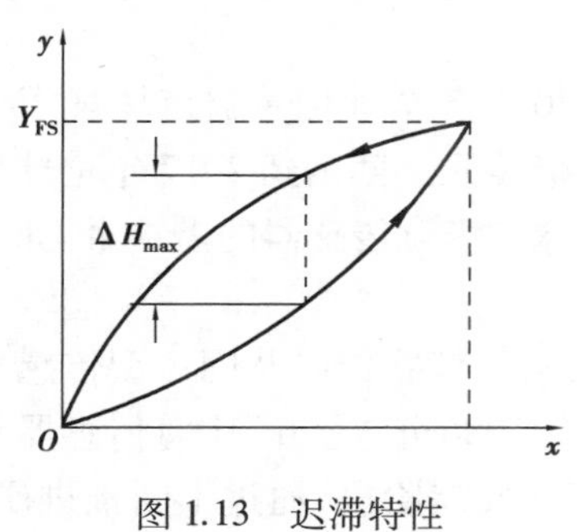

图 1.13　迟滞特性

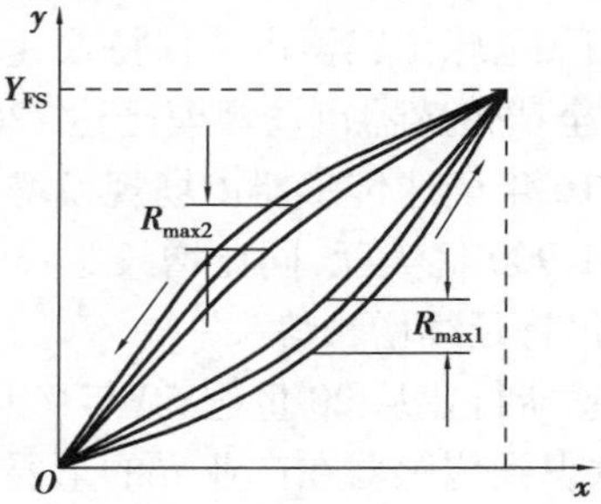

图 1.14　重复性

4.**重复性**

重复性是指传感器在输入量按同一方向作全量程连续多次变化时，所得特性曲线不一致的程度，如图 1.14 所示。

重复性误差属于随机误差。常用标准差计算，也可用正反行程中最大重复差值计算，即

$$\gamma_R = \pm \frac{(2 \sim 3)\delta}{Y_{FS}} \times 100\% \tag{1.24}$$

$$\gamma_R = \pm \frac{\Delta R_{max}}{Y_{FS}} \times 100\% \tag{1.25}$$

式中　δ——测量值的标准偏差；

ΔR_{max}——同一输入量对应多次循环的同向行程输出量的最大值。

5.**漂移**

传感器的漂移是指在输入量不变的情况下，传感器输出量随时间变化的现象。产生漂移的原因有两个方面：一是传感器的自身结构参数不稳定；二是周围环境（如温度、湿度等）发生变化。最常见的漂移是温度漂移，即周围环境温度变化引起输出的变化，温度漂移主要表现为温度零点漂移和温度灵敏度漂移。

温度漂移通常用传感器工作环境温度偏离标准环境温度（一般为 20 ℃）时的输出值变化量与温度变化量之比（ξ）来表示，即

$$\xi = \frac{y_t - y_{20}}{\Delta t} \tag{1.26}$$

式中：Δt——工作环境温度 t 与标准环境温度 t_{20} 之差，即 $\Delta t = t - t_{20}$；

y_t——传感器在环境温度 t 时的输出量；

y_{20}——传感器在环境温度 t_{20} 时的输出量。

1.3.4 我国传感器的发展历程与趋势

1.我国传感器的发展历程

传感器最早出现于工业生产领域,主要被用于提高生产效率。随着集成电路以及科技信息的不断发展,传感器逐渐迈入多元化,成为现代信息技术的三大支柱之一,也被认为是最具发展前景的高技术产业。正因此,全球各国都极为重视传感器制造行业的发展,投入了大量资源,目前美国、俄罗斯及欧洲其他地区从事传感器研究和生产厂家均在 1 000 家以上。在各国持续推动下,全球传感器市场保持快速增长。

2010 年全球传感器市场规模已达 720 亿美元。2013 年全球传感器市场规模突破千亿美元。到了 2016 年全球传感器市场规模增长至 1 741 亿美元。截至到 2017 年全球传感器市场规模已达到 1 900 亿美元,同比增长 9.13%。随着全球市场对传感器的需求量不断增长,传感器市场规模仍将延续增长势头。

我国传感器行业从 20 世纪 50 年代开始,随着结构型传感器以及固体型传感器的出现与应用,国家意识到传感器在产业界的重要地位,所以在 1986 年“七五”中将传感器技术确定为国家重点攻关项目,自此打开了国内研究传感器的实质发展阶段,通过不断推进研发,目前已经形成较为完整的传感器产业链。

进入 21 世纪,传感器制造行业开始由传统型向智能型发展。智能型传感器带有微处理机,具有采集、处理、交换信息的能力,是传感器集成化与微处理机相结合的产物。由于智能型传感器在物联网等行业具有重要作用,我国将传感器制造行业发展提到新的高度,从而催生研发热潮,市场地位凸显。同时,受到汽车、物流、煤矿安监、安防、RFID 标签卡等领域的需求拉动,传感器市场也得到快速扩张。到 2017 年,我国传感器制造行业规模以上企业销售收入总额达到 747.78 亿元,同比增长 10.02%,如图 1.15 所示。

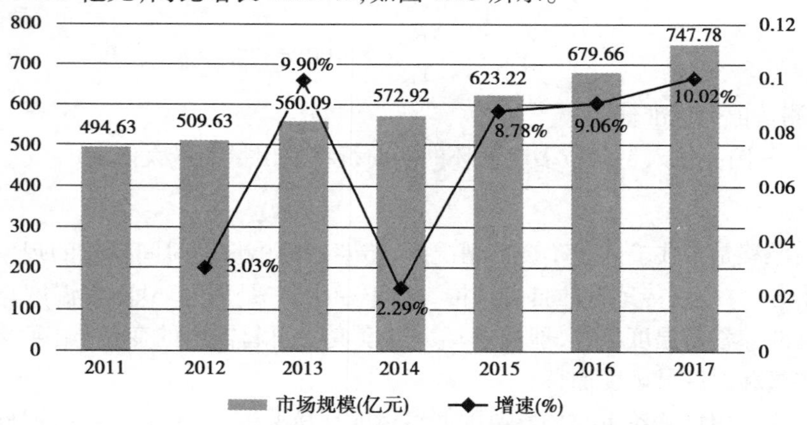

图 1.15 2011—2017 年我国传感器市场规模以上企业销售额及增长

2.我国传感器行业未来发展趋势分析

1)国家政策引导传感器行业发展长期向好

工信部颁布的《智能传感器产业三年行动指南(2017—2019 年)》《信息通信行业发展规划物联网分册(2016—2020 年)》等政策将引导行业稳步提升技术水平,并在重点应用领域加强研发,带动行业更好更快地发展。《发展规划》也提出将传感器技术作为关键技术突破工程之一，在核心敏感元件，传感器集成化、微型化、低功耗及重点应用领域三个方向加强研究。

2）下游应用蓬勃发展，带动信息感知需求

传感器应用范围涵盖工业、汽车电子、消费电子等多个领域。下游应用的蓬勃发展将提高对信息感知的需求，带动传感器的需求增加。例如汽车电子：在政策鼓励与技术发展的带动下，汽车不断向智能化、自动化发展，自动驾驶系统、汽车安全系统及车载信息娱乐系统等功能也逐渐渗透，对传感器的需求不断增加。

3）未来我国传感器朝着“四化”方向发展，有望实现弯道超车

传感器系统向着微小型化、智能化、多功能化和网络化的方向发展，我国企业仍有弯道超车的机会，未来有望出现产值超过10亿元的行业龙头和产值超过5 000万元的小而精的企业。

关爱老年人给我们的启示：

（1）中国人盛行的是：“百善孝为先”，从历史文化传承来说，敬老爱幼是中华民族的传统美德，敬老爱幼也是我国社会主义精神文明建设的重要组成部分，是对古代优秀的道德遗产的继承和发扬。敬老的要求是：在家庭生活中子女要从物质生活、精神生活方面给予老人照顾、安慰，任何虐待老人的行为，都是不容许的，都要受到社会舆论和道德的谴责，严重的要受到法律制裁；在社会上要形成大家关心、爱护老人的良好的道德风尚，认真办好敬老养老的社会公益事业。

（2）科技让生活越来越美好，提倡家居生活智能化，将传感器设计运用到帮助老人日常行动中，监测老人身体健康，护理老人生活，让老年人的生活过得舒适便捷。

庆祝中华人民共和国成立70周年阅兵

庆祝中华人民共和国成立70周年阅兵式是中国特色社会主义进入新时代的首次国庆阅兵，彰显了中华民族从站起来、富起来迈向强起来的雄心壮志。人民军队以改革重塑后的全新面貌接受习主席检阅，接受党和人民检阅，彰显了维护核心、听从指挥的坚定决心，展示了履行新时代使命任务的强大实力。

庆祝中华人民共和国成立70周年阅兵式装备方队重点体现中国国防科技工业自主创新能力和武器装备研发水平，受阅武器装备全部为中国国产现役主战装备，不少装备是首次亮相（图1.16）。你能说出武器装备运用了哪些传感器吗？

图 1.16　轻型装甲方队接受检阅

1.《中华人民共和国节约能源法》所称节约能源，是指加强用能管理，采取技术上可行、经济上合理以及环境和社会可以承受的措施，从能源生产到消费的各个环节，降低消耗、减少损失和污染物排放、制止浪费，有效、合理地利用能源，因此，节约能源从日常做起，人人有责，请问在日常生活中，哪些传感器的设计使我们节约了能源？

2.什么叫传感器？它由哪几部分组成？它们的相互作用及相互关系如何？

3.什么是传感器的静态特性？它有哪些性能指标？分别说明这些指标的含义。

4.某线性位移测量仪，当被测位移 x 由 3.0 mm 变到 4.0 mm 时，位移测量仪的输出电压由 3.0 V 减至 2.0 V，求该仪器的灵敏度。

5.用测量范围为 −50 ~ 150 kPa 的压力传感器测量 140 kPa 压力时，传感器测得示值为 142 kPa，求该示值的绝对误差、实际相对误差、标称相对误差和引用误差。

6. 某传感器给定引用误差精度为 2%，满度值为 50 mV，零位值为 10 mV，求可能出现的最大绝对误差 Δ（以 mV 计）。当传感器使用在满量程的 1/2 和 1/8 时，计算可能产生的测量相对误差。由你的计算结果能得出什么结论？

7. 什么是随机误差？产生随机误差的原因是什么？如何减小随机误差对测量结果的影响？

8. 什么是传感器的静态特性？可以用哪些性能指标描述静态特性？

2

应变式传感器

知识目标

1. 了解电阻应变片的应变效应原理；
2. 了解电阻应变片的种类、材料及粘贴操作步骤；
3. 掌握电阻应变片的测量电路和应变式传感器在工程中的应用。

技能目标

1. 能将电阻应变片粘贴到敏感元件表面；
2. 能搭建电阻应变片电桥电路；
3. 能对应变式传感器进行选型。

素质目标

1. 培养具有工匠精神的技术技能人才；
2. 培养具有艰苦奋斗，爱岗敬业精神的技术技能人才；
3. 要大力弘扬恪尽职业操守，崇尚精益求精的工作作风。

2.1 应变片的工作原理

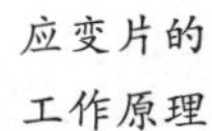

应变片的
工作原理

【案例导读】哈尔滨工业大学自主研制传感器设备检测运载火箭

航天技术是国家综合实力的重要组成和标志之一,进入空间能力是综合国力和科技实力的重要标志,长征系列运载火箭是中国自行研制的航天运载工具。大型运载火箭新型号不断发展,总装工艺和检测技术不断提高和进步,运载火箭的质量、质心参数直接影响运载能力和入轨精度。飞行器内部结构非常复杂,各类控制元件林立,质量分布不均,用理论计算很难得到质心的几何位置。哈尔滨工业大学自主研制了一套传感器设备用来对运载火箭的质量、质心进行测量,如图2.1哈尔滨工业大学研制的传感设备所示。

图2.1 哈尔滨工业大学研制的传感设备

【案例分析】该传感器设备采用两套灵活独立的高精度组合测量车,并配合高精度空间坐标测量仪器,测量所用传感器就是应变式测力传感器,通过4个测力传感器承受运载火箭的重力,确定这4个传感器的坐标位置,根据力矩平衡原理,计算得到横向和纵向质心坐标。

哈尔滨工业大学自主研制应变式测力传感器检测运载火箭质心,该传感器是利用电阻应变片将应变转换为电阻变化的传感器。在弹性元件上粘贴电阻应变片,当被测物理量作用在弹性元件上,弹性元件的变形引起电阻应变片的阻值变化,通过转换电路转变成电量输出,电量变化的大小反映了被测物理量的大小。应变式传感器是目前测量力、力矩、压力、加速度、重量等参数应用最广泛的传感器。

电阻应变片工作原理是基于应变效应,即在导体产生机械变形时,它的电阻值相应发生

变化。如图 2.2 金属电阻丝应变效应所示，一根金属电阻丝，在未受力时，原始电阻值为

$$R=\frac{\rho \cdot l}{A} \tag{2.1}$$

式中：ρ——电阻丝的电阻率；

l——电阻丝的长度；

A——电阻丝的截面积。

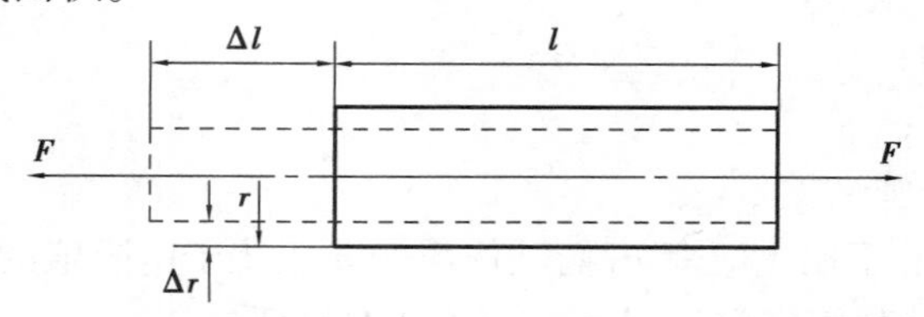

图 2.2 金属电阻丝应变效应

当电阻丝受到拉力 F 作用时，将伸长 Δl，横截面积相应减小 ΔA，电阻率将因晶格发生变形等因素而改变 $\mathrm{d}\rho$，故引起电阻值相对变化量为

$$\frac{\mathrm{d}R}{R}=\frac{\mathrm{d}l}{l}-\frac{\mathrm{d}A}{A}+\frac{\mathrm{d}\rho}{\rho} \tag{2.2}$$

式中$\frac{\mathrm{d}l}{l}$是长度相对变化量，用应变 ε 表示

$$\varepsilon=\frac{\mathrm{d}l}{l} \tag{2.3}$$

$\frac{\mathrm{d}A}{A}$为圆形电阻丝的截面积相对变化量，设 r 为电阻丝的半径，根据截面积的微分关系，由下式

$$\frac{\mathrm{d}A}{A}=2\frac{\mathrm{d}r}{r} \tag{2.4}$$

依据材料力学知识，在弹性范围内，金属丝受拉力时，沿轴向伸长，沿径向缩短。由金属电阻丝轴向应变和径向应变的关系得到如下关系

$$\frac{\mathrm{d}r}{r}=-\mu\frac{\mathrm{d}l}{l}=-\mu\varepsilon \tag{2.5}$$

式中：μ——电阻丝材料的泊松比，负号表示应变方向相反。

将式(2.3)、式(2.4)、式(2.5)代入式(2.2)，可得$\frac{\mathrm{d}R}{R}=(1+2\mu)\varepsilon+\frac{\mathrm{d}\rho}{\rho}$，引入电阻的灵敏系数 K，有

$$K=\frac{\frac{\mathrm{d}R}{R}}{\varepsilon}=(1+2\mu)+\frac{\frac{\mathrm{d}\rho}{\rho}}{\varepsilon} \tag{2.6}$$

通常把单位应变能引起的电阻值变化称为电阻丝的灵敏系数，用 K 表示，其物理意义是单位应变所引起的电阻相对变化量。

灵敏系数 K 受两个因素影响：一个是受力后材料几何尺寸的变化，即 $1+2\mu$；另一个是受力后材料的电阻率发生的变化，即$(\mathrm{d}\rho/\rho)/\varepsilon$。对金属材料电阻丝来说，灵敏度系数表达式中

$1+2\mu$ 的值要比$(\mathrm{d}\rho/\rho)/\varepsilon$大得多，而半导体材料中$(\mathrm{d}\rho/\rho)/\varepsilon$的值比 $1+2\mu$ 的值大得多。大量实验证明，在电阻丝拉伸极限内，电阻的相对变化与应变成正比，即 K 为常数。

用应变片测量应变或应力时，根据上述特点，在外力作用下，被测对象产生微小机械变形，应变片随着发生相同的变化，同时应变片电阻值也发生相应变化。当测得应变片电阻值变化量时，便可得到被测对象的应变值。根据应力与应变的关系，得到应力值 σ 为

$$\sigma = E\varepsilon \tag{2.7}$$

式中：σ——试件的应力；

ε——试件的应变；

E——试件材料的弹性模量。

由此可知，应力值 σ 正比于应变 ε，而试件应变 ε 正比于电阻值的变化，所以应力 σ 正比于电阻值的变化，这就是利用应变片测量应变的基本原理。

航天行业发展到现在，离不开国家的大力支持，离不开科研人员的辛勤努力。为了成功研制运载火箭，中国学者把艰苦奋斗、爱岗敬业发挥得淋漓尽致，对于我们的启示：

（1）在每个行业的发展历程中，都历经了摸索与开拓，需要工作者爱岗敬业，在工作中不断地探索解决问题的新方法，为国家的发展添砖加瓦。

（2）工业发展的从无到有，是创新开发的过程，培养独立创新精神，在掌握应变式传感器原理的基础上，进行创新设计与应用。

2.2 应变片的种类、材料及粘贴

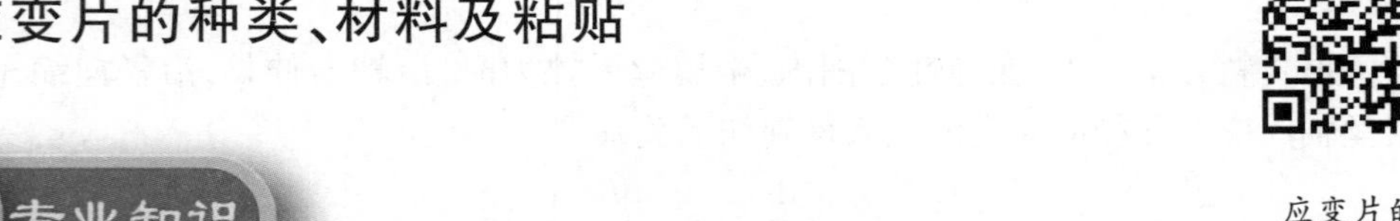

应变片的种类、材料及粘贴

2.2.1 电阻应变片分类

电阻应变片品种繁多，形式多样。但常用的应变片可分为两类：金属电阻应变片和半导体电阻应变片。

1.金属应变片

金属应变片由敏感栅、基片、覆盖层和引线等部分组成，如图 2.3 所示。

敏感栅是应变片的核心部分，它粘贴在绝缘的基片上，其上再粘贴起保护作用的覆盖层，两端焊接引出导线。金属电阻应变片的敏感栅有丝式、箔式两种。丝式电阻应变片的敏感栅由直径为 0.01~0.05 mm 的电阻丝平行排列而成。箔式应变片是利用光刻、腐蚀等工艺制成

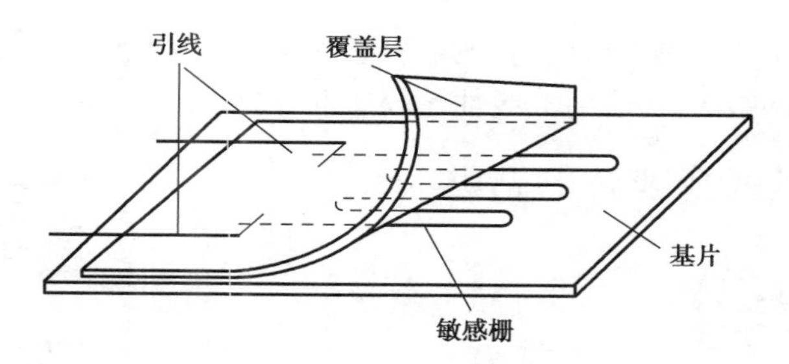

图 2.3 金属电阻丝应片的结构

一种很薄的金属箔栅,其厚度一般在 0.003~0.01 mm。其优点是散热条件好,允许通过的电流较大,可制成各种所需的形状,便于批量生产,如图 2.4 所示。

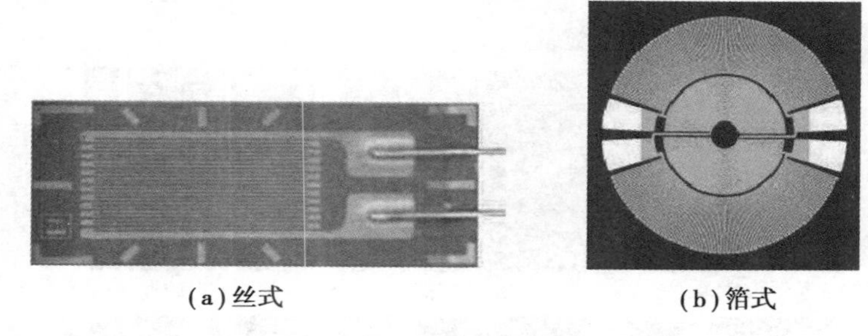

(a)丝式　　(b)箔式

图 2.4 金属电阻丝实物图

金属电阻应变片的材料的特点有:

(1)灵敏系数大,且在相当大的应变范围内保持常数。

(2)电阻率 ρ 值大,即在同样长度、同样截面积的电阻丝中具有较大的电阻值。

(3)电阻温度系数小,即因环境温度变化引起的阻值变化小。

(4)与铜线的焊接性能好,与其他金属的接触电势低。

(5)机械强度高,具有优良的机械加工性能。

2.半导体应变片

半导体应变片是用半导体材料制成的,其工作原理是基于半导体材料的压阻效应。所谓压阻效应是指半导体材料在某一轴向受外力作用时,其电阻率 ρ 发生变化的现象。

半导体应变片受轴向力作用时,其电阻相对变化为

$$\frac{\mathrm{d}R}{R} = (1 + 2\mu)\varepsilon + \frac{\mathrm{d}\rho}{\rho} \tag{2.8}$$

式中 $\frac{\mathrm{d}\rho}{\rho}$ 为半导体应变片的电阻率相对变化量,与半导体敏感元件在轴向所受的应变力关系为

$$\frac{\mathrm{d}\rho}{\rho} = \pi\sigma = \pi E\varepsilon \tag{2.9}$$

式中:π——半导体材料的压阻系数。将式(2.9)代入式(2.8)中得

$$\frac{\mathrm{d}R}{R} = (1 + 2\mu + \pi E)\varepsilon \tag{2.10}$$

实验证明,πE 比 $1+2\mu$ 大上百倍,所以 $1+2\mu$ 可以忽略,因而半导体应变片的灵敏系数为

$$K = \frac{\frac{\mathrm{d}R}{R}}{\varepsilon} \approx \pi E \tag{2.11}$$

半导体应变片突出优点是灵敏度高,比金属丝式高 50~80 倍,尺寸小,横向效应小,动态响应好。但它有温度系数大,应变时非线性比较严重等缺点。

2.2.2 金属丝式应变片的粘贴

【操作步骤】金属丝式应变片的粘贴步骤如图 2.5 所示,包括打磨、清洁表面、点胶、按压、热风快速固化和焊接导线。

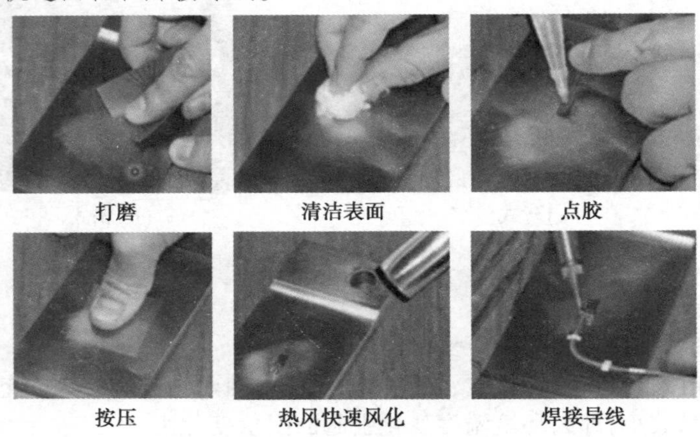

图 2.5 金属丝式应变片的粘贴步骤

【步骤分析】金属丝式应变片粘贴每一步的过程都有工艺要求,打磨平整,摆放位置水平,避免安装过程中引入较大的变形,为后续测量带来误差;在电阻应变片粘贴过程中,引线时要考虑敏感栅构成的电桥电路形式,需要专业的理论知识。

电阻应变片的粘贴步骤如下:

(1)应变片准备,贴片前,对待用的应变片进行外观检查和阻值测量。

(2)试件表面处理,对于钢铁等金属试件,首先是清除表面油漆、氧化层和污垢;然后磨平或锉平,并用细砂布磨光,最后进行试件表面清洁。

(3)贴片,贴片工艺随所用黏结剂不同而异,应变片背面用胶水涂匀,然后用镊子拨动应变片,调整位置和角度,将应变片按压到试件表面,通过热风快速固化胶水。

(4)导线的焊接与固定,黏结剂初步固化后,即可进行焊线。应变片和导线间的连接通过接线端子,焊点确保无虚焊。导线与试件绑扎固定,导线两端根据测点的编号做好标记。

(5)贴片质量检查,贴片质量检查包括外观检查、电阻和绝缘电阻测量。

(6)应变片及导线的防护,为了防止大气中游离水分和雨水、露水的浸入,在特殊环境下防止酸、碱、油等杂质侵入,对已充分干燥、固化,并焊好导线的应变片,立即涂上防护层。

应变片的粘贴过程中,应变片的黏结剂形成的胶层必须准确、迅速地将被测件(试件)应变传递到敏感栅上。选择黏结剂时除考虑应变片材料和被测件材料性能(不仅要求黏结力强,黏结后机械性能可靠,而且黏合层要有足够大的剪切弹性模量、良好的电绝缘性、蠕变和滞后小、耐湿、耐油、耐老化、动态应力测量时耐疲劳等)外,还要考虑到应变片的工作条件,如温度、相对湿度、稳定性要求以及贴片固化时加热加压的可能性等。

常用的黏结剂类型有硝化纤维素型、氰基丙烯酸型、聚酯树脂型、环氧树脂型和酚醛树脂型等。

应变片的粘贴过程中,还要注意应变片放置在试件表面时,应尽可能保证应变受力变形不产生除了径向和轴向拉伸以外的形变。

由金属丝式应变片的粘贴步骤我们得到的启示:

(1)每一步粘贴过程中需要对流程熟练掌握,谨慎认真地按照步骤完成电阻应变片的粘贴,这就需要严谨认真的工匠精神。

(2)应变片的粘贴步骤最后一步,对应变片进行引线,将涉及后面讲解电桥电路的设计,因此工作中经常遇到理论与实践相结合的过程,既要扎实理论知识,又要注重动手能力。

2.3 电阻应变片的测量电路

电阻应变片的测量电路(1)

【案例导读】电子秤是国家强制检定的计量器具

秤就是"衡器",我国发明的最早的秤是用杠杆原理,在一根杠杆上安装吊绳作为支点,一端挂上重物,另一端挂上砝码或秤锤,就可以称量物体的质量。

《史记·仲夷弟子列传》记载:"千钧之重,加铢两而移。""移"字表示在秤杆上终移动权的位置。从这些文字记载来看,最迟在春秋时期已有各种类型的衡器。

秤发展到今天,采用现代传感器技术、电子技术和计算机技术一体化的电子称量装置称为电子秤(图2.6),满足并解决现实生活中提出的"快速、准确、连续、自动"称量要求,有效地消除人为误差,更符合法制计量管理和工业生产过程控制应用要求。

按照《中华人民共和国计量法》及《中华人民共和国强制检定的工作计量器具目录》的要求,凡是作为社会公用计量标准的电子秤,部门和企业、事业单位使用作最高计量标准的电子秤,以及用于贸易结算、安全防护、医疗卫生、环境监测方面的电子秤,在使用之前均需经过计量检定合格才可以使用。

【案例分析】为保障电子秤的精度要求，设计过程中每一步都要减小和消除误差，在电路设计部分，既要考虑电路的稳定性和可靠性，又要消除电路中由于温度、对称性、非线性等造成的误差(图 2.7)。

图 2.6 电子秤的校准

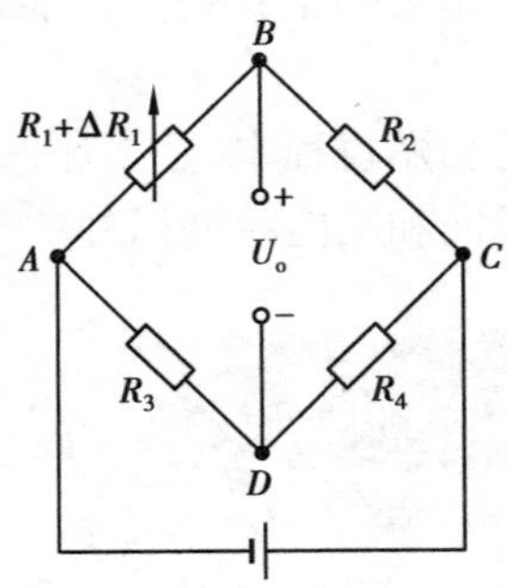

图 2.7 电桥电路

由于机械应变一般都很小，要把微小应变引起的微小电阻变化测量出来，同时要把电阻相对变化$\frac{\Delta R}{R}$转换为电压或电流的变化。因此，需要有专用测量电路用于测量应变变化而引起电阻变化，通常采用直流电桥和交流电桥。

2.3.1 直流电桥

1.直流电桥平衡条件

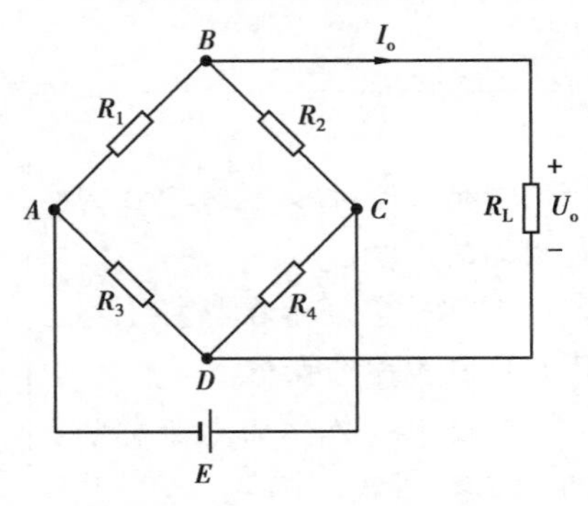

图 2.8 直流电桥电路图

电桥如图 2.8 所示，E 为电源，R_1、R_2、R_3 及 R_4 为桥臂电阻，R_L 为负载电阻。当 $R_L\to\infty$ 时，电桥开路输出电压为

$$U_o = U_{AB} - U_{AD} = E\left(\frac{R_1}{R_1 + R_2} - \frac{R_3}{R_3 + R_4}\right) \quad (2.12)$$

当电桥平衡时，$U_o=0$，则有

$$R_1R_4 = R_2R_3 \quad (2.13)$$

或

$$\frac{R_1}{R_2} = \frac{R_3}{R_4} \quad (2.14)$$

式(2.14)称为电桥平衡条件。这说明欲使电桥平衡，其相邻两臂电阻的比值应相等，或相对两臂电阻的乘积相等。

2.电压灵敏度

若 R_1 为电阻应变片，R_2、R_3 及 R_4 为电桥固定电阻，则构成单臂电桥电路，应变片工作时，其电阻值变化很小,电桥相应输出电压也很小,一般需要加入放大器放大。由于放大器的输入阻抗比桥路输出阻抗 R_L 高很多,因此仍视电桥为开路情况。当产生应变时,若应变片电阻变化为 ΔR_1,其他桥臂固定不变,电桥输出电压 $U_o \neq 0$,则电桥不平衡输出电压为

$$U_o = E\left(\frac{R_1 + \Delta R_1}{R_1 + \Delta R_1 + R_2} - \frac{R_3}{R_3 + R_4}\right)$$

$$= E\frac{\Delta R_1 R_4}{(R_1 + \Delta R_1 + R_2)(R_3 + R_4)}$$

$$= E\frac{\dfrac{\Delta R_1 R_4}{R_3 R_1}}{\left(1 + \dfrac{\Delta R_1}{R_1} + \dfrac{R_2}{R_1}\right)\left(1 + \dfrac{R_4}{R_3}\right)} \tag{2.15}$$

设桥臂比 $n=\dfrac{R_2}{R_1}$,由于 $\Delta R_1 \ll R_1$,所以分母中$\dfrac{\Delta R_1}{R_1}$可忽略,并考虑到平衡条件$\dfrac{R_2}{R_1}=\dfrac{R_4}{R_3}$,则式(2.15)可写为

$$U_o = \frac{n}{(n+1)^2}\frac{\Delta R_1}{R_1}E \tag{2.16}$$

电桥电压灵敏度定义为

$$K_U = \frac{U_o}{\dfrac{\Delta R_1}{R_1}} = \frac{n}{(1+n)^2}E \tag{2.17}$$

从式(2.17)分析发现:

(1)电桥电压灵敏度正比于电桥供电电压,供电电压越高,电桥电压灵敏度越高,但供电电压的提高受到应变片允许功耗的限制,所以要作适当选择。

(2)电桥电压灵敏度是桥臂电阻比值 n 的函数,恰当地选择桥臂比 n 的值,保证电桥具有较高的电压灵敏度。

当 E 值确定后,n 值取何值时使 K_U 最高?

根据最值定理,由$\dfrac{dK_U}{dn}=0$,求 K_U 的最大值,得

$$\frac{K_U}{dn} = \frac{1-n^2}{(1+n)^4} = 0 \tag{2.18}$$

求得 $n=1$ 时,K_U 为最大值。这就是说,在电桥电压确定后,当 $R_1=R_2$,$R_3=R_4$ 时,电桥电压灵敏度最高,此时有

$$U_o = \frac{E}{4}\frac{\Delta R_1}{R_1} \tag{2.19}$$

$$K_U = \frac{E}{4} \tag{2.20}$$

从上述可知,当电源电压 E 和电阻相对变化量一定时,电桥的输出电压及其灵敏度也是定值,且与各桥臂电阻阻值大小无关。

电阻应变片的测量电路 2

3.非线性误差及其补偿方法

由式(2.16)求出的输出电压因略去分母中的$\frac{\Delta R_1}{R_1}$项而得出的是理想值，实际值计算为

$$U'_o = E\frac{n\frac{\Delta R_1}{R_1}}{\left(1+n+\frac{\Delta R_1}{R_1}\right)(1+n)} \tag{2.21}$$

U'_o与$\frac{\Delta R_1}{R_1}$的关系是非线性的，非线性误差是

$$\gamma_L = \frac{U_o - U'_o}{U_o}\times 100\% = \frac{\frac{\Delta R_1}{R_1}}{\left(1+n+\frac{\Delta R_1}{R_1}\right)}\times 100\% \tag{2.22}$$

如果是四等臂电桥，$R_1=R_2=R_3=R_4$，即$n=1$，则

$$\gamma_L = \frac{\frac{\Delta R_1}{2R_1}}{\left(1+\frac{\Delta R_1}{2R_1}\right)}\times 100\% \tag{2.23}$$

对于一般应变片来说，所受应变ε通常在$5\ 000\times10^{-6}$以下，若取电阻丝的灵敏系数$K=2$，则$\frac{\Delta R_1}{R_1}=K\varepsilon=0.01$，代入式(2.23)计算得非线性误差为0.5%；若取电阻丝的灵敏系数$K=130$，$\varepsilon=1\ 000\times10^{-6}$时，$\frac{\Delta R_1}{R_1}=0.13$，计算得非线性误差为6%，故当非线性误差不能满足测量要求时，必须予以消除。

为了减小和克服非线性误差，常采用差动电桥如图2.9所示，在试件上安装两个工作应变片R_1和R_2，电阻应变片R_1受拉应变，阻应变片R_2受压应变，接入电桥相邻桥臂，R_3及R_4为电桥固定电阻，称为半桥差动电路，如图2.9(a)所示，该电桥输出电压为

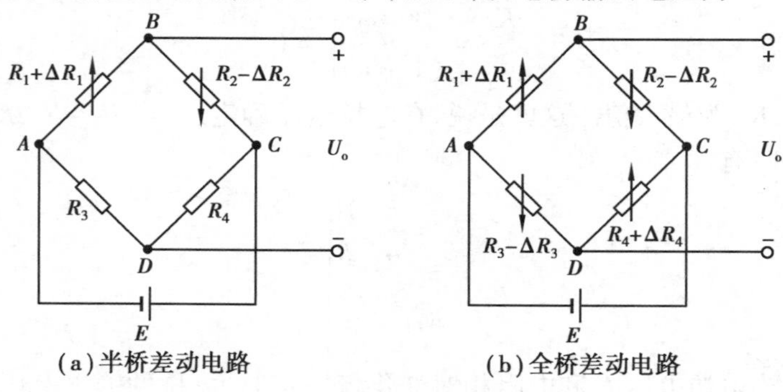

图2.9　差动电桥电路

$$U_o = E\left(\frac{R_1 + \Delta R_1}{R_1 + \Delta R_1 + R_2 - \Delta R_2} - \frac{R_3}{R_3 + R_4}\right) \tag{2.24}$$

若 $\Delta R_1 = \Delta R_2, R_1 = R_2, R_3 = R_4$，则得

$$U_o = \frac{E}{2}\frac{\Delta R_1}{R_1} \tag{2.25}$$

$$K_U = \frac{E}{2} \tag{2.26}$$

由式(2.26)可知，U_o 与$\frac{\Delta R_1}{R_1}$呈线性关系。差动电桥无非线性误差，而且电桥电压灵敏度 $K_U = \frac{E}{2}$，比单臂工作时提高一倍，同时还具有温度补偿作用。

若将电桥四臂接入 4 片应变片 R_1、R_2、R_3 及 R_4，如图 2.9(b)所示，即两个电阻应变片 R_1 和 R_4 受拉应变，两个电阻应变片 R_2 和 R_3 受压应变，将两个应变符号相同的接入相对桥臂上，构成全桥差动电路，若 $\Delta R_1 = \Delta R_2 = \Delta R_3 = \Delta R_4$，且 $R_1 = R_2 = R_3 = R_4$，则

$$U_o = E\frac{\Delta R_1}{R_1} \tag{2.27}$$

$$K_U = E \tag{2.28}$$

此时全桥差动电路不仅没有非线性误差，而且电压灵敏度是单片的 4 倍，同时仍具有温度补偿作用。

2.3.2 交流电桥

根据直流电桥分析可知，由于应变电桥输出电压很小，一般都要加放大器，而直流放大器易于产生零漂，因此应变电桥多采用交流电桥。

图 2.10(a)为半桥差动交流电桥的一般形式，Z_1、Z_2、Z3、Z4 为复阻抗 $\dot{U}$ 为交流电压源，开路输出电压为 $\dot{U}_o$，由于供桥电源为交流电源，引线分布电容使得二桥臂应变片呈现复阻抗特性，即相当于两只应变片各并联了一个电容，则每一桥臂上复阻抗分别为

$$\begin{cases} Z_1 = \dfrac{R_1}{1 + j\omega R_1 C_1} \\ Z_2 = \dfrac{R_2}{1 + j\omega R_2 C_2} \\ Z_3 = R_3 \\ Z_4 = R_4 \end{cases} \tag{2.29}$$

式中，C_1、C_2 表示应变片引线分布电容。

由交流电路分析可得

$$\dot{U}_o = \dot{U}\frac{Z_1 Z_4 - Z_2 Z_3}{(Z_1 + Z_2)(Z_3 + Z_4)} \tag{2.30}$$

要满足电桥平衡条件，即 $\dot{U}_o = 0$，则有

$$Z_1 Z_4 = Z_2 Z_3 \tag{2.31}$$

取 $Z_1 = Z_2 = Z_3 = Z_4$，将式(2.29)代入式(2.31)，可得

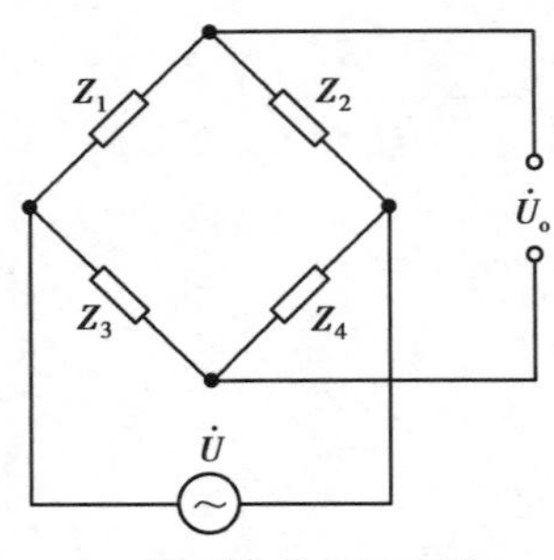

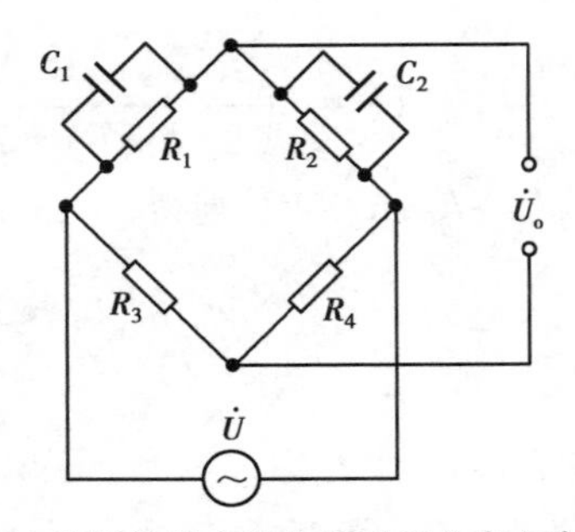

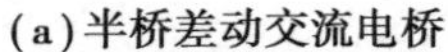

(a)半桥差动交流电桥　　(b)半桥差动交流电桥引线分布电容

图 2.10　交流电桥

$$\frac{R_1}{1 + j\omega R_1 C_1} R_4 = \frac{R_2}{1 + j\omega R_2 C_2} R_3 \tag{2.32}$$

整理式(2.32),得

$$\frac{R_3}{R_1} + j\omega R_3 C_1 = \frac{R_4}{R_2} + j\omega R_4 C_2 \tag{2.33}$$

其实部、虚部分别相等,并整理可得交流电桥的平衡条件为

$$\frac{R_2}{R_1} = \frac{R_4}{R_3} \tag{2.34}$$

及

$$\frac{R_2}{R_1} = \frac{C_1}{C_2} \tag{2.35}$$

对这种交流电容电桥,除要满足电阻平衡条件外,还必须满足电容平衡条件。为此在桥路上除设有电阻平衡调节外,还设有电容平衡调节。电桥平衡调节电路如图 2.11 所示。

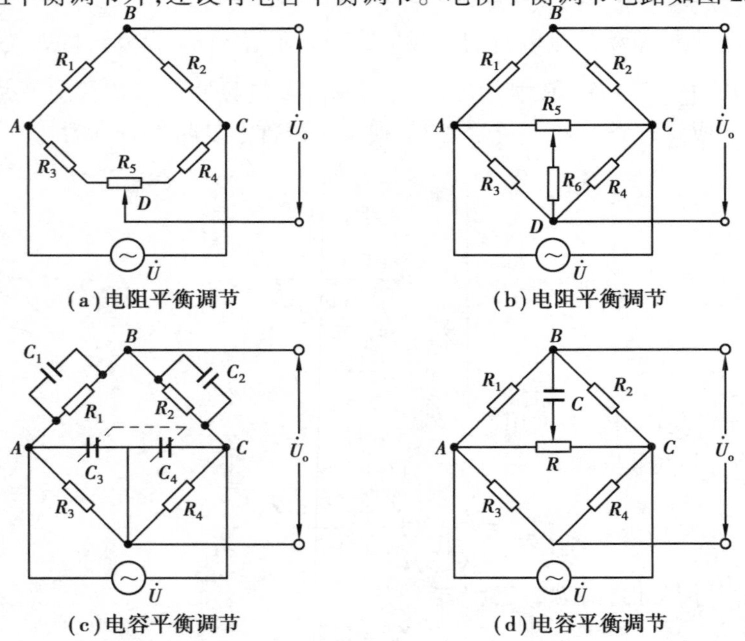

(a)电阻平衡调节　　(b)电阻平衡调节

(c)电容平衡调节　　(d)电容平衡调节

图 2.11　交流电桥平衡调节

当被测应力变化引起 $Z_1=Z_{10}+\Delta Z$；$Z_2=Z_{20}-\Delta Z$ 变化时，且 $Z_{10}=Z_{20}=Z_o$，$R_3=R_4$，则电桥输出为

$$\dot{U}_o=\dot{U}\left(\frac{Z_0+\Delta Z}{2Z_o}-\frac{1}{2}\right)=\frac{1}{2}\dot{U}\frac{\Delta Z}{Z_o} \tag{2.36}$$

由秤的发展历史及电阻应变片的测量电路，我们得到的启示：

（1）我国五千年文明发展史中，曾经出现过很多发明创造都凝聚着人民的智慧与努力，我们应当以史为鉴，在现代科技发展中不断创新，为实现中华民族伟大复兴不懈努力。

（2）我们应当遵守国家的各项指标与性能要求，以一丝不苟的态度对待科研与产品开发，通过设计好测量电路尽可能的消除传感器误差与非线性情况。

2.4 应变式传感器应用

应变式传感器的应用（1）

【案例导读】货车超重导致无锡高架桥侧翻

2019 年 10 月 10 日 18:10 左右，江苏无锡 312 国道上海方向锡港路上跨桥路段出现桥面侧翻、垮塌（图 2.12）。侧翻的桥面砸中了正在通行的 3 辆轿车，而桥面上当时也有 5 辆车。根据相关部门的初步分析，此次事故是由货车超载导致了高架桥侧翻。在事故现场，发现有 5 捆热轧卷板，每捆标重 28 535 kg，日照钢铁控股集团出品；根据计算，5 捆热轧卷板总重量为 142.7 t，加上货车自重，车货总重量应该在 150 t 左右。

根据相关文件显示，312 国道无锡段桥涵的建设标准是：新建桥涵采用汽-20，挂-120；改造现有桥梁采用汽-20，挂-100。即这条路上，汽车不能超过 20 t，挂车（大货车）不能超过 120 t，部分道路挂车不能超过 100 t。因此，运载 5 捆热轧卷板的货车是超重了，超了 40 余 t。

图 2.12 无锡超载侧翻现场图

图 2.13 汽车衡测载重

【案例分析】在交通运输过程中，货车超载危害很多，会造成车辆离合器片烧毁，车架和钢板弹簧片断裂等情况；超载还会严重危及行车安全，影响汽车转向性能，导致转向沉重，容易造成翻车事故；超载还会导致交通路面、桥梁、高架等遭受损伤。因此，通过汽车衡传感器设备监管超载有很重要的现实意义，能够极大的保障交通行驶安全。

2.4.1 筒(柱)式力传感器

被测物理量为荷重或力的应变式传感器，统称为应变式力传感器。其主要用作各种电子秤与材料试验机的测力元件、发动机的推力测试、水坝坝体承载状况监测等。

应变式力传感器要求有较高的灵敏度和稳定性，当传感器在受到侧向作用力或力的作用点发生轻微变化时，不应对输出有明显的影响。力传感器的弹性元件：柱式、筒式、环式、悬臂式等。

图 2.14(a)、(b)所示分别为柱式、筒式力传感器，应变片粘贴在弹性体外壁应力分布均匀的中间部分，对称地粘贴多片，电桥连线时考虑尽量减小载荷偏心和弯矩影响。贴片在圆柱面上的展开位置及其在桥路中的连接如图 2.14(c)、(d)所示，R_1 和 R_3 串接，R_2 和 R_4 串接，并置于桥路对臂上，以减小弯矩影响，横向贴片 R_5 和 R_7 串接，R_6 和 R_8 串接，作温度补偿时，接于另两个桥路对臂上。

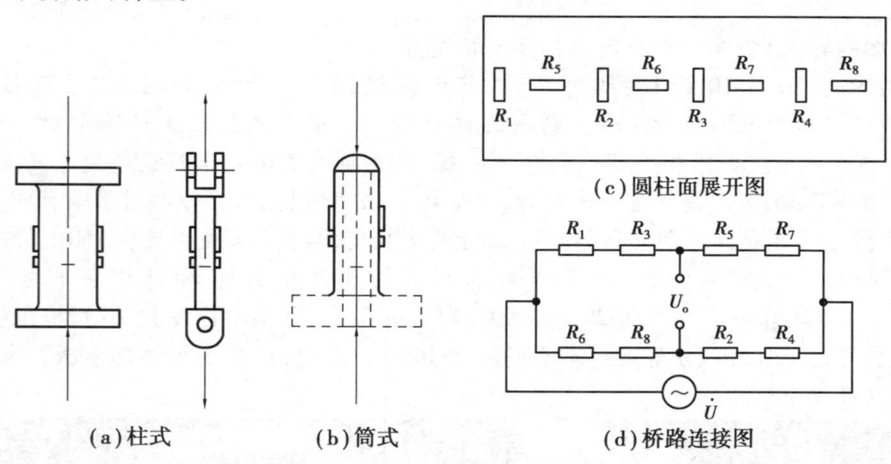

图 2.14 圆柱(筒)式力传感器

汽车衡上安装有圆柱式力传感器，如图 2.15 所示，在力传感器的弹性元件圆柱上按一定方式粘贴应变片，圆柱在外力 F 作用下产生形变，从而应变片产生形变，轴向应变 ε_1 和圆周方向应变 ε_2 为

$$\varepsilon_1 = \frac{\Delta l}{l} = \frac{\sigma}{E} = \frac{F}{SE} \tag{2.37}$$

$$\varepsilon_2 = -\mu\varepsilon_1 = -\mu\frac{F}{SE} \tag{2.38}$$

式中：S——弹性元件圆柱的横截面积；

E——弹性元件圆柱的弹性模量。

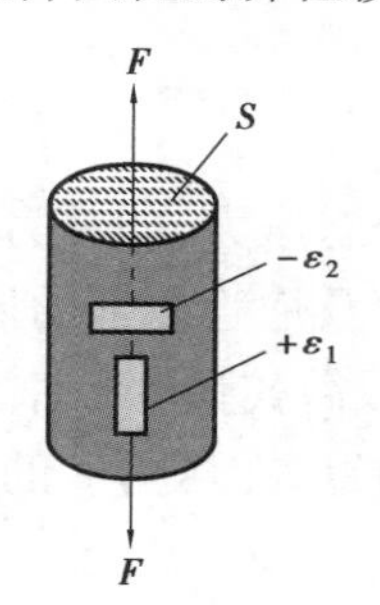

图 2.15 圆柱式力传感器

贴片在圆柱面上的展开位置及其在桥路中的连接如图 2.16 所示，根据电阻应变片的灵敏系数 $k=\left(\frac{\Delta R}{R}\right)/\varepsilon$，将灵敏系数与应变的关系代入全桥差动电路的输出电压计算式，得到

$$U_o = \frac{U}{4}k(\varepsilon_1 - \varepsilon_2 + \varepsilon_3 - \varepsilon_4) \tag{2.39}$$

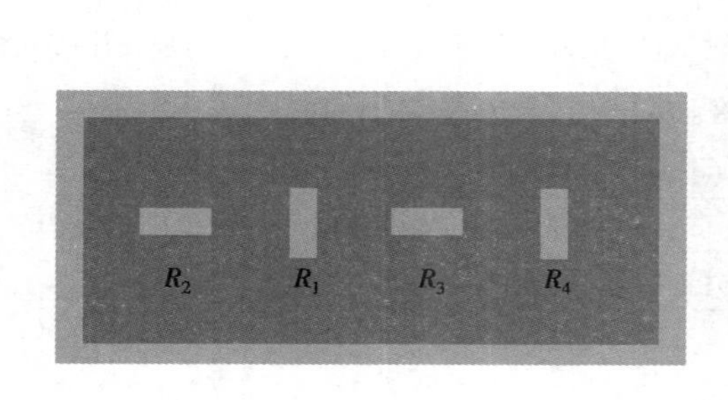

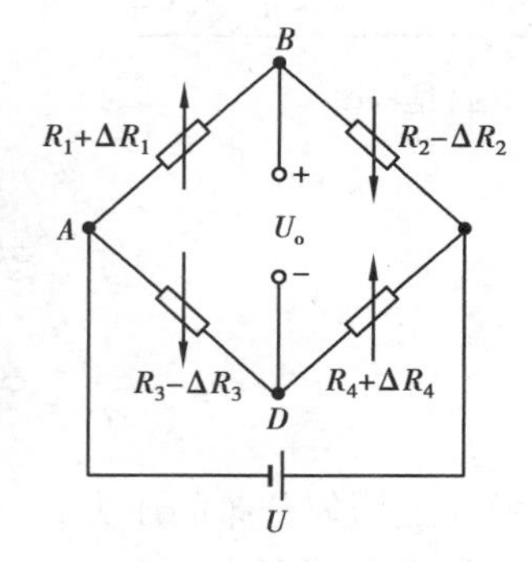

图 2.16 圆筒式力传感器

将轴向应变式(2.37)与圆周应变式(2.38)的关系代入式(2.39)，得到输出电压与外加压力之间的关系

$$U_o = \frac{U}{2}k(1+\mu)\frac{F}{SE} \tag{2.40}$$

这样，将电阻应变片对称地粘贴在弹性元件圆柱上，并连接成全桥差动电路，使汽车衡上安装的圆柱式力传感器实现了外力与差动电桥电路输出电压间的关系。

如图 2.17 所示，在汽车衡称重系统中，4 个圆柱式力传感器安装在底座的四个轮子位置处，安装平面要尽量调整到一个水平面上（相对误差为 3～5 mm），目的是使各传感器承受的负载基本一致。使用传感器时，一定要在竖直受力方向上加载力，横向力、侧向力

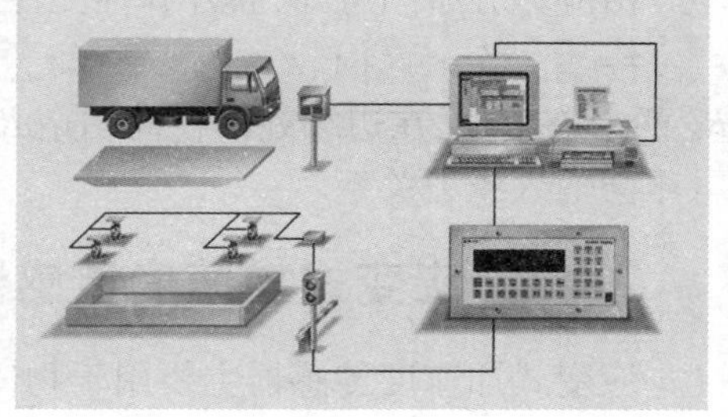

图 2.17 汽车衡称重系统

等非受力方向上应避免加载力。4个圆柱式力传感器的输出引线与变换器相连，变换器具有放大、阻抗匹配、线性补偿、温度补偿、外调增益等功能，将力转换成电流或电压信号输出到自动控制设备的接口，根据4个圆柱式力传感器在底座上的水平位置，计算出货车的重量，并在屏幕上进行显示。

2.4.2 应变式膜片压力传感器

应变式传感器的应用(2)

应变式压力传感器主要用来测量流动介质的动态和静态压力，如动力管道设备的进出口气体或液体的压力、发动机内部的压力、枪管及炮管内部的压力、内燃机管道的压力等，应变片压力传感器大多采用膜片式或筒式弹性元件。

图2.18所示为膜片式压力传感器，应变片贴在膜片内壁，在压力 p 的作用下，膜片产生径向应变和切向应变，其表达式分别为

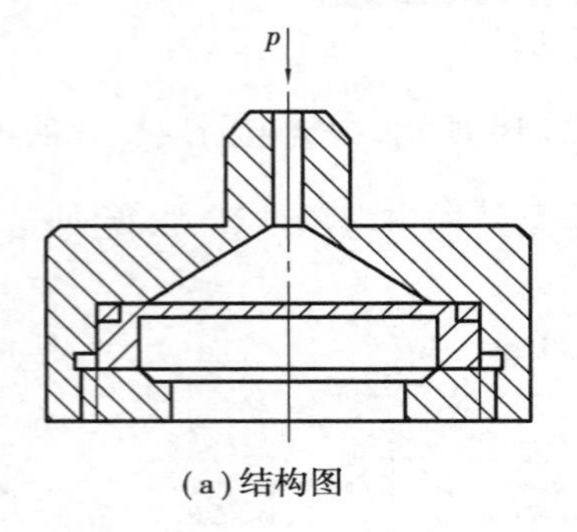

(a)结构图

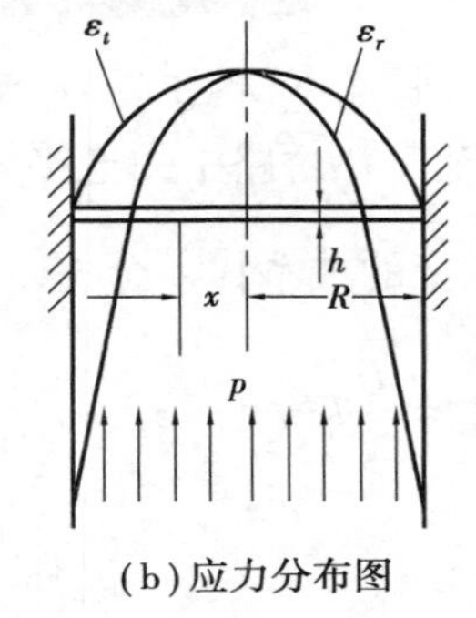

(b)应力分布图

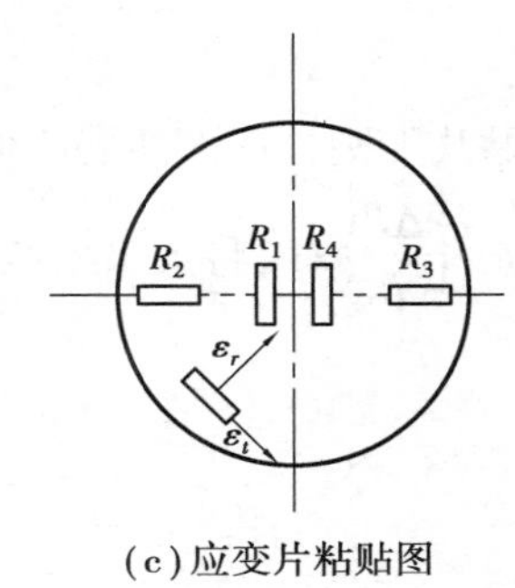

(c)应变片粘贴图

图2.18 膜片式压力传感器

$$\varepsilon_r = \frac{3p(1-\mu^2)(R^2-3x^2)}{8h^2E} \tag{2.41}$$

$$\varepsilon_t = \frac{3p(1-\mu^2)(R^2-x^2)}{8h^2E} \tag{2.42}$$

式中：p——膜片上均匀分布的压力；

R、h——膜片的半径和厚度；

x——离圆心的径向距离；

r——径向；

t——切向；

μ——泊松比；

E——材料的弹性模量。

由应力分布图可知，膜片弹性元件承受压力 p 时，其应变变化曲线的特点为：当 $x=0$ 时，$\varepsilon_{r\max}=\varepsilon_{t\max}$；当 $x=R$ 时，$\varepsilon_t=0$，$\varepsilon_r=-2\varepsilon_{r\max}$。根据以上特点，一般在平膜片圆心处切向粘贴 R_1 和 R_4 两个应变片，在边缘处沿径向粘贴 R_2 和 R_3 两个应变片，然后接成全桥测量电路，得到输出电压与输入压力关系。

2.4.3 应变式加速度传感器

应变式加速度传感器主要用于物体加速度的测量。其基本工作原理是：物体运动的加速度与作用在它上面的力成正比，与物体的质量成反比，即 $a=F/m$，图2.19所示是应变片式加

速度传感器的结构示意图,图中 2 是等强度梁,自由端安装质量块 1,另一端固定在壳体 4 上。等强度梁上粘贴 4 个电阻应变敏感元件 3。为了调节振动系统阻尼系数,在壳体内充满硅油。

测量时,将传感器壳体与被测对象刚性连接,当被测物体以加速度 α 运动时,质量块受到一个与加速度方向相反的惯性力作用,使悬臂梁变形,该变形被粘贴在悬臂梁上的应变片感受到并随之产生应变,从而使应变片的电阻发生变化。电阻的变化产生输出电压,即可得出加速度 α 值的大小。

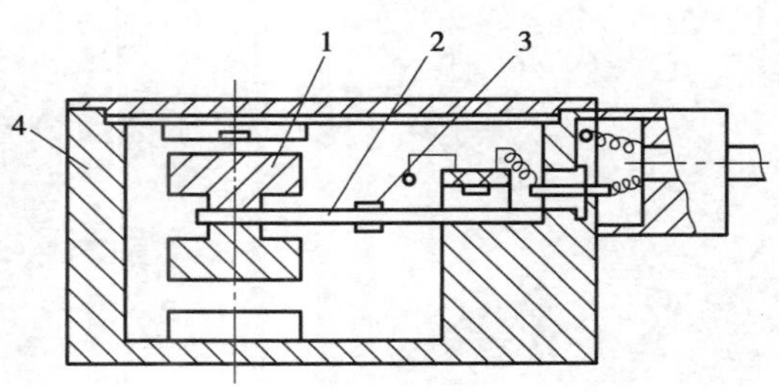

图 2.19　电阻应变式加速度传感器结构图

1—质量块;2—等强度梁;3—电阻应变敏感元件;4—壳体

应变片加速度传感器不适用于频率较高的振动和冲击场合,一般适用频率为 10~60 Hz。

通过汽车衡传感器设备监管货车超载得到的启示:

(1)在工作生活中,要诚实守信,遵守各项规矩,无规矩不成方圆,一规一矩皆有所谓同形也,遵守规矩,才能使社会变得更加和谐。不守规矩的人,短期可能会占便宜,侥幸逃过惩罚,终有一天,如同货车超载导致高架桥侧翻一样,会为自己无视规矩,付出惨痛的代价。

(2)随着信息化和智能化的发展,单靠人们自身的感觉器官,管理生产活动中的操作规程是远远不够的,通过各种传感器来监视和控制生产生活,获取有价值的信息,是国家现代化和智能化发展的主要途径与手段,因此,多设计不同功能的传感器提高工作效率。

(3)将应变式力传感器设计成汽车衡,能够监测汽车是否超重,不允许超重的汽车行驶到路面、桥梁和高架上,保障交通行驶安全。

电阻应变片保障工程质量,维护民生安全

习近平总书记曾指出:“人命关天,发展决不能以牺牲人的生命为代价。这必须作为一条不可逾越的红线。”安全发展理念有多牢固,最终要看行动有多坚定,容不得半点形式主义。因此,将科技用于工程质量有利于维护民生安全。

我们这一章学习了电阻应变片的应变效应和测量电路，并讲解了将应变片粘贴到敏感元件上，制作成各种功能的应变式传感器。立交桥、城市高架桥中广泛采用预应力混凝土管桩，预应力混凝土管桩有施工速度快，质量容易保证等特点，结合材料力学中应力变化原理，如图2.20所示，请大家运用这一章的知识思考如何通过静载、动载等方法对预应力管桩进行质量抽检？

图2.20　工作人员粘贴应变片现场图

箔式应变片电桥电路的测试

实训目的：

1.测试应变梁变形的应变输出；

2.比较3种电桥电路的不同及优缺点；

3.锻炼动手能力，将课堂理论与实践相结合培养精益求精的工匠精神。

1.实训原理

本实训说明箔式应变片及单臂、半桥和全桥直流电桥的原理及工作情况。应变片是最常用的测力传感元件，当测件受力发生形变时，应变片的敏感栅随同变形，其电阻值也随之发生相应的变化，并通过测量电路转换成电信号输出显示。

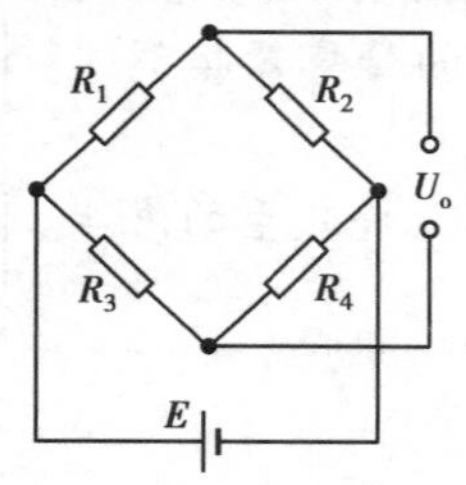

图2.21　电桥电路图

电桥电路是最常用的非电量测量电路中的一种，如图2.21所示，当电桥平衡时，桥路对臂电阻乘积相等，电桥输出为零，在桥臂4个电阻R_1、R_2、R_3及R_4中，电阻的相对变化率分别为$\Delta R_1/R_1$、$\Delta R_2/R_2$、$\Delta R_3/R_3$、$\Delta R_4/R_4$，当使用一个应变片时，$\sum R=\Delta R/R$，当两个应变片组成差动状态工作时，则有$\sum R=2\Delta R/R$；当4个应变片组成两个差动对工作，且$R_1=R_2=R_3=R_4=R$时，$\sum R=4\Delta R/R$。由此可知，单臂、半桥、全桥电路的灵敏度依次增大，电压灵敏度分别为$E/4$、$E/2$和E。由此可知，当E和电阻的相对变化一定时，电桥及电压灵敏度与各桥臂阻值的大小无关。

2.实训设备和器材

实训设备和器材包括直流稳压电源（±4 V挡）、电桥、差动放大器、箔式应变片、测微头（或称重砝码）、双孔悬臂梁和电压表等。

3.实训内容和步骤

1)单臂电桥验证箔式应变片性能

步骤如下:

(1)调零。开启仪器电源,差动放大器增益置100倍(顺时针方向旋到底),“+、-”输入端用实验线对地短路。输出端接数字电压表,用“调零”电位器调整差动放大器输出电压为零,然后拔掉实验线。调零后,电位器位置不要变化。

如需使用毫伏表,则将毫伏表输入端对地短路,调整“调零”电位器使指针居“零”位。拔掉短路线,指针有偏转是指针式电压表输入端悬空时的正常情况。调零后,关闭仪器电源。

(2)按图2.22将实验部件用实验线连接成测试桥路。桥路中 R_1、R_2、R_3 及 R_W 为电桥中的固定电阻和直流调平衡电位器,R 为应变片(可任选上、下梁中的一片工作片)。直流激励电源为±4 V。测微头装于悬臂梁前端的永久磁钢上,并调节使应变梁处于基本水平状态。

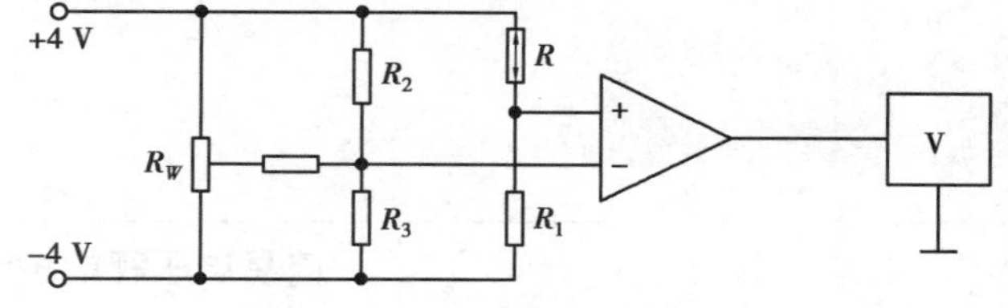

图2.22 单臂电桥测试电路

(3)确认接线无误后,开启仪器电源,并预热数分钟。调整电桥电位器 R_W,使测试系统输出为零。

(4)旋动测微头,带动悬臂梁分别作向上和向下的运动,以悬臂梁水平状态下电路输出电压为零为起点。向上和向下移动各5 mm,测微头每移动0.5 mm记录一个差动放大器输出电压值,并列表。

记录数据,并填入表2.1中。根据表中所测数据计算灵敏度 S,$S=\Delta U/\Delta x$,并在坐标图上画出 U-x 关系曲线。

表2.1 单臂电桥验证箔式应变片性能数据记录表

位移 r/mm								
电压 U/V								

2)3种电桥桥路性能比较

步骤如下:

(1)在完成实训1)单臂电桥验证箔式应变片性能的基础上,不变动差动放大器增益和调零电位器,依次将图2.22中电桥固定电阻 R_1、R_2、R_3 换成箔式应变片,分别接成半桥和全桥测试系统。

(2)重复实训1)中步骤(3)和步骤(4),测出半桥和全桥输出电压并列入表2.2,计算灵敏度。

表2.2 半桥和全桥输出电压数据记录表

位移 x/mm										
电压 U/V	半桥									
	全桥									

(3)在同一坐标图上画出 U-x 关系曲线,比较 3 种桥路的灵敏度,并做出定性结论。

注意事项

(1)正式实训前,一定要熟悉所用设备、仪器的使用方法。

(2)应变片接入电桥时注意其受力方向,一定要接成差动形式。

(3)直流激励电压不能过大,以免造成应变片自热损坏。

(4)由于进行位移测量时测微头要从零到正的最大值,又回复到零,再到负的最大值。因此容易造成零点偏移。所以,计算灵敏度时,可将正的 Δx 灵敏度与负的 Δx 灵敏度分开计算,再求灵敏度的平均值。

简易电子秤的设计

随着计量技术和电子技术的发展,传统纯机械结构的杆秤、台秤、磅秤等称量装置逐步被淘汰,电子称量装置电子秤、电子天平等以其准确、快速、方便、显示直观等诸多优点而受到人们的青睐。

利用这一章所学的电阻应变片的应变效应、测量电路,结合控制芯片单片机的专业知识,综合利用电工技术基础理论与信号转换电路,设计一台小型电子秤,量程为 0~1 kg,用于测量实验室小件物体的质量,如图 2.23 所示。

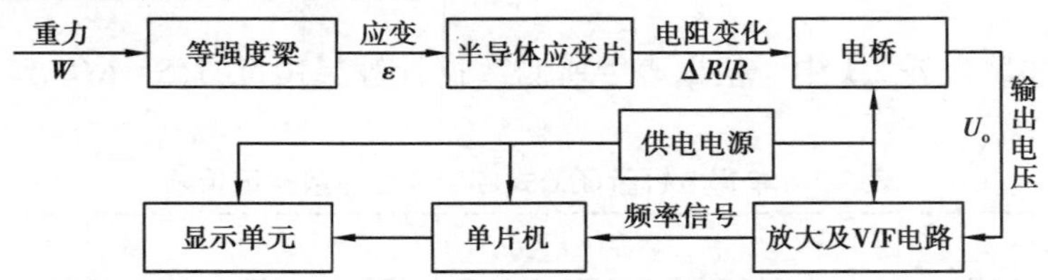

图 2.23　基于电阻应变式称重传感器的电子秤系统框图

电阻应变称重传感器选用等强度梁做弹性敏感元件,使贴片位置不受限制,结构也简单,为了提高系统灵敏度,选用半导体应变片做转换元件,测量电路仍为电桥电路。

传感器输出信号经放大后,进行 V/F 变换,以频率信号形式输出到单片机,经单片机运算处理,显示质量值。信号进行 V/F 变换可以增加信号传输距离,并具有抗干扰能力。同时省掉了 A/D 环节,提高了系统精度,简化了与单片机的接口。

最后,对设计好的电子秤进行各种精度(非线性误差、灵敏度等)的测试。

1.2014 年 5 月,李克强总理在埃塞俄比亚访问期间,和埃塞俄比亚总理一同考察了亚的斯亚贝巴轻轨项目。亚的斯亚贝巴城市轻轨项目是埃塞乃至东非地区第一条城市轻轨,也是中国公司在非洲承建的首个城市轨道交通项目,项目从设计、施工到装备、运营都采用中国技

术。考察中,两位总理,拿起扳手,拧紧螺丝,如图 2.24 所示。大家知道在航天领域或其他精度要求高的工程中,拧螺丝的圈数和力矩是有规范要求,常采用应变式数显扭矩扳手,这也体现工作中恪尽职业操守,崇尚精益求精的要求,那么应变式数显扭矩扳手其工作原理是什么?

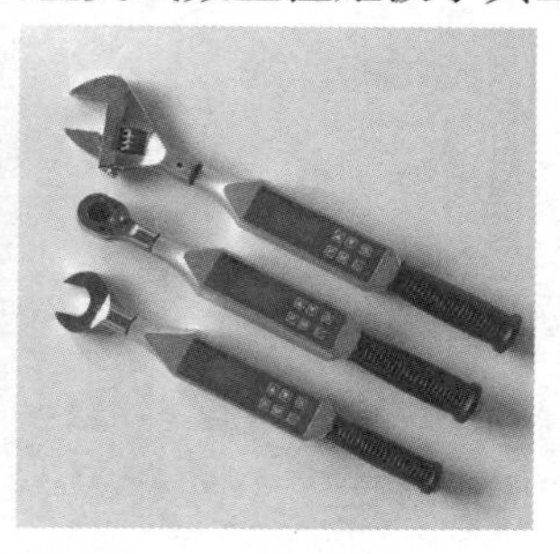

图 2.24　应变式数显扭矩扳手应用

2.什么是应变效应?试说明金属应变片与半导体应变片的相同和不同之处。

3.采用阻值为 120 Ω、灵敏系数 $K=2.0$ 的金属电阻应变片和阻值为 120 Ω 的固定电阻组成电桥,供桥电压 U 为 5 V,假定负载电阻无穷大。当应变片上的应变 ε 分别为 10^{-6} 和 10^{-3} 时,试求单臂、双臂和全桥工作时的输出电压,并比较 3 种情况下的灵敏度。

4.采用阻值 $R=120$ Ω、灵敏系数 $K=2.0$ 的金属电阻应变片与阻值 $R=120$ Ω 的固定电阻组成电桥,供桥电压为 8 V。当应变片应变为 10^{-3} 时,若要使输出电压大于 10 mV,则可采用哪种工作方式(设输出阻抗为无穷大)?

5.图 2.25 为等强度梁测力系统,R_1 为电阻应变片,应变片灵敏系数 $K=2.05$,未受应变时,$R_1=120$ Ω。当试件受力 F 时,应变片承受平均应变 $\varepsilon=8\times10^{-4}$,试求:

①应变片电阻变化量 ΔR_1 及电阻相对变化量 $\Delta R_1/R_1$。

②将电阻应变片 R_1 置于单臂测量电桥,电桥电源电压为直流 3 V,求电桥输出电压及电桥非线性误差。

③若要减小非线性误差,应采取何种措施?分析其电桥输出电压及非线性误差大小。

6.在材料为钢的实心圆柱试件上,沿轴线和圆周方向各贴一片电阻为 120 Ω 的金属应变片 $R1$ 和 $R2$,把这两应变片接入差动电桥。若钢的泊松比 $\mu=0.285$,应变片的灵敏系数 $K=2$,电桥的电源电压 $U_1=2$ V,当试件受轴向拉伸时,测得应变片 $R1$ 的电阻变化值 $\Delta R=0.48$ Ω,试求电桥的输出电压 U_0;若柱体直径 $d=10$ mm,材料的弹性模量 $E=2\times10^{11}$ N/m^2,求其所受拉力大小。

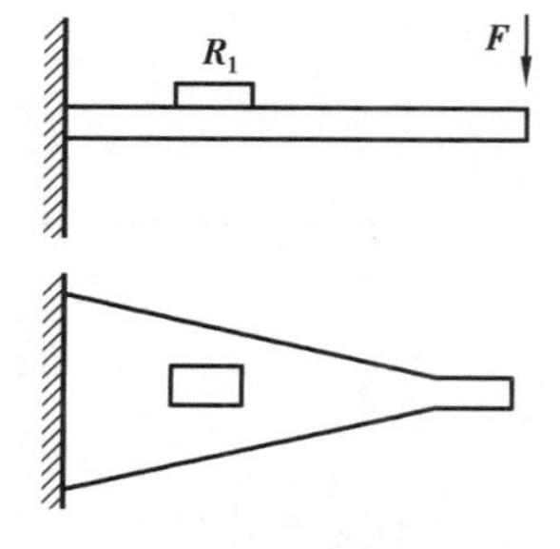

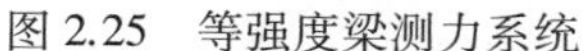

图 2.25　等强度梁测力系统

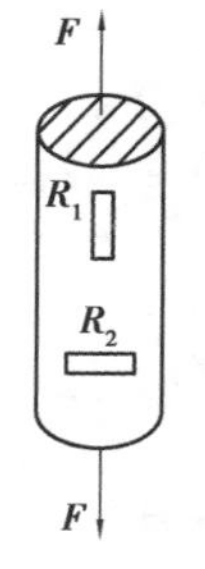

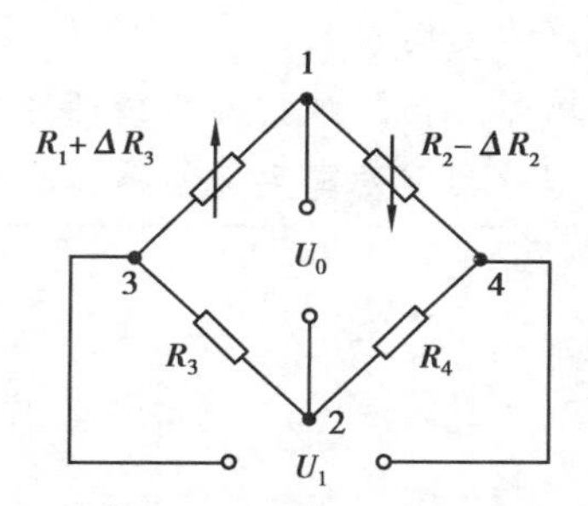

图 2.26　差动电桥电路

3

电感式传感器

知识目标

1. 掌握变磁阻式传感器的原理与应用；
2. 掌握差动变压器式传感器的原理与应用；
3. 掌握电涡流式传感器的原理与应用。

技能目标

1. 能区分三类电感式传感器的各自特点；
2. 能搭建电感式传感器测量电路；
3. 能对电感式传感器进行选型。

素质目标

1. 培养爱岗敬业、严谨认真的技术技能人才；
2. 培养开拓思维和创新精神的科技人才；
3. 培养具有爱国主义精神和奉献精神的建设者。

3.1 变磁阻式传感器

变磁阻式传感器

【**案例导读**】北京地铁四号线自动扶梯故障

2011 年 7 月 5 日 9:36,北京地铁四号线动物园站 A 出口上行的自动扶梯突然出现故障,反方向运行。由于事发时正值地铁运营高峰时段,自动扶梯上乘客较多,加之事出突然,乘客未及时反应便纷纷从扶梯上跌落下来。据一名现场亲历者描述,当时电梯正常运行,突然一声巨响,随即就看到乘客成片的倒下(图 3.1)。

还有一名乘客说,事发时她在扶梯上突然感到一股大力将她甩出,反应过来时已经在扶梯下面了,身下还压着好几个人。事故造成 1 人死亡,2 人重伤,26 人轻伤。

图 3.1 北京地铁四号线自动扶梯故障现场图

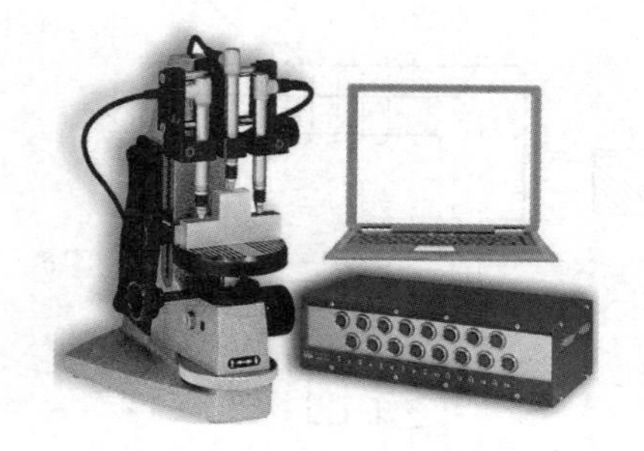

图 3.2 电感测微仪

经北京市政府批准,对"7·5"北京地铁四号线自动扶梯事故进行调查,结果认定此事故是一起责任事故。由于北京地铁四号线动物园站 A 出口扶梯的固定零件损坏,导致扶梯驱动主机发生位移,造成驱动链的断裂,致使扶梯出现逆向下行的现象。

【**案例分析**】扶梯的固定零件尺寸都有严格要求,在装配时与其他零件的配合方式影响其运行的稳定性和使用寿命,而且对于公共场所的自动扶梯这些特种设备,零部件的尺寸和精度要求更为严格,因此,需要精密仪器对这些零件进行质量检验。

电感测微仪(图 3.2)是一种能够测量微小尺寸变化的精密测量仪器,它由主体和测头两部分组成,配上相应的测量装置(例如测量台架等),能够完成各种精密测量,用于检查工件的厚度、内径、外径、椭圆度、平行度、直线度、径向跳动等,被广泛应用于精密机械制造业、晶体管和集成电路制造业以及国防、科研、计量部门的精密长度测量。

电感测微仪的硬件电路主要包括电感式传感器、正弦波振荡器、放大器、相敏检波器及单片机系统。利用电磁感应原理将被测非电量如位移、压力、流量、振动等转换成线圈自感系数(L)或互感系数(M)的变化,再由测量电路转换为电压或电流的变化量输出,这种装置称为电感式传感器。

电感式传感器具有结构简单,工作可靠,测量精度高,零点稳定,输出功率较大等一系列优点,其主要缺点是灵敏度、线性度和测量范围相互制约,传感器自身频率响应低,不适用于快速动态测量。这种传感器能实现信息的远距离传输、记录、显示和控制,在工业自动控制系统中被广泛采用。

电感式传感器种类很多,本章主要介绍自感式、互感式和电涡流式 3 种传感器。

3.1.1 工作原理

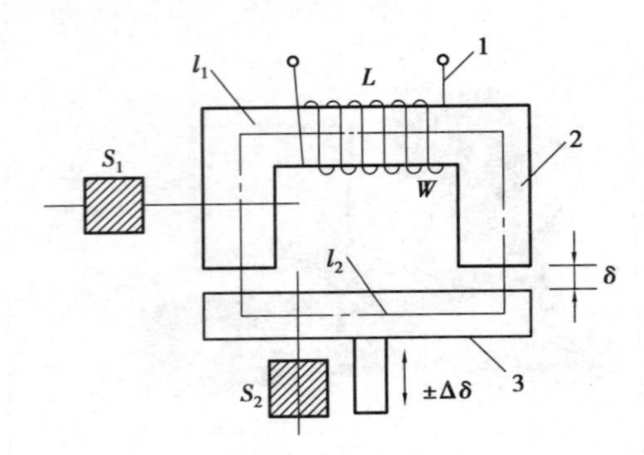

图 3.3　变磁阻式传感器

1—线圈;2—铁芯(定铁芯);3—衔铁(动铁芯)

变磁阻式传感器(自感式传感器)的结构如图 3.3 所示。它由线圈、铁芯和衔铁 3 部分组成。铁芯和衔铁由导磁材料如硅钢片或坡莫合金制成,在铁芯和衔铁之间有气隙,气隙厚度为 δ,传感器的运动部分与衔铁相连。当衔铁移动时,气隙厚度 δ 发生改变,引起磁路中磁阻变化,从而导致电感线圈的电感值变化,因此只要能测出这种电感量的变化,就能确定衔铁位移量的大小和方向。

根据电感定义,线圈中电感量可由下式确定

$$L = \frac{\psi}{I} = \frac{W\phi}{I} \tag{3.1}$$

式中:ψ——线圈总磁链;

I——通过线圈的电流;

W——线圈的匝数;

ϕ——穿过线圈的磁通。

由磁路欧姆定律,得

$$\phi = \frac{IW}{R_m} \tag{3.2}$$

式中:R_m——磁路总磁阻。对于变隙式传感器,因为气隙很小,所以可以认为气隙中的磁场是均匀的。若忽略磁路磁损,则磁路总磁阻为

$$R_m = \frac{l_1}{\mu_1 S_1} + \frac{l_2}{\mu_2 S_2} + \frac{2\delta}{\mu_0 S_0} \tag{3.3}$$

式中：μ_1——铁芯材料的磁导率；

μ_2——衔铁材料的磁导率；

l_1——磁通通过铁芯的长度；

l_2——磁通通过衔铁的长度；

S_1——铁芯的截面积；

S_2——衔铁的截面积；

μ_0——空气的磁导率；

S_0——气隙的截面积；

δ——气隙的厚度。

通常气隙磁阻远大于铁芯和衔铁的磁阻，即

$$\left.\begin{aligned}\frac{2\delta}{\mu_0 S_0} \gg \frac{l_1}{\mu_1 S_1} \\ \frac{2\delta}{\mu_0 S_0} \gg \frac{l_2}{\mu_2 S_2}\end{aligned}\right\} \tag{3.4}$$

则式(3.3)可近似为

$$R_m = \frac{2\delta}{\mu_0 S_0} \tag{3.5}$$

联立式(3.1)、式(3.2)及式(3.5)，可得线圈的电感值可近似地表示为

$$L = \frac{W^2}{R_m} = \frac{W^2 \mu_0 S_0}{2\delta} \tag{3.6}$$

上式表明，当线圈匝数为常数时，只要改变δ或S_0均可导致电感变化，因此变磁阻式传感器又可分为变气隙型电感式传感器和变面积型电感式传感器。使用最广泛的是变气隙厚度δ式电感传感器。

3.1.2 输出特性

设电感传感器初始气隙为δ_0，初始电感量为L_0，衔铁位移引起的气隙变化量为$\Delta\delta$，从式(3.6)可知L与δ之间是非线性关系，特性曲线如图3.4所示，初始电感量为

$$L_0 = \frac{W^2 \mu_0 S_0}{2\delta_0} \tag{3.7}$$

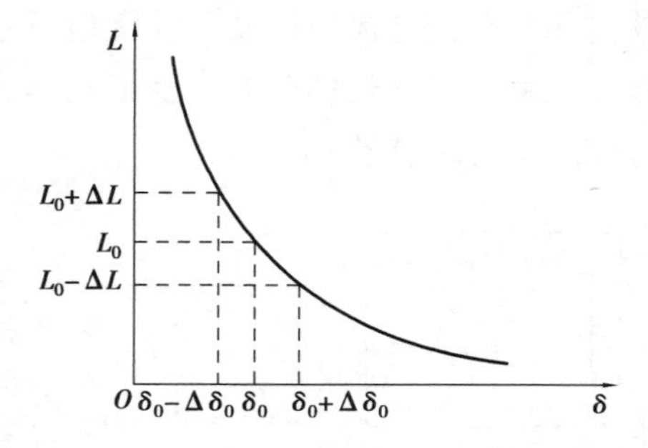

图3.4 变气隙式电感传感器的L—δ特性

当衔铁上移$\Delta\delta$时，传感器气隙减小$\Delta\delta$，即$\delta = \delta_0 - \Delta\delta$，则此时输出电感为$L_1 = L_0 + \Delta L_1$，代入式(3.6)并整理，得

$$L_1 = L_0 + \Delta L_1 = \frac{W^2 \mu_0 S_0}{2(\delta_0 - \Delta\delta)} = \frac{L_0}{1 - \dfrac{\Delta\delta}{\delta_0}} \tag{3.8}$$

当 $\Delta\delta/\delta_0 \ll 1$ 时,可将上式用泰勒级数展开成级数形式为

$$L_1 = L_0 + \Delta L_1 = L_0\left[1 + \left(\frac{\Delta\delta}{\delta_0}\right) + \left(\frac{\Delta\delta}{\delta_0}\right)^2 + \left(\frac{\Delta\delta}{\delta_0}\right)^3 + \cdots\right] \tag{3.9}$$

由上式可求得电感增量 ΔL_1 和相对增量 $\Delta L_1/L_0$ 的表达式,即

$$\Delta L_1 = L_0\frac{\Delta\delta}{\delta_0}\cdot\left[1 + \left(\frac{\Delta\delta}{\delta_0}\right) + \left(\frac{\Delta\delta}{\delta_0}\right)^2 + \cdots\right] \tag{3.10}$$

将上式化简得

$$\frac{\Delta L_1}{L_0} = \frac{\Delta\delta}{\delta_0}\cdot\left[1 + \left(\frac{\Delta\delta}{\delta_0}\right) + \left(\frac{\Delta\delta}{\delta_0}\right)^2 + \cdots\right] \tag{3.11}$$

同理,当衔铁随被测体的初始位置下移 $\Delta\delta$ 时,传感器气隙增大 $\Delta\delta$,即 $\delta=\delta_0+\Delta\delta$,则此时输出电感为 $L_2=L_0-\Delta L_2$,有

$$\Delta L_2 = L_0\frac{\Delta\delta}{\delta_0}\cdot\left[1 - \left(\frac{\Delta\delta}{\delta_0}\right) + \left(\frac{\Delta\delta}{\delta_0}\right)^2 - \cdots\right] \tag{3.12}$$

将上式化简得

$$\frac{\Delta L_2}{L_0} = \frac{\Delta\delta}{\delta_0}\cdot\left[1 - \left(\frac{\Delta\delta}{\delta_0}\right) + \left(\frac{\Delta\delta}{\delta_0}\right)^2 - \cdots\right] \tag{3.13}$$

对式(3.11)和式(3.13)作线性处理忽略高次项,可得

$$\frac{\Delta L_1}{L_0} = \frac{\Delta\delta}{\delta_0};\frac{\Delta L_2}{L_0} = \frac{\Delta\delta}{\delta_0} \tag{3.14}$$

灵敏度为

$$K_0 = \frac{\frac{\Delta L}{L_0}}{\Delta\delta} = \frac{1}{\delta_0} \tag{3.15}$$

由此可见,高次项的存在是造成非线性的原因,而且 ΔL_1 和 ΔL_2 是不相等的。当($\Delta\delta/\delta_0$)越小时,则高次项迅速减小,非线性得到改善。变气隙式电感传感器的测量范围与灵敏度及线性度相矛盾,所以变气隙式电感式传感器用于测量微小位移时是比较精确的。为了减小非线性误差,实际测量中广泛采用差动变气隙式电感传感器。

变磁阻式传感器(2)

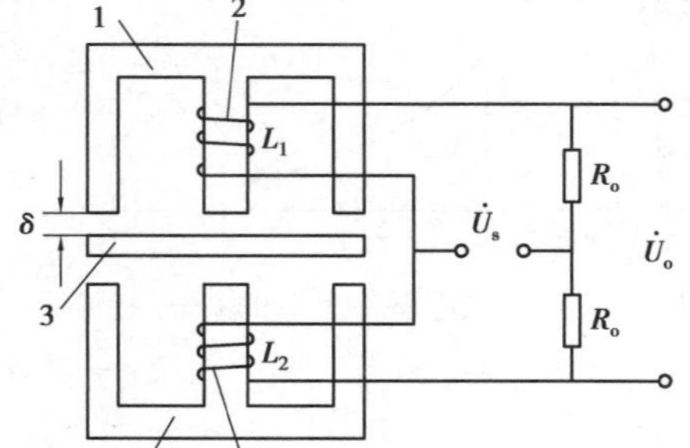

图 3.5　差动变气隙电感传感器

1—铁芯;2—线圈;3—衔铁

图 3.5 所示为差动变隙式电感传感器的原理结构图。由图可知,差动变隙式电感传感器由两个相同的电感线圈 L_1、L_2 和磁路组成,测量时,衔铁通过导杆与被测位移量相连,当被测体上下移动时,导杆带动衔铁也以相同的位移上下移动,使两个磁回路中磁阻发生大小相等、方向相反的变化,导致一个线圈的电感量增加另一个线圈的电感量减小,形成差动形式。

当衔铁往上移动 $\Delta\delta$ 时,两个线圈的电感变化量 ΔL_1、ΔL_2 分别由式(3.10)及式(3.12)表示,当差动使用时,两个电感线圈接成交流电桥的相邻桥臂,另两个桥

臂由电阻组成，电桥输出电压与 ΔL 有关，其具体表达式为

$$\Delta L = \Delta L_1 + \Delta L_2 = 2L_0 \frac{\Delta\delta}{\delta_0} \cdot \left[1 + \left(\frac{\Delta\delta}{\delta_0}\right)^2 + \left(\frac{\Delta\delta}{\delta_0}\right)^4 + \cdots\right] \tag{3.16}$$

对上式进行线性处理忽略高次项得

$$\frac{\Delta L}{L_0} = \frac{2\Delta\delta}{\delta_0} \tag{3.17}$$

灵敏度 K_0 为

$$K_0 = \frac{\frac{\Delta L}{L_0}}{\Delta\delta} = \frac{2}{\delta_0} \tag{3.18}$$

比较单线圈和差动两种变间隙式电感传感器的特性，如图 3.6 所示，可以得到如下结论：

(1)差动式比单线圈式的灵敏度高一倍。

(2)差动式的非线性项等于单线圈非线性项乘以 $\Delta\delta/\delta_0$ 因子，因为 $\Delta\delta/\delta_0 \ll 1$，所以，差动式的线性度得到明显改善。

(3)温度变化、电源波动、外界干扰等对传感器精度的影响，由于能互相抵消而减小。

(4)电磁吸力对测力变化的影响也由于能相互抵消而减小。

因此，差动式结构除了可以改善线性、提高灵敏度外，对温度变化、电源频率变化等影响也可以进行补偿，从而减少了外界影响造成的误差。为了使输出特性能得到有效改善，构成差动的两个变气隙式电感传感器在结构尺寸、材料、电气参数等方面均应完全一致。

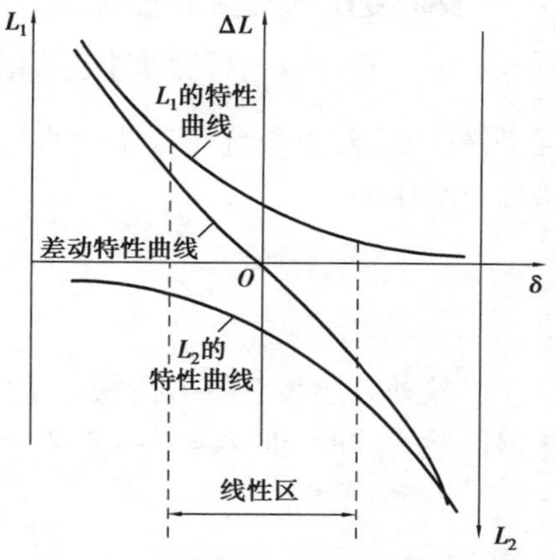

图 3.6　自感系数特性曲线图

3.1.3　测量电路

电感式传感器的测量电路有交流电桥式、交流变压器式几种形式。

1.交流电桥式测量电路

图 3.7 所示为交流电桥测量电路，把差动变气隙电感传感器的两个线圈作为电桥的两个桥臂 Z_1 和 Z_2，另外两个相邻的桥臂用纯电阻代替，设 $Z_1 = Z+\Delta Z_1$，$Z_2 = Z-\Delta Z_2$，Z 是衔铁在中间位置时单个线圈的复阻抗，ΔZ_1、ΔZ_2 分别是衔铁偏离中心位置时两线圈阻抗的变化量。对于高 Q 值($Q=\omega L/R$)的差动式电感传感器，有 $\Delta Z_1+\Delta Z_2 \approx j\omega(\Delta L_1+\Delta L_2)$，$\Delta L=\Delta L_1=\Delta L_2$，其输出电压

$$\dot{U}_o = \frac{\dot{U}_{AC}}{2}\frac{\Delta Z_1}{Z_1} = \frac{\dot{U}_{AC}}{2}\frac{j\omega\Delta L}{R_0 + j\omega L_0} \approx \frac{\dot{U}_{AC}}{2}\frac{\Delta L}{L_0} \tag{3.19}$$

式中：L_0——衔铁在中间位置时单个线圈的电感；

ΔL——单个线圈电感的变化量；

$\dot{U}_{AC}$——供桥电源；

R_0——单个线圈电阻。

将 $\Delta L=2L_0(\Delta\delta/\delta_0)$ 代入式(3.19)得 $\dot{U}_o=\dot{U}_{AC}(\Delta\delta/\delta_0)$，电桥输出电压与 $\Delta\delta$ 有关。

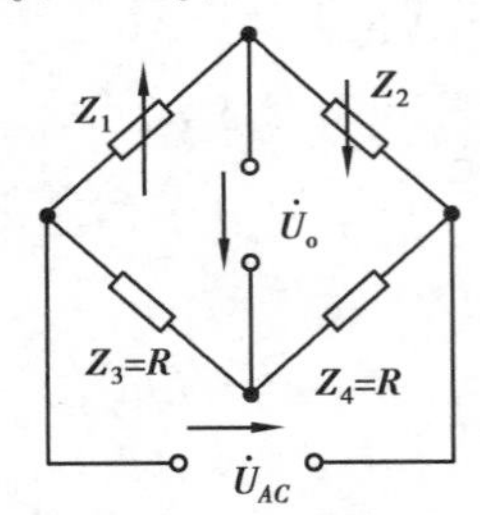

图 3.7　差动变气隙电感传感器

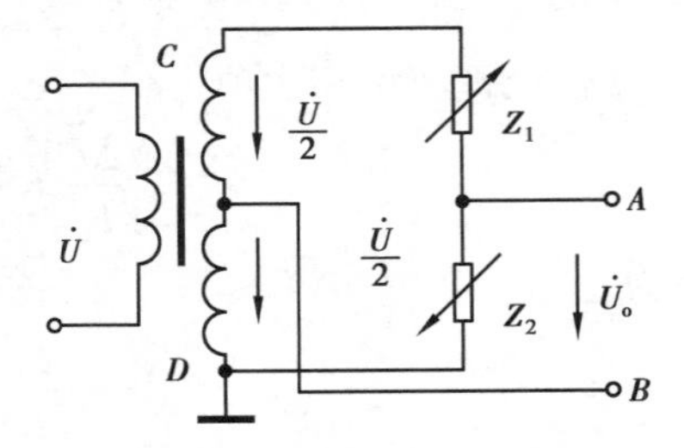

图 3.8　变压器式交流电桥

2.交流变压器式测量电路

变压器式交流电桥测量电路如图 3.8 所示，电桥两臂 Z_1、Z_2 为差动电感传感器线圈复阻抗，另外两桥臂为交流变压器的两个次级绕组(电压均为 $\dot{U}/2$)。当负载阻抗为无穷大时，桥路输出电压为

$$\dot{U}_o=\frac{Z_1\dot{U}}{Z_1+Z_2}-\frac{\dot{U}}{2}=\frac{Z_1-Z_2}{Z_1+Z_2}\frac{\dot{U}}{2} \tag{3.20}$$

当差动电感传感器的衔铁处于中间位置时，即 $Z_1=Z_2=Z$，此时有 $\dot{U}_o=0$，电桥平衡。当传感器衔铁上移时，即 $Z_1=Z+\Delta Z$，$Z_2=Z-\Delta Z$，此时

$$\dot{U}_o=\frac{\dot{U}}{2}\frac{\Delta Z}{Z}=\frac{\dot{U}}{2}\frac{\Delta L}{L} \tag{3.21}$$

当传感器衔铁下移时，则 $Z_1=Z-\Delta Z$，$Z_2=Z+\Delta Z$，此时

$$\dot{U}_o=-\frac{\dot{U}}{2}\frac{\Delta Z}{Z}=-\frac{\dot{U}}{2}\frac{\Delta L}{L} \tag{3.22}$$

从式(3.21)及式(3.22)可知，衔铁上下移动相同距离时，输出电压的大小相等，但方向相反，由于 $\dot{U}_o$ 是交流电压，输出指示无法判断位移方向，必须配合相敏检波电路来解决。

3.1.4　自感式传感器的应用

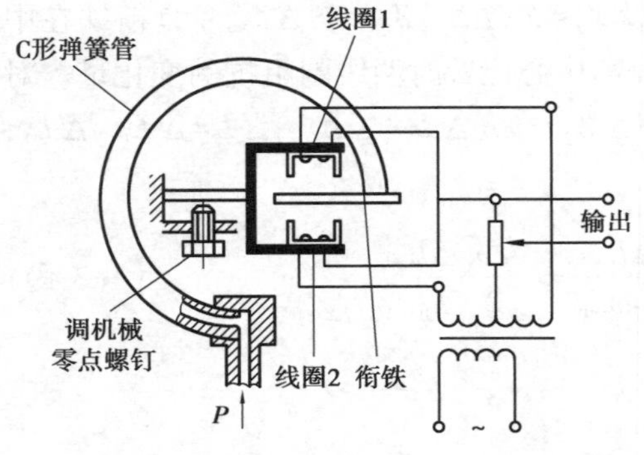

图 3.9　变气隙式差动电感压力传感器

图 3.9 所示是变气隙式差动电感压力传感器，主要由 C 形弹簧管、衔铁、铁芯和线圈等组成。

当被测压力进入 C 形弹簧管时，C 形弹簧管产生变形，其自由端发生位移，带动与自由端连接成一体的衔铁运动，使线圈 1 和线圈 2 中的电感发生大小相等、符号相反的变化，即一个电感量增大，另一个电感量减小。电感的这种变化通过电桥电路转换成电压输出。由于输出电压与被测压力之间成比例关系，因此只要用检测仪表测量出输出电压,即可得知被测压力的大小。

这一节案例引出举的例子是精密仪器——电感测微仪,图3.10所示是结构简单的变气隙式电感测微仪,主要由弹簧、可动铁芯、测量杆和线圈等组成。

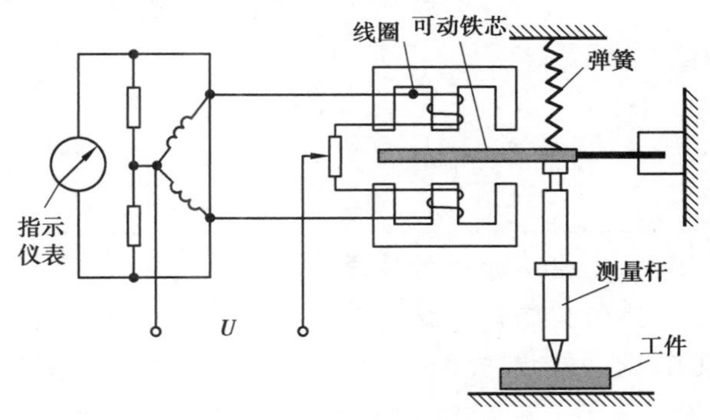

图3.10 电感测微仪

当被测量杆在工件表面移动时,测量杆的位置将带动可动铁心和弹簧上下移动,可动铁芯的上下移动会促使其与上下铁芯中的气隙发生变化,从而使上下线圈的电感发生大小相等、符号相反的变化,即一个电感量增大,另一个电感量减小。电感的这种变化通过电桥电路转换成电压输出,由于输出电压与工件表面平整状态之间成比例关系,因此只要用检测仪表测量出输出电压,即可得知工件表面的平整情况。

北京地铁四号线自动扶梯故障是由于扶梯的固定零件损坏,导致扶梯驱动主机发生位移,造成驱动链的断裂,对于我们的启示:

(1)零件的加工尺寸精度与安装配合类型,对产品的运行产生重要的影响,精密零件的加工与测量需要严谨的态度与一丝不苟的敬业精神,我们的一丝疏忽就会造成很大的经济损失甚至重大事故,因此,在学习和工作中要保持兢兢业业、严谨认真的作风。

(2)要时刻牢记安全责任,工作中的各种设备运行过程时,增加日常维护保养,对设备的重要零部件通过精密仪器实行定期的严格检测,一旦检测异常,及时更换可靠性零件,杜绝事故隐患。

3.2 差动变压器式传感器

差动变压器式传感器(1)

【案例导读】HURWA 全膝关节手术机器人

2020 年 1 月,北京协和医院骨科成功完成我国首例机器人全膝人工关节置换手术。此次使用的 HURWA 全膝关节手术机器人是我国多领域科技人员合作自主研发、具有完全自主知识产权的手术机器人,该手术的顺利实施也是"中国造"全膝关节手术机器人在全球的完美首秀。

全膝人工关节置换手术是治疗严重晚期膝关节疾病的有效方法,术后患者可以得到快速康复,回归正常工作,享受美好生活。然而,该手术向来以"技术要求高、操作难度大"著称,用于该手术的机器人更是集临床医学、生物力学、机械学、材料学、计算机科学、微电子学、机电一体化等诸多学科为一体的现代尖端科技医用设备。以往,该领域一直被国外产品如 MAKO、ROSA Knee 等膝关节手术机器人垄断。即便与国外性能最优的同类机器人相比,此次"突围"的 HURWA 机器人在使用和性能方面也毫不逊色。

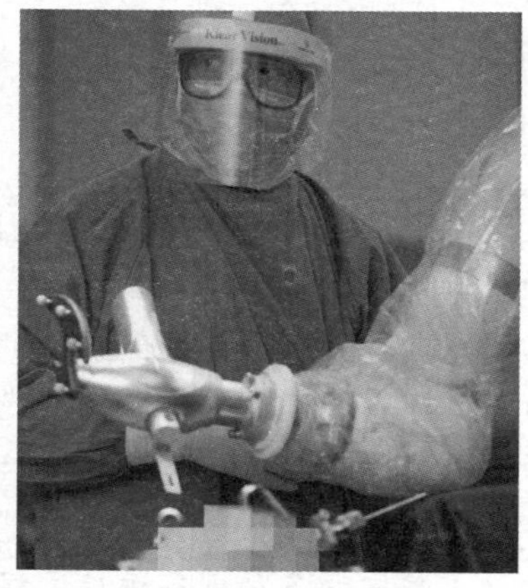

图 3.11 HURWA 机器人全膝人工关节置换手术进行中

【案例分析】HURWA 机器人(图 3.11)在操作上真正实现了智能化人机互动,机械高精密度、自我检视能力和纠错能力皆有上佳表现,可有效降低传统手术的操作误差。在机器人机械手主轴上安装 LVDT 位移传感器,在主轴旋转过程中获得零点,传感器将采集到的位移变化量转换为对应的模拟电信号或者数字信号,经传输至传感器控制系统,便可以很好地检测并实时调整机械手的状态。

把被测的非电量变化转换为线圈互感量变化的传感器称为互感式传感器。这种传感器是根据变压器的基本原理制成的,并且次级绕组都用差动形式连接,故称差动变压器式传感器。

差动变压器结构形式较多,有变气隙式、变面积式和螺线管式等,但其工作原理基本一样。非电量测量中,应用最多的是螺线管式差动变压器,它可以测量 1~100 mm 的机械位移,并具有测量精度高,灵敏度高,结构简单,性能可靠等优点。

3.2.1 工作原理

螺线管式差动变压器结构如图 3.12 所示,它由初级线圈、两个次级线圈和插入线圈中央的圆柱形铁芯等组成。

螺线管式差动变压器按线圈绕组排列方式不同可分为一节、二节、三节、四节和五节式等类型,图 3.13 给出了二节、三节、四节和五节式。一节式灵敏度高,三节式零点残余电压较小,二节式比三节式灵敏度高、线性范围大,四节式和五节式改善了传感器线性度,通常采用的是二节式和三节式两类。

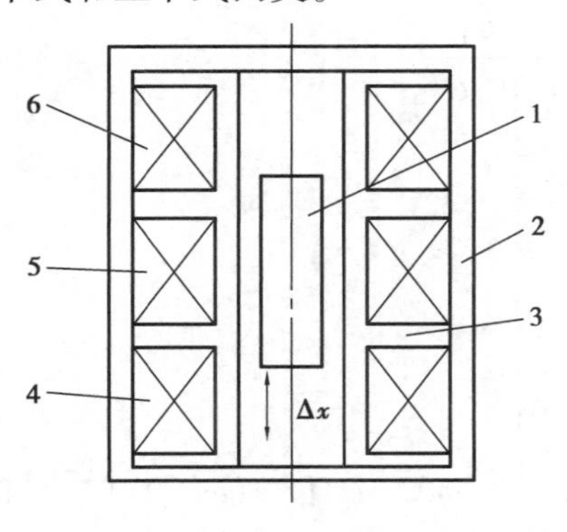

图 3.12 螺线管式差动变压器结构

1—铁芯;2—导磁外壳;3—骨架;

5—初级绕组;4、6—次级绕组

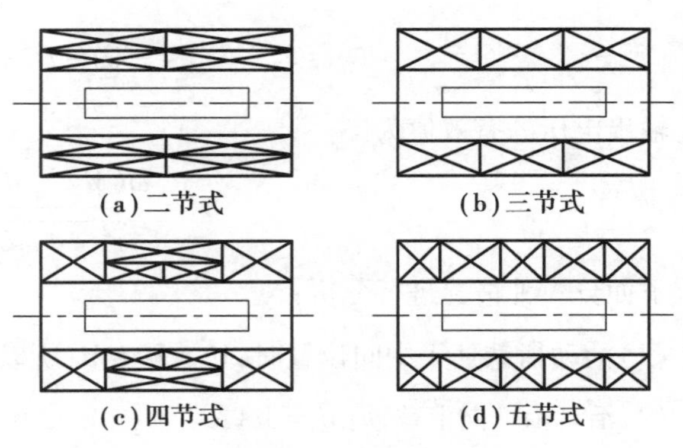

(a)二节式 (b)三节式 (c)四节式 (d)五节式

图 3.13 差动变压器线圈各种排列形式

在图 3.12 中,差动变压器式传感器中两个次级线圈反向串联,并且在忽略铁损、导磁体磁阻和线圈分布电容的理想条件下,其等效电路如图 3.14 所示。当初级绕组加以激励电压 U_1 时,根据变压器的工作原理,在两个次级绕组 W_{2a} 和 W_{2b} 中便会产生感应电势 e_{2a} 和 e_{2b}。如果工艺上保证变压器结构完全对称,则当活动衔铁处于初始平衡位置时,必然会使两互感系数 $M_1=M_2$,根据电磁感应原理,将有 $e_{2a}=e_{2b}$,由于变压器

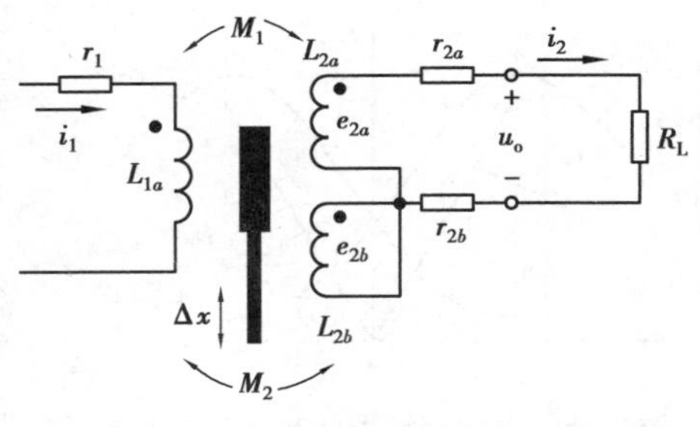

图 3.14 差动变压器的等效电路

两次级绕组反向串联,因而 $U_o=e_{2a}-e_{2b}=0$,即差动变压器输出电压为零。

当活动衔铁向上移动时,由于磁阻的影响,W_{2a}中磁通将大于 W_{2b},使 $M_1>M_2$,因而 e_{2a}增加,而 e_{2b}减小,反之,e_{2b}增加,e_{2a}减小。因为 $U_o=e_{2a}-e_{2b}$,所以当 e_{2a}、e_{2b}随着衔铁位移 x 变化时,U_o 也必将随 x 变化。

具体的物理过程如下,在等效电路中,当次级开路时有:

$$\dot{I}_1 = \frac{\dot{U}_1}{r_1 + j\omega L_{1a}} \tag{3.23}$$

式中:ω——激励电压$\dot{U}_1$ 的角频率;

$\dot{U}_1$——初级线圈激励电压;

$\dot{I}_1$——初级线圈激励电流;

r_1、L_{1a}——初级线圈直流电阻和电感。

根据电磁感应定律,次级绕组中感应电势的表达式分别为

$$\dot{e}_{2a} = - j\omega M_1 \dot{I}_1 \tag{3.24}$$

$$\dot{e}_{2b} = - j\omega M_2 \dot{I}_1 \tag{3.25}$$

式中:M_1、M_2——分别为初级绕组与两次级绕组的互感系数。由于次级两绕组反向串联,且考虑到次级开路,则由以上关系可得

$$\dot{U}_o = \dot{e}_{2a} - \dot{e}_{2b} = - j\omega(M_1 - M_2)\frac{\dot{U}_1}{r_1 + j\omega L_{1a}} \tag{3.26}$$

输出电压的有效值为

$$U_o = \frac{\omega(M_1 - M_2)U_1}{\sqrt{r_1^2 + (\omega L_{1a})^2}} \tag{3.27}$$

下面分 3 种情况进行分析:

(1)活动衔铁处于中间位置时:$M_1=M_2=M$,所以,$\dot{U}_o=0$;

(2)活动衔铁向上移动:$M_1=M+\Delta M$、$M_2=M-\Delta M$,所以$\dot{U}_o=2\omega\Delta M\dot{U}_1/[r_1^2+(\omega L_{1a})^2]^{1/2}$,与$\dot{e}_{2a}$同极性;

(3)活动衔铁向下移动:$M_1=M-\Delta M$、$M_2=M+\Delta M$,所以$\dot{U}_o=-2\omega\Delta M\dot{U}_1/[r_1^2+(\omega L_{1a})^2]^{1/2}$,与$\dot{e}_{2b}$同极性。

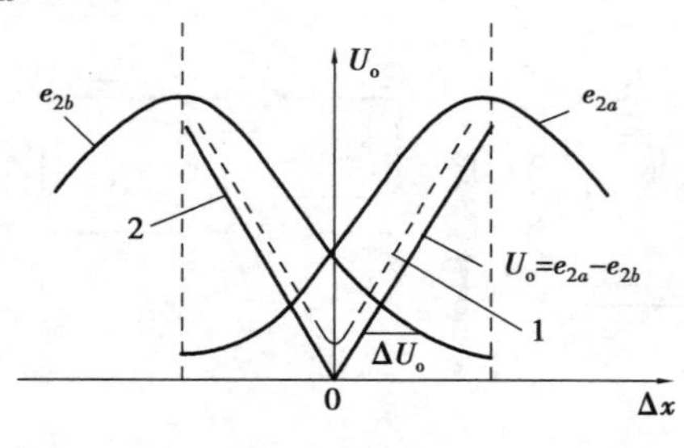

图 3.15　差动变压器输出电压特性曲线

1—实际特性曲线;2—理论特性曲线

图 3.15 给出了变压器输出电压 U_o 与活动衔铁位移 x 的关系曲线。理想情况下,当衔铁位于中心位置时,两个次级绕组的感应电压大小相等、方向相反,差动输出电压为零。实际上,当衔铁位于中心位置时,差动变压器输出电压并不等于零,我们把差动变压器在零位移时的输出电压称为零点残余电压,记作 ΔU_o,它的存在使传感器的输出特性不过零点,造成实际特性与理论特性不完全一致。零点残余电压产生的原因主

要是传感器的两次级绕组的电气参数与几何尺寸不对称，以及磁性材料的非线性等问题引起的。

零点残余电压的波形十分复杂，主要由基波和高次谐波组成。基波的产生主要是传感器的两次级绕组的电器参数，几何尺寸不对称，导致它们产生的感应电势幅值不等、相位不同，因此不论怎样调整衔铁位置，两线圈中感应电势都不能完全抵消。高次谐波中起主要作用的是三次谐波，产生的原因是由于磁性材料磁化曲线的非线性（磁饱和、磁滞）。零点残余电压一般在几十毫伏以下，在实际使用时，应设法减小 ΔU_o，否则将会影响传感器的测量结果。

3.2.2 差动变压器式传感器测量电路

差动变压器式传感器(2)

差动变压器输出的是交流电压，若用交流电压表测量，只能反映衔铁位移的大小，而不能反映移动方向，另外，其测量值中将包含零点残余电压。为了达到能辨别移动方向及消除零点残余电压的目的，实际测量时，常常采用差动整流电路和相敏检波电路。

1.差动整流电路

这种电路是把差动变压器的两个次级输出电压分别整流，然后将整流的电压或电流的差值作为输出，差动整流电路简单，不需参考电压，不需要考虑相位调整和零位电压影响，对感应和分布电容影响不敏感，经差动整流后变成直流输出便于远距离输送。

图 3.16 给出了全波整流电路和波形图，在 e 点为"+"，f 点为"−"，则电流路径是 $eacdbf$；在 e 点为"−"，f 点为"+"，则电流路径是 $fbcdae$。可见，无论次级线圈的输出瞬时电压极性如何，通过电阻 R_1 的电流总是从 c 到 d。同理，流过电阻 R_2 的电流总是从 g 到 h。因此，无论次级线圈的输出瞬时电压极性如何，整流电路的输出电压 U_{SC} 始终等于 R_1、R_2 两个电阻上的电压差。由此可见，铁芯在零位时，输出电压为零，铁芯在零位以上或零位以下时，输出电压的极性相反，零点残存电压自动抵消。

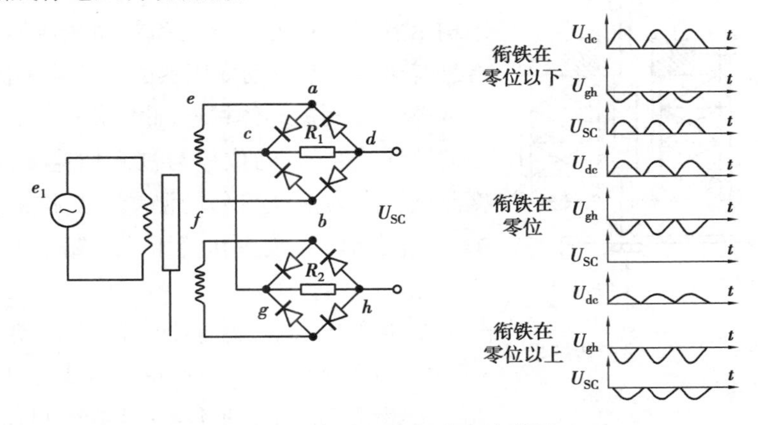

图 3.16 全波整流电路和波形图

差动整流电路具有结构简单，根据差动输出电压的大小和方向就可以判断出被测量（如位移）的大小和方向，不需要考虑相位调整和零点残余电压的影响，分布电容影响小，便于远距离传输，因而获得广泛的应用。

2.相敏检波电路

相敏检波电路如图 3.17 所示,调节电位器 R 可调平衡,图中电阻 $R_1=R_2=R_0$,电容 $C_1=C_2=C_0$,输出电压为 U_{CD}。当衔铁在中间时,$e=0$,只有 e_r 起作用,输出电压 $U_{CD}=0$。若衔铁上移,$e\neq0$,设 e 和 e_r 同相位,由于 $e_r\gg e$,故 e_r 正半周时 D_1、D_2 仍导通,但 D_1 回路内总电势为e_r+e,而 D_2 回路内总电势为 e_r-e,故回路电流 $i_1>i_2$,输出电压 $U_{CD}=R_0(i_1-i_2)>0$。当 e_r 负半周时,$U_{CD}=R_0(i_4-i_3)>0$,因此衔铁上移时输出电压 $U_{CD}>0$。当衔铁下移时,e 和 e_r 相位相反,同理可得 $U_{CD}<0$,由此可见,所以上述相敏检波电路输出电压 U_{CD}的变化规律充分反映了被测位移量的变化规律,即 U_{CD}的值反映衔铁位移 Δx 的大小,而 U_{CD}的极性则反映了衔铁位移 Δx 的方向,该电路能判别铁心衔铁移动的大小和方向。

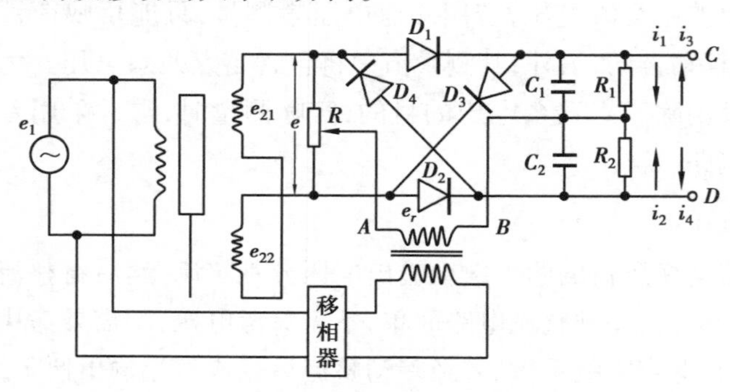

图 3.17 相敏检波电路

3.2.3 差动变压器式传感器的应用

差动变压器式传感器可以直接用于位移测量,也可以测量与位移有关的任何机械量,如振动、加速度、应变、比重、张力和厚度等。

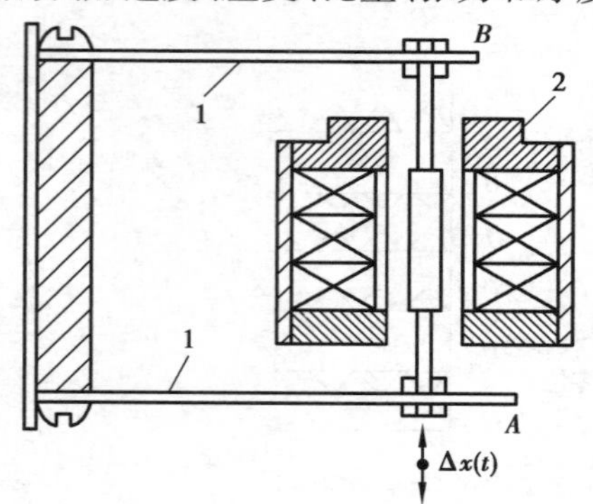

图 3.18 差动变压器式加速度传感器
2—差动变压器;1—悬臂梁

图 3.18 所示为差动变压器式加速度传感器的原理结构示意图。它由悬臂梁和差动变压器构成,测量时,将悬臂梁基座及差动变压器的绕组骨架固定,而将衔铁的 A 端与被测振动体相连,此时传感器作为加速度测量中的惯性元件,它的位移与被测加速度成正比,使加速度测量转变为衔铁位移的测量。当被测体带动衔铁以 $\Delta x(t)$振动时,导致差动变压器的输出电压也按相同规律变化。

差动变压器式传感器,简称差动变压器(Liner Variable Differential Transformer,LVDT),其特点有:

①能够在较恶劣的环境下工作。目前国外有些产品的使用温度可以达到-180~+600 ℃,有的可在水下、油中以及核辐射环境中长期工作,这是其他结构形式的传感器不能比拟的。

②LVDT 的可动部分铁芯与固定部分线圈之间是非接触的,因此,理论上传感器的重复性误差和回差为零,在实际使用中这两个误差也很小,每个传感器都有自己固定的特性曲线,进

行线性修正后,可以获得0.01的精度。

③LVDT工作时没有摩擦,因此,有极长的平均无故障时间,国外资料介绍LVDT的平均无故障时间达$3×10^6$ h以上,这比其他传感器要高1~2个数量级。

④LVDT有很高的分辨力,系统实际的分辨能力取决于显示仪表的精度。

⑤LVDT有很宽的测量范围,国家标准的系列中产品的最大测量范围为±600 mm。

⑥LVDT输出的频响较宽,频响范围为0~150 Hz,因此,能满足一般的测量及控制系统的要求。此外,由于LDVT结构比较简单,因此与其他结构形式的传感器比较售价较低。

在案例导读中提到的工业机械手在安装和使用过程中,主轴的位置需要进行调整与定位,LVDT位移传感器被安装在工业机械手主轴上,传感器将采集到的位移变化量转换为对应的模拟电信号或者数字信号,经传输至传感器控制系统,便可以很好地检测并实时调整机械手的状态。随着微电子技术的发展,目前已能将差动整流电路中的激励源、相敏或差动整流电路、信号放大电路、温度补偿电路等做成厚膜电路,装入差动变压器的外壳(靠近电缆引出部位)内,它的输出信号可设计成符合国家标准的1~5 V或4~20 mA,这种型式的差动变压器就是应用于机械手中的线性差动变压器,其结构如图3.19所示。

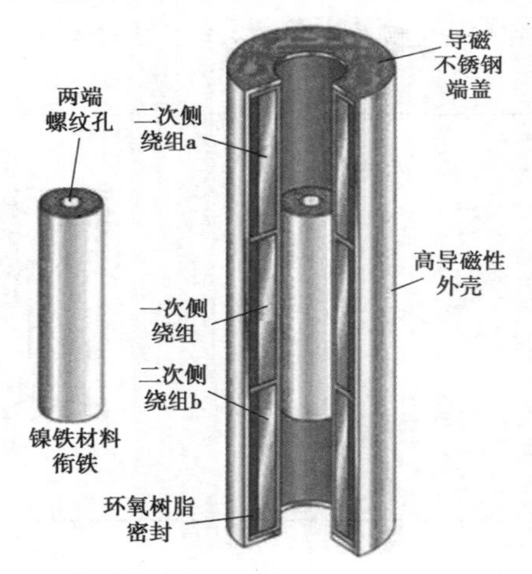

图3.19 线性差动变压器在机器人中应用

HURWA全膝关节手术机器人是我国多领域科技人员合作自主研发、具有完全自主知识产权的手术机器人,带给我们的启示:

(1)我国正处于制造业大国向制造业强国转变的关键历史时期,创新始终是推动一个国家、一个民族向前发展的重要力量,也是推动整个人类社会向前发展的重要力量。我们要开拓思维上的新颖性、独创性和价值性,打破外国的技术垄断,培养创新精神。

图 3.20　时代楷模杜富国

(2)中国智能制造行业发展突飞猛进,对人才的需求提出了新的要求。要求技能人才有跨学科的知识,未来不但需要单一领域知识的深厚,更需要广阔的知识面,才能在系统化的制造业体系中体现出自身竞争力。

(3)培养团队的协作能力,人与人的工作联系、相互协作、相互学习的要求会更高,只身独自埋头干的方式将会成为历史。

3.3　电涡流式传感器

电涡流式传感器(1)

【案例导读】和平年代的危险事业——排雷

南部战区陆军云南扫雷大队中士杜富国(图 3.20),在边疆扫雷行动中面对复杂雷场中的不明爆炸物,对战友喊出"你退后,让我来",在进一步查明情况时突遇爆炸,勇敢负伤,失去双手和双眼,同组战友安然无恙。

在进行扫雷作业,作业组长杜富国带战士艾岩在一个爆炸物密集的阵地雷场搜排时,通过先进的探雷器发现一个少部分露于地表的弹体,初步判断是一颗当量大、危险性高的加重手榴弹,且下面可能埋着一个雷窝,杜富国马上向分队长报告。

接到"查明有没有诡计设置"的指令后,他命令艾岩:"你退后,让我来!"艾岩后退了几步,正当杜富国依照作业规程,谨慎翼翼清除弹体周围的浮土时,突然"轰"的一声巨响,弹体产生爆炸,他下意识地倒向艾岩一侧。飞来的弹片伴随着强烈的冲击波,把杜富国的防护服炸成了棉花状,也把他炸成了一个血人,杜富国因此失去了双手和双眼。正是由于杜富国这舍生忘死的霎时一挡,两三米以外的艾岩仅受了皮外伤。

图 3.20　时代楷模杜富国

【案例分析】在排雷过程，通过先进的探雷器来发现可疑的地雷，该探雷器就是电涡流传感器，探雷器的长柄线圈中，通有变化的电流，可用于检测埋在地下的金属物品，并进行报警，及时发现地雷。

根据法拉第电磁感应原理，块状金属导体置于变化的磁场中或在磁场中作切割磁力线运动时，导体内将产生呈涡旋状的感应电流，此电流叫电涡流，以上现象称为电涡流效应。

根据电涡流效应制成的传感器称为电涡流式传感器。按照电涡流在导体内的贯穿情况，此传感器可分为高频反射式和低频透射式两类，但从基本工作原理上来说仍是相似的。电涡流式传感器最大的特点是能对位移、厚度、表面温度、速度、应力、材料损伤等进行非接触式连续测量，另外还具有体积小，灵敏度高，频率响应宽等特点，应用极其广泛。

3.3.1　工作原理

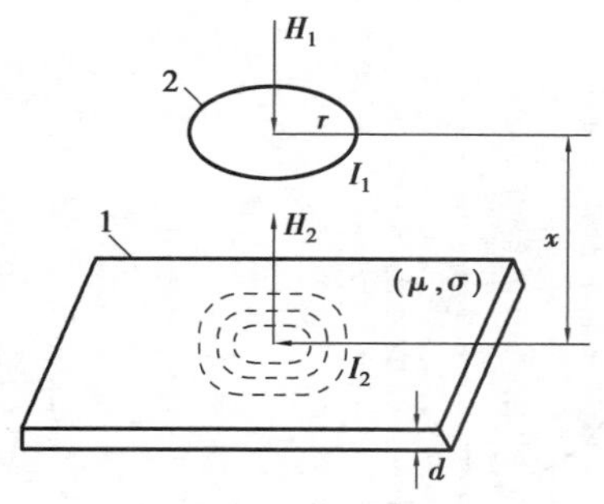

图 3.21　电涡流式传感器原理图
1—金属导体；2—线圈

图 3.21 为电涡流式传感器的原理图，该图由传感器线圈和被测金属导体组成线圈——导体系统。

根据法拉第定律，当传感器线圈通以正弦交变电流 I_1 时，线圈周围空间必然产生正弦交变磁场 H_1，使置于此磁场中的金属导体中感应电涡流 I_2，I_2 又产生新的交变磁场 H_2，根据愣次定律，H_2 的作用将反抗原磁场 H_1，导致传感器线圈的等效阻抗发生变化。

由上可知，线圈阻抗的变化完全取决于被测金属导体的电涡流效应。而电涡流效应既与被测体的电阻率 ρ、磁导率 μ 以及几何形状有关，又与线圈几何参数、线圈中激磁电流频率有关，还与线圈与导体间的距离 x 有关。因此，传感器线圈受电涡流影响时的等效阻抗 Z 的函数关系式为

$$Z = F(\rho, \mu, r, f, x) \tag{3.28}$$

式中：r——线圈与被测体的尺寸因子。

如果保持上式中其他参数不变，而只改变其中一个参数，传感器线圈阻抗 Z 就仅仅是这个参数的单值函数。通过与传感器配用的测量电路测出阻抗 Z 的变化量，即可实现对该参数的测量。

1.电涡流的径向形成范围

线圈——导体系统产生的电涡流密度既是线圈与导体间距离 x 的函数，又是沿线圈半径方向 r 的函数。当 x 一定时，电涡流密度 J 与半径 r 的关系曲线如图 3.22 所示。由图可知：

①电涡流径向形成的范围大约在传感器线圈外径 r_{as}的 1.8~2.5 倍范围内，且分布不均匀。

②可以用一个平均半径为 r_{as}（$r_{as}=(r_i+r_a)/2$）的短路环来集中表示分散的电涡流（图中阴影部分了）。

③电涡流密度的最大值在 $r=r_{as}$附近的一个狭窄区域内。

④电涡流密度在短路环半径 $r=0$ 处为零。

2.电涡流强度与距离的关系

理论分析和实验都已证明，当 x 改变时，电涡流密度发生变化，即电涡流强度随距离 x 的变化而变化。根据线圈——导体系统的电磁作用，可以得到金属导体表面的电涡流强度为

$$I_2 = I_1\left[\frac{1 - x}{(x^2 + r_{as}^2)^{1/2}}\right] \tag{3.29}$$

式中：I_1——线圈激励电流；

I_2——金属导体中等效电流；

x——线圈到金属导体表面距离；

r_{as}——线圈外径。

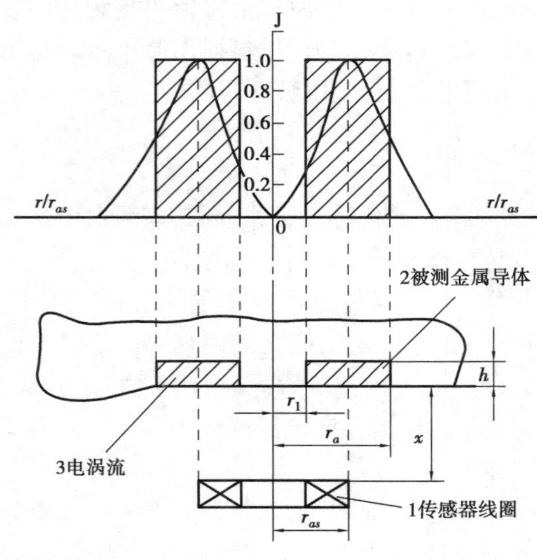

图 3.22　电涡流密度 J 与半径 r 的关系曲线

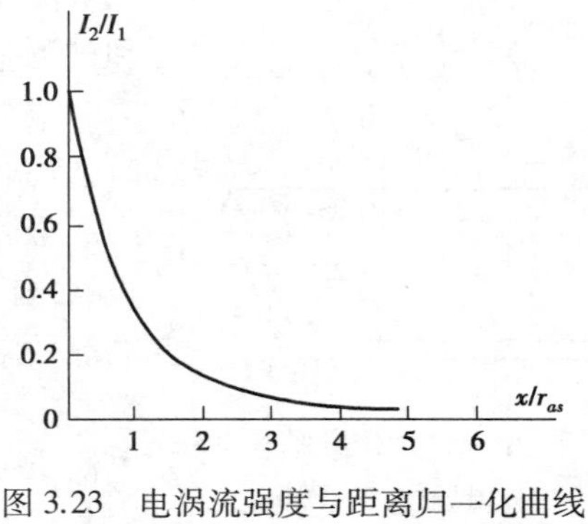

图 3.23　电涡流强度与距离归一化曲线

根据上式作出的归一化曲线如图 3.23 所示。以上分析表明：

①电涡强度与距离 x 呈非线性关系，且随着 x/r_{as}的增加而迅速减小。

②当利用电涡流式传感器测量位移时，只有在 $x/r_{as} \ll 1$（一般取 0.05～0.15）的范围才能得到较好的线性和较高的灵敏度。

3.电涡流的轴向贯穿深度

由于趋肤效应（当导体置于交变磁场时，导体内部产生的电涡流分布不均匀，电涡流集中在导体外表的薄层和一定的径向范围内），电涡流沿金属导体纵向分布是不均匀的，其分布按指数规律衰减，可用下式表示

$$J_d = J_0 e^{-d/h} \tag{3.30}$$

式中：d——金属导体中某一点与表面距离；

J_d——沿轴向 d 处的电涡流密度；

J_0——金属导体表面电涡流密度，即电涡流密度最大值；

h——电涡流轴向贯穿深度（趋肤深度）。

3.3.2　电涡流式传感器的结构

电涡流式传感器的结构主要是一个绕制在框架上的扁平绕组，绕组的导线应选用电阻率小的材料，一般采用高强度漆包铜线，图 3.24 所示为 CZF1 型电涡流式传感器的结构图，电涡流是把导线绕制在框架上形成的，框架采用聚四氟乙烯。

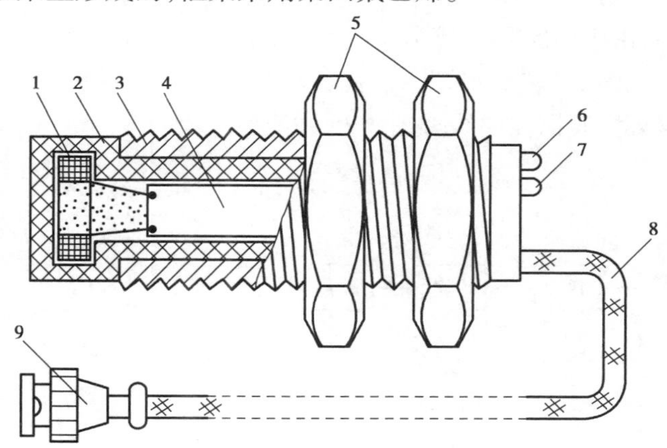

图 3.24　CZF1 电涡流探头结构

1—电涡流线圈；2—探头壳体；3—壳体上的位置调节螺纹；4—印制电路板；
5—夹持螺母；6—电源指示灯；7—阈值指示灯；8—输出屏蔽电缆线；9—电缆插头

CZF1 型电涡流传感器的线圈与被测金属之间是磁性耦合的，并利用这种耦合程度的变化作为测量值，它的尺寸和形状都与测量装置的特性有关，见表 3.1。所以作为传感器的线圈装置仅为实际传感器的一半，而另一半是被测体。在电涡流式传感器的设计和使用中，必须同时考虑被测物体的物理性质和几何形状及尺寸。

表 3.1　CZF1 系列传感器的性能

型号	线性范围/μm	线圈外径/mm	分辨力/μm	线性误差/%	使用温度/℃
CZF1-1000	1 000	$\Phi 7$	1	<3	−15～+80
CZF1-3000	3 000	$\Phi 15$	3	<3	−15～+80
CZF1-5000	5 000	$\Phi 28$	5	<3	−15～+80

3.3.3 电涡流式传感器的测量电路

电涡流式传感器(2)

用于电涡流传感器的测量电路主要有调幅式电路和调频式电路两种。

1.调幅式电路

调幅式测量电路原理由传感器线圈(L)、电容器(C)和石英晶体组成的石英晶体振荡电路,后接放大器、检波器、指示电路等如图 3.25 所示。石英晶体振荡器起恒流源的作用,给谐振回路提供一个频率f_0稳定的激励电流i_0,LC 回路输出电压为

$$U_0 = i_0 f(Z) \tag{3.31}$$

式中:Z——LC 回路的阻抗。

无被测导体时,使 LC 振荡回路的谐振频率f_0等于振荡器的激励频率,这时 LC 回路的阻抗最大,激励电流在 LC 回路上产生的压降最大,即回路的输出电压的幅值也最大,如图 3.25 中谐振曲线Ⅰ所示。当传感器线圈接近被测导体时,线圈的等效电感发生变化,LC 回路的谐振频率和等效阻抗也跟着发生变化,使回路失谐而偏离激励频率,即谐振峰值偏离原来的位置向左或向右移动,输出电压的幅值亦发生相应变化。传感器离被测导体愈近,回路的等效阻抗愈小,输出电压的幅值也越低。谐振峰值移动的方向与被测导体的材料有关,若被测导体为非磁性材料或硬磁材料,当距离减小时,线圈的等效电感减小,回路的谐振频率增大,谐振峰值向右移动,同时由于回路阻抗减小,激励电流在 LC 回路产生的压降也由原来的u_0降为u_A,如图 3.25 曲线(A)所示。若被测导体为软磁材料,线圈的等效电感增大,回路的谐振频率减小,谐振峰值向左移动,其谐振曲线如图 3.25 曲线(B)所示。

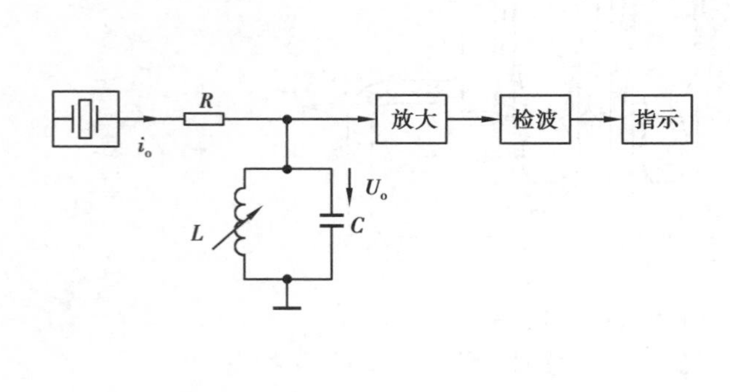

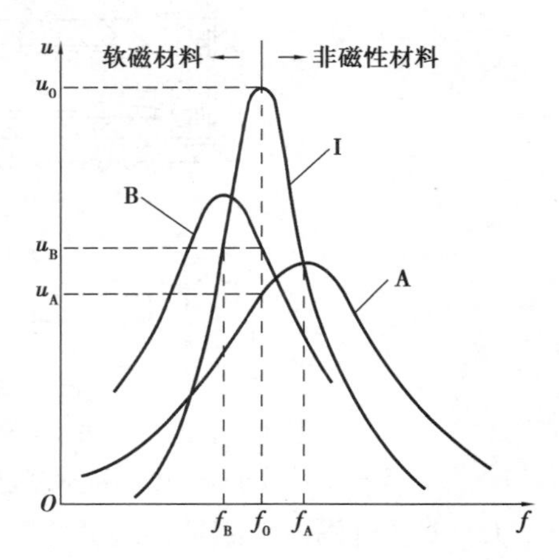

图 3.25 调幅式测量电路示意图

2.调频式电路

传感器线圈接入 LC 振荡回路,当传感器与被测导体距离 x 改变时,在涡流影响下,传感器的电感变化,将导致振荡频率的变化,如图 3.26 所示,该变化的频率是距离 x 的函数,即$f=L(x)$;当金属导体靠近传感器,该频率可由数字频率计直接测量,或者通过 f-U 变换,用数字电压表测量对应的电压,振荡频率为

$$f = \frac{1}{2\pi\sqrt{LC}} \tag{3.32}$$

避免输出电缆的分布电容的影响，通常将 L、C 装在传感器内。此时电缆分布电容并联在大电容 C_2、C_3 上，因而对振荡频率 f 的影响将大大减小。

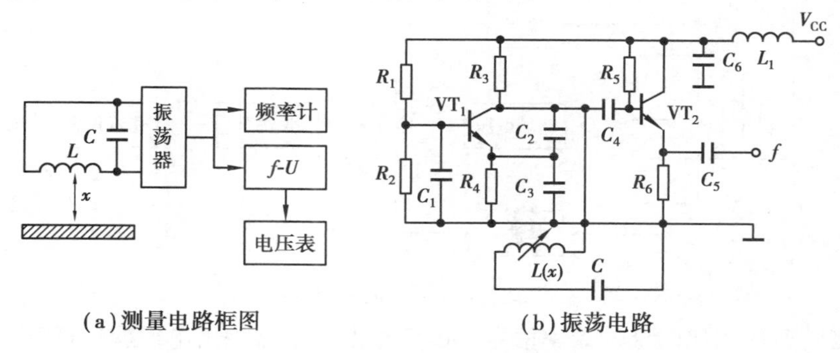

(a)测量电路框图　　(b)振荡电路

图 3.26　调频式测量电路

3.3.4　电涡流式传感器的应用

1.低频透射式电涡流厚度传感器

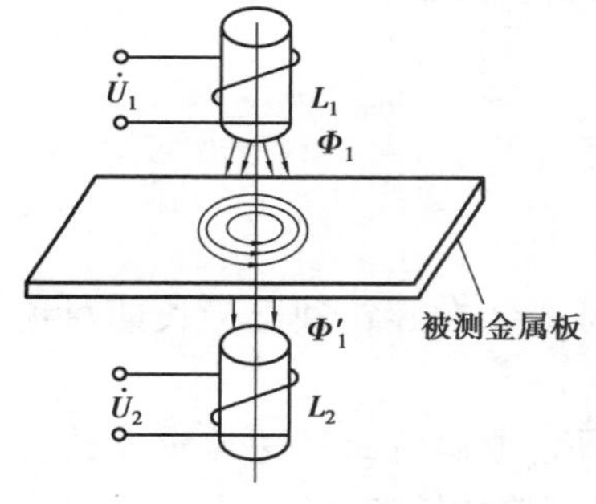

图 3.27　透射式涡流厚度传感器原理图

在被测金属板的上方设有发射传感器线圈 L_1，在被测金属板下方设有接收传感器线圈 L_2。当在 L_1 上加低频电压 U_1 时，L_1 上产生交变磁通 Φ_1，若两线圈间无金属板，则交变磁通直接耦合至 L_2 中，L_2 产生感应电压 U_2，如图 3.27 所示。

如果将被测金属板放入两线圈之间，则 L_1 线圈产生的磁场将导致在金属板中产生电涡流，并将贯穿金属板，此时磁场能量受到损耗，使到达 L_2 的磁通将减弱为 Φ_1'，从而使 L_2 产生的感应电压 U_2 下降。金属板越厚，涡流损失就越大，电压 U_2 就越小。因此，可根据 U_2 电压的大小得知被测金属板的厚度。透射式涡流厚度传感器的检测范围可达 1~100 mm，分辨率为 0.1 μm，线性度为 1%。

2.高频反射式电涡流厚度传感器

图 3.28 所示的是高频反射式电涡流厚度传感器的原理图。为了克服带材不够平整或运行过程中上、下波动的影响，在带材的上、下两侧对称地设置了两个特性完全相同的涡流传感器 S_1 和 S_2，S_1 和 S_2 与被测带材表面之间的距离分别为 x_1 和 x_2。若带材厚度不变，则被测带材上、下表面之间的距离总有“$x_1+x_2=$常数”的关系存在，两传感器的输出电压之和为 $2U_o$，数值不变。如果被测带材厚度改变量为 $\Delta\delta$，则两传感器与带材之间的距离也改变一个 $\Delta\delta$，两传感器输出电压此时为$2U_o\pm\Delta U$，ΔU 经放大器放大后，通过指示仪表即可指示出带材的厚度变化值，带材厚度给定值与偏差指示值的代数和就是被测带材的厚度。

3.电涡流式转速传感器

电涡流式转速传感器原理如图 3.29 所示，在软磁材料制成的输入轴上加工键槽，在距输入表面 d_0 处设置电涡流传感器，输入轴与被测旋转轴相连。当被测旋转轴转动时，电涡流传感器与输出轴的距离变为 $d_0+\Delta d$。由于电涡流效应，使传感器线圈阻抗随 Δd 的变化而变化，导致振荡器的电压幅值和振荡频率发生变化。因此，随着输入轴的旋转，从振荡器输出的信

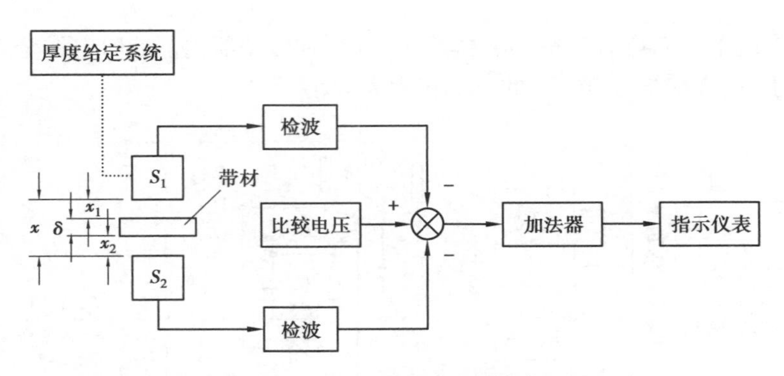

图 3.28　高频反射式电涡流厚度传感器原理图

号中包含有与转速成正比的脉冲频率信号。该信号由检波器检出电压幅值的变化量，然后经整形电路输出频率为 f_n 的脉冲信号，再经电路处理便可得到被测转速。

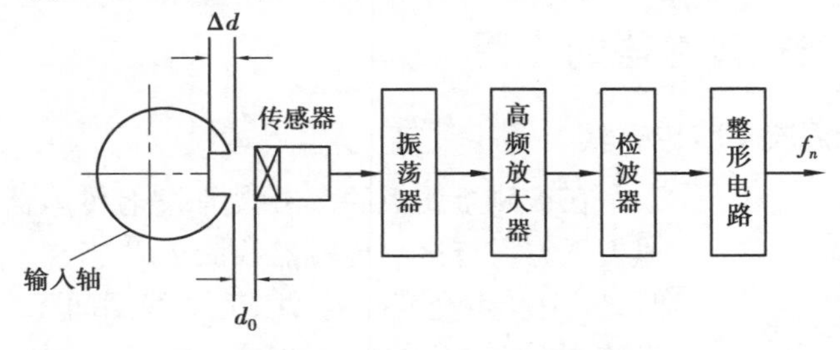

图 3.29　电涡流式转速传感器原理图

这种转速传感器可实现非接触式测量，抗污染能力很强，可安装在旋转轴近旁长期对被测转速进行监视，最高测量转速可达 600 000 r/min。

电涡流式转速传感器可用于测齿轮的转速，齿轮上开 z 个槽，电涡流式转速传感器放置位置如图 3.30 所示，输出频率为 f_n（单位为 Hz）的脉冲信号，则齿轮的转速 n（单位为 r/min）的计算公式为：$n = 60\dfrac{f_n}{z}$ r/min。

4.高频反射式电涡流探雷器

案例导读中给出的例子是电涡流探雷器，如图 3.31 所示，探雷器的长柄线圈中，通有变化的电流，在其周围就产生变化的磁场，埋在地下的金属物品，由于电磁感应而形成涡流，涡流的磁场反过来又作用于线圈，导致探雷器的长柄线圈阻抗值变化，输出电压变化，使仪器报警。

图 3.30　电涡流传感器测齿轮转速

图 3.31　电涡流探雷器

5.电感式接近开关

电涡流式接近开关俗称电感式接近开关,如图 3.32(a)所示。电感式接近开关不与被测物体接触,依靠电磁场变化来检测,大大提高了检测的可靠性,也保证了电感式接近开关的使用寿命,所以,该类型的接近开关在制造工业中,比如机床、汽车等行业使用广泛。

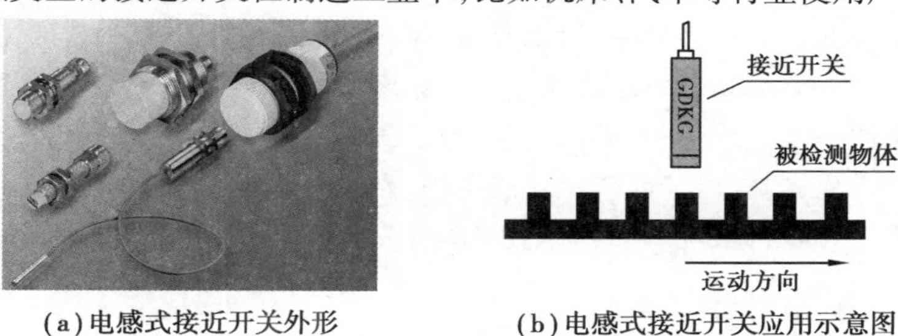

(a)电感式接近开关外形　　(b)电感式接近开关应用示意图

图 3.32　电感式接近开关

电感式接近开关的工作原理如图 3.33 所示。电感式接近开关由 *LC* 高频振荡器和放大处理电路组成,金属物体在接近辨头时,表面产生涡流。这个涡流反作用于接近开关,使接近开关振荡能力衰减,内部电路的参数发生变化,由此识别出有无金属物体接近,进而控制开关的通或断。这种接近开关所能检测的物体必须是导电性能良好的金属物体。电感式接近开关应用示意图如图 3.32(b)所示。

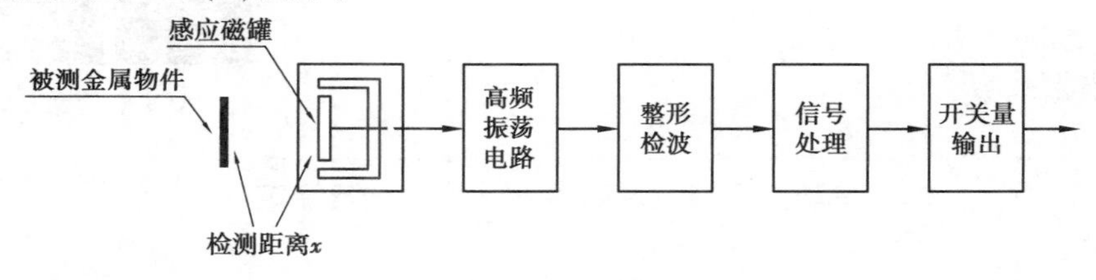

图 3.33　电感式接近开关原理框图

杜富国在和平年代从事危险的排雷事业,我们得到的启示:

(1)一个伟大的民族不能没有英雄,一个有前程的国家不能没有先锋。中华民族就是一个英雄辈出的民族。杜富国的意志是钢的、是坚强的,他把热血洒在了那一片平静的土地,他把青春奉献给那一生执着的信仰!像他们这样的人,是时代的脊梁,传承一个民族生生不息的精神,为我们国家和人民贡献气力。

(2)电涡流传感器根据电涡流效应制成,传感器可分为高频反射式和低频透射式两类,是能对位移、厚度、表面温度、速度、应力、材料损伤等进行非接触式连续测量,另外还具有体积小,灵敏度高,频率响应宽等特点,应用极其广泛。

手提式探测器维护乘车安全

安全检查事关旅客人身安全,所以旅客都必须无一例外地经过检查后,才能允许乘坐交通工具。安全检查的内容主要是检查旅客及其行李物品中是否携带管制刀具、枪支、弹药、易燃、易爆、腐蚀、有毒放射性等危险物品,以确保乘客的人身、财产安全。

主动接受安检,遵守国家的各项法规条例,在生活中做一个诚实守信的文明人,主动践行社会主义核心价值观。安全检查的其中一种方法是用手提式探测器对旅客进行近身检查。

这一章学习了3种类型的电感式传感器,并讲解各个电感式传感器的工作原理,测量电路及应用场合,我们在经过安检的时候,经常会注意到安检工作人员手持探测器在我们身上进行扫描,探测是否携带违禁物品,这种手提式探测器运用的就是电感式传感器,如图3.34所示。大家运用这一章的知识思考该探测器属于哪种类型的电感式传感器,主要检测哪类违禁物品?

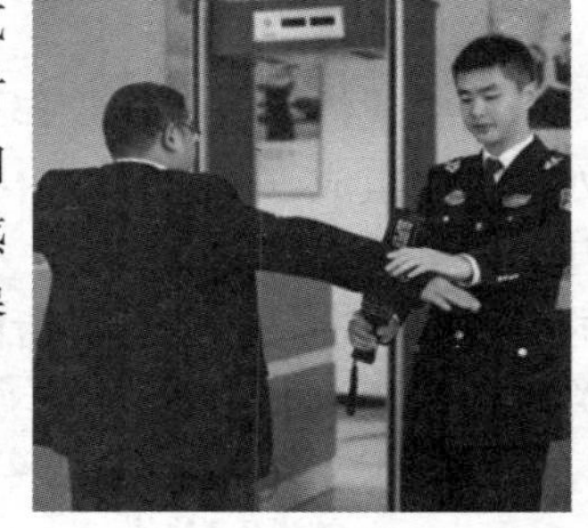

图3.34　手持探测器

差动变压器式传感器的性能测试与标定

实训目的:

1.掌握差动变压器式传感器同名端的确定方法;

2.掌握差动变压器式传感器测试系统标定与测量;

3.锻炼动手能力,将课堂理论与实践相结合培养精益求精的工匠精神。

1.实训原理

差动变压器式传感器的基本元件有衔铁、一次绕组、二次绕组、绕组骨架等。一次绕组作为差动变压器式传感器的激励,而二次绕组由两个结构尺寸和材料相同的绕组反相串接而成。差动变压器式传感器为开磁路,其工作原理建立在互感变化的基础上。

差动变压器式传感器标定的含义是:通过实训建立传感器输出量和输入量之间的关系,同时,确定出不同条件下的误差关系。

2.实训设备和器材

实训设备和器材包括差动变压器、音频振荡器、差动放大器、移相器、相敏检波器、低通滤波器、螺旋测微器(测微头)、振动台、电压/频率表和双踪示波器等。

3.实训内容和步骤

1)差动变压器式传感器二次绕组同名端的确定

按图3.35所示接线(先任意假定绕组同名端),松开测微头,从示波器的第二通道观察输出波形,转换接线头再观察输出波形,波形幅值较小的一端应为同名端。按正确的接法调整测微头,从示波器上观察输出波形使输出电压幅值最小。这个最小输出电压即为差动变压器式传感器的零点残余电压,该位置即为衔铁的正中位置。可以看出,零点残余电压的相位差约为 π/2,是正交分量。

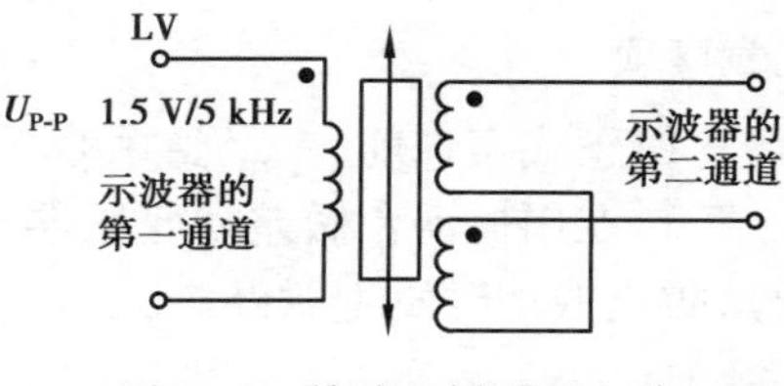

图 3.35　单臂电桥测试电路

2)差动变压器式传感器的标定

(1)测微头不动,按图 3.36 所示接线,差动放大器增益为 100 倍。

(2)调节 R_{PD}、R_{PA} 使系统输出为零。

(3)用测微头调节振动台±2.5 mm 左右,并调整移相器,使输出达最大值。若不对称,可再调节平衡电位器、移相器使输出基本对称。

(4)旋动测微头,每旋一周(0.5 mm)记录实训数据,并填入表 3.2 中,总范围是-2.5~+2.5 mm;作出 U-x 曲线,求出灵敏度。

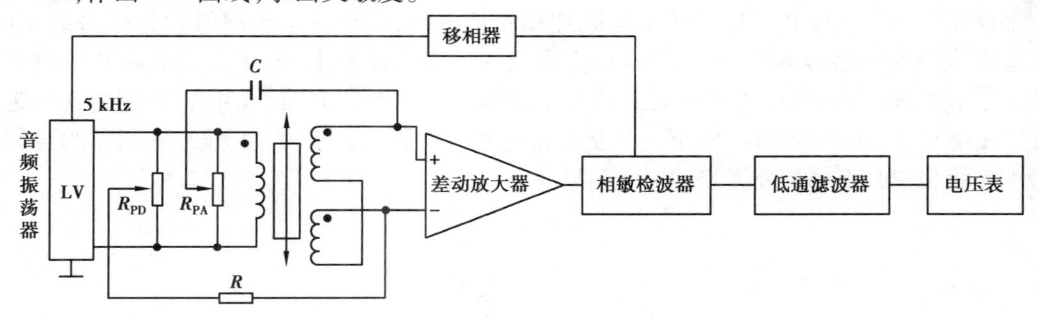

图 3.36　差动变压器式传感器标定系统图

表 3.2　测量数据 1

x/mm	−2.5	−2.0	−1.5	−1.0	−0.5	0	0.5	1.0	1.5	2.0	2.5
U/V											

3)振动测量

(1)将测微头退出振动台。

(2)利用位移测量线路,调整好有关信号参数。

(3)音频振荡器输出电压峰—峰值为 1.5 V。

(4)将音频振荡器输出接到激振器上,给振动梁加一个频率为 f 的交变力,使振动梁上下振动。

(5)保持音频振荡器的输出幅值不变,改变激振频率,用示波器观察低通滤波器的输出,读出电压峰-峰值,记录实训数据,并填入表 3.3 中。根据实训结果,做出振动梁的幅频特性曲线,并分析振动频率的大致范围。

表 3.3　测量数据 2

f/Hz	3	5	7	9	11	13	15	20	30
U_{P-P}/V									

注意事项

(1)正式实训前,一定要熟悉所用设备、仪器的使用方法。

(2)在用振动台做差动变压器式传感器性能测试及标定时,一定要把测微头拿掉(或移开),防止振动时发生意外。

创新项目

金属零件计数分装系统的设计

工业自动化是在工业生产中广泛采用传感器采集信息进行自动控制,用以代替人工操作,提高生产效率和减少能源损耗。在工业生产自动化条件下,人只是间接地照管和监督机器进行生产。

根据所学习的电感式传感器的工作原理和测量电路,设计一个金属零件计数分装系统。通过选用合适的传感器类型,将传感器探头安装在适当的位置上,金属零件陆续从落料管中落到正下方的零件盒中时,能够有效地检测下落零件的个数,当零件盒中的数量达到设定值 N 时停止落料,传送机构动作,将下一个空盒传送到落料管的正下方,如图 3.37 所示为金属零件自动装箱检测控制系统示意图。

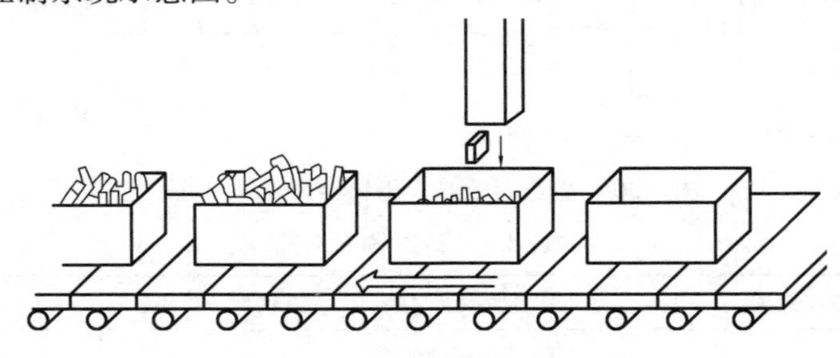

图 3.37　金属零件计数分装系统

根据要求采用输出模拟电压的电涡流传感器及配套的测量转换电路(应考虑下落物体位置的随机性),依据设计思路画出传感器安装简图,测量转换电路图,进行硬件电路连接测试,实现设计功能要求,并说明其工作原理及优缺点。

课后练习

1.管道用于长距离的输送石油、气体等能源,与同属于陆上运输方式的铁路和公路输油相比,管道运输具有输送距离长、运量大、密封性能好和安全系数高等特点。但是若管道上产生裂纹或损伤,在管道内石油或气体压力作用下,很容易发生泄漏,这些能源的泄漏会对生态环境造成严重的污染,为了维护我们的绿水青山,需要对管道裂纹或损伤进行检查,防患于未然。由于管道多采用钢管,因此我们使用的是手持式裂纹测量仪进行无损探伤(图 3.38),根据这一章所学的知识,分析手持式裂纹测量仪的工作原理是什么?

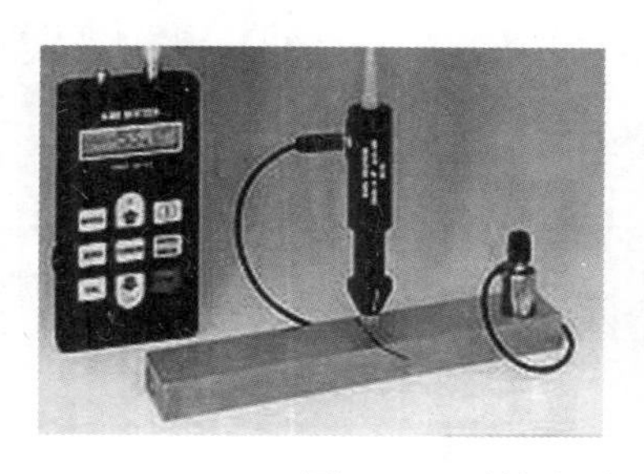

图 3.38　手持式裂纹测量仪无损探伤

2.已知变隙式自感式传感器的铁芯截面积 $S=1.5\ \text{cm}^2$，磁路长度 $L=20\ \text{cm}$，相对磁导率 $\mu_1=5\ 000$，气隙 $\delta_0=0.5\ \text{cm}$，$\Delta\delta=\pm0.1\ \text{mm}$，真空磁导率 $\mu_0=4\pi\times10^{-7}\ \text{H/m}$，线圈匝数 $W=3\ 000$，求单端式传感器的灵敏度 $\Delta L/\Delta\delta$。若将其做成差动结构形式，灵敏度将如何变化？

3.概述差动变压器的应用范围，并说明用差动变压器式传感器检测振动的基本原理。

4.什么叫电涡流效应？怎样利用电涡流效应进行位移测量？

5.电涡流式传感器测厚度的原理是什么？具有哪些特点？

6.差动变压器式传感器的零点残余电压产生的原因是什么？怎么减小和消除他的影响？

7.作为轴承的重要部件——滚柱的直径要求均匀一致，利用传感器实现高精度、自动化的滚柱检测及分选将大大提高检测效率和质量，简述滚柱直径自动分选装置原理是什么？

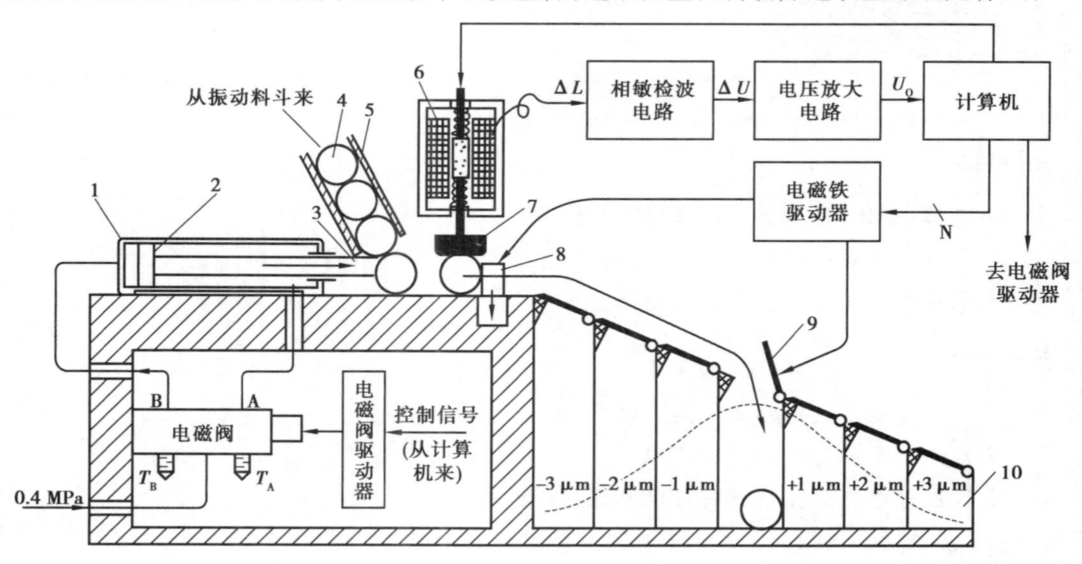

滚柱直径自动分选装置图

1—气缸；2—活塞；3—推杆；4—被测滚柱；5—落料管；6—电感测微器；
7—钨钢测头；8—限位挡板；9—电磁翻板；10—容器(料斗)

4

电容式传感器

知识目标

1. 了解电容式传感器的工作原理和结构；
2. 了解电容式传感器的测量电路；
3. 掌握电容式传感器在工程中的应用。

技能目标

1. 能搭建电容式传感器的测量电路；
2. 能对电容式传感器进行选型；
3. 能区分电感式接近开关与电容式接近开关的差别。

素质目标

1. 培养学生学习老一辈科学家爱国情怀和奋勇进取的精神；
2. 培养学生对待工作兢兢业业，刻苦专研的精神；
3. 培养学生将个人发展和国家民族的未来结合起来，创造精彩人生。

4.1 电容式传感器的工作原理和结构

电容式传感器的工作原理和结构(1)

【案例导读】黄昆荣获中华人民共和国最高科学技术奖

黄昆是中国固体物理学、半导体技术奠基人之一,也是世界著名的物理学家(图4.1)。2001年,黄昆荣获中华人民共和国最高科学技术奖,从"黄散射"到"黄方程,从"黄—里斯因子"到"玻恩和黄",以至"黄—朱模型",黄昆在固体物理学发展史上树起了一块块丰碑。

1948年,黄昆获英国布里斯托尔大学博士学位,获得博士学位后,在英国爱丁堡大学物理系、利物浦大学理论物理系从事研究工作。1951年,黄昆回到北京大学任物理系教授,那时黄昆的经典著作《晶格动力学理论》也已基本写完,可以预见这本书将奠定他在世界固体物理学界的地位,留在国外发展前途无量,但他抱着要为新中国建设大展宏图的决心回国了。

图4.1 黄昆先生

黄昆先生最重要的贡献之一,就是创办五校联合半导体专业,为国家的半导体科技事业培养了一批又一批栋梁英才,为创建和发展中国半导体科技和教育事业、从无到有地建立和发展半导体工业体系起到了开拓性作用。

20世纪60年代,在昌平有一个校办工厂,试制集成电路,他那时一方面给工农兵学员讲课,一方面到车间或生产线和大家一起做。按说他是搞理论的,而且学术造诣非常高,但是到了车间他总是不耻下问,向工人学习每一个细节和技术,而且要求非常高。当时在工艺流水线上清洗样品非常琐碎,他总是一丝不苟地完成。

2001年,黄昆荣获中华人民共和国最高科学技术奖。当时奖金是五百万,黄昆夫妇将这五百万给了半导体所用于科研经费。半导体所用这笔钱成立了"黄昆基金",以奖励国内在固体物理和半导体物理领域成果突出的科学家。

【案例分析】半导体材料是一类具有半导体性能,可用来制作半导体器件和集成电路的电子材料,反映半导体内在基本性质的是各种外界因素如光、热、磁、电等作用于半导体引起的物理效应和现象,随着技术的发展,利用半导体材料的各种物理、化学和生物学特性制作了各种传感器,包括半导体制作电容式传感器等,具有类似于人眼、耳、鼻、舌、皮肤等多种感觉功能,其优点是灵敏度高、响应速度快、体积小、重量轻、便于集成化、智能化,能使检测转换一体化。

电容式传感器利用电容器的原理,将被测非电量转化为电容量的变化,从而实现了非电量到电量的转化。电容式传感器不但广泛地应用于位移、振动、角度、加速度等机械量的精密测量,而且还用于压力、差压、液面、料面、成分含量等方面的测量。

电容式传感器的特点:

(1)结构简单,性能稳定,可在恶劣环境下工作。

(2)阻抗高,功率小。

(3)动态响应好,灵敏度高,分辨力强。

(4)没有由于振动引起的漂移。

(5)测试导线分布电容对测量误差影响较大。

(6)电容量的变化与极板间距离变化为非线性。

随着对电容式传感器检测原理和结构的深入研究及新材料、新工艺、新电路的开发,特别是集成电路技术及计算机技术的发展,其中的一些缺点逐渐得到克服。电容式传感器的精度和稳定性也日益提高,精度可达0.01%。

由绝缘介质分开的两个平行金属板组成的平板电容器,如果不考虑边缘效应,其电容量为

$$C=\frac{\varepsilon A}{d} \tag{4.1}$$

式中:ε——电容极板间介质的介电常数,$\varepsilon=\varepsilon_0\varepsilon_r$,其中 ε_0 为真空介电常数,ε_r 为极板间介质相对介电常数;

A——两平行板所覆盖的面积;

d——两平行板之间的距离。

当被测参数变化使得式(4.1)中的 A、d 或 ε 发生变化时,电容量 C 也随之变化。如果保持其中两个参数不变,而仅改变其中一个参数,就可把该参数的变化转换为电容量的变化,通过测量电路就可转换为电量输出。因此,电容式传感器可分为变极距型、变面积型和变介质型 3 种类型,如图 4.2 所示。

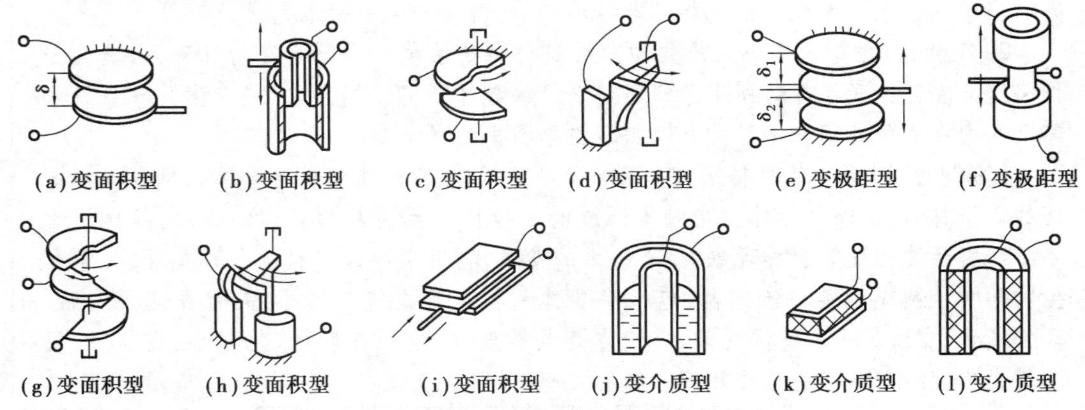

图 4.2　电容式传感元件的各种结构形式

4.1.1 变极距型电容传感器

图 4.3 为变极距型电容传感器的原理图，当传感器的 ε_r 和 A 为常数，初始极距为 d_0 时，其初始电容量 C_0 为

$$C_0 = \frac{\varepsilon_0 \varepsilon_r A}{d_0} \tag{4.2}$$

若电容器极板间距离由初始值 d_0 缩小了 Δd，电容量增大了 ΔC，则有

$$\Delta C = C - C_0 = \frac{\varepsilon_0 \varepsilon_r A}{d_0 - \Delta d} - \frac{\varepsilon_0 \varepsilon_r A}{d_0} = \frac{\varepsilon_0 \varepsilon_r A}{d_0} \frac{\Delta d}{d_0 - \Delta d} = C_0 \frac{\Delta d}{d_0 - \Delta d} \tag{4.3}$$

对式(4.3)进行变换可得

$$\frac{\Delta C}{C_0} = \frac{\Delta d}{d_0}\left(\frac{1}{1 - \frac{\Delta d}{d_0}}\right) \tag{4.4}$$

当 $\Delta d/d_0 \ll 1$ 时，式(4.4)展开为级数形式

$$\frac{\Delta C}{C_0} = \frac{\Delta d}{d_0}\left[1 + \frac{\Delta d}{d_0} + \left(\frac{\Delta d}{d_0}\right)^2 + \left(\frac{\Delta d}{d_0}\right)^3 + \cdots\right] \tag{4.5}$$

若忽略(4.5)中的高次项，电容的灵敏度为

$$k_c = \frac{\frac{\Delta C}{C_0}}{\Delta d} \approx \frac{1}{d_0} \tag{4.6}$$

它说明了单位输入位移所引起输出电容相对变化的大小与d_0呈反比关系。如果只考虑式(4.5)中的线性项和二次项，则电容传感器的相对非线性误差 δ 近似为

$$\delta = \frac{\left|\left(\frac{\Delta d}{d_0}\right)^2\right|}{\left|\left(\frac{\Delta d}{d_0}\right)\right|} \times 100\% = \left|\left(\frac{\Delta d}{d_0}\right)\right| \times 100\% \tag{4.7}$$

由式(4.6)与式(4.7)可以看出：要提高灵敏度，应减小起始间隙d_0，但非线性误差却随着d_0的减小而增大。

由式(4.5)可见，输出电容的相对变化量$\frac{\Delta C}{C_0}$与输入位移 Δd 之间呈非线性关系，如图 4.4 所示的曲线关系可见。

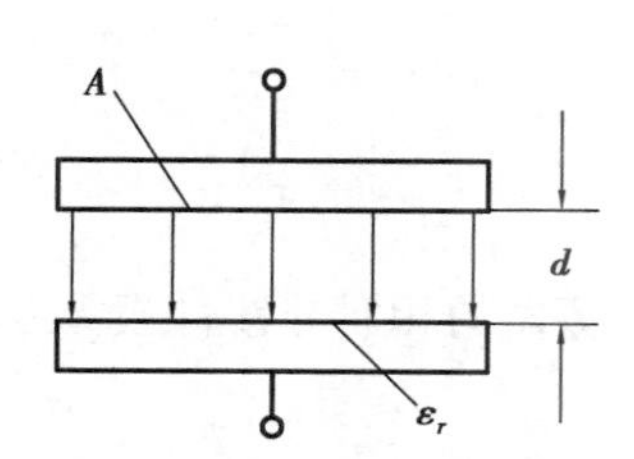

图 4.3 变极距型电容式传感器

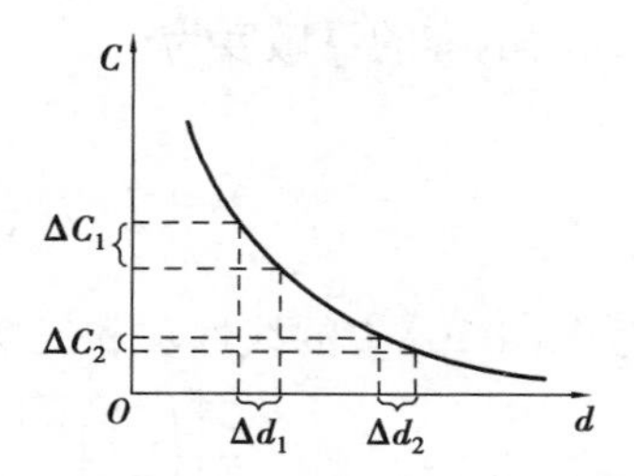

图 4.4 电容量与极板间距的关系

另外，由图 4.4 可以看出，在 d_0 较小时，对于同样的 Δd 变化所起的 ΔC 可以增大，从而使

传感器灵敏度提高。但 d_0 过小容易引起电容器击穿或短路。为此,极板间可采用高介电常数的材料(云母、塑料膜等)作介质,如图 4.5 所示,此时电容变为

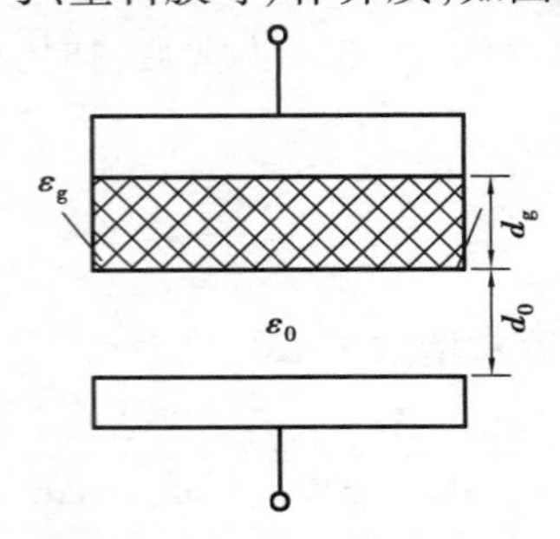

图 4.5　放置云母片的电容器

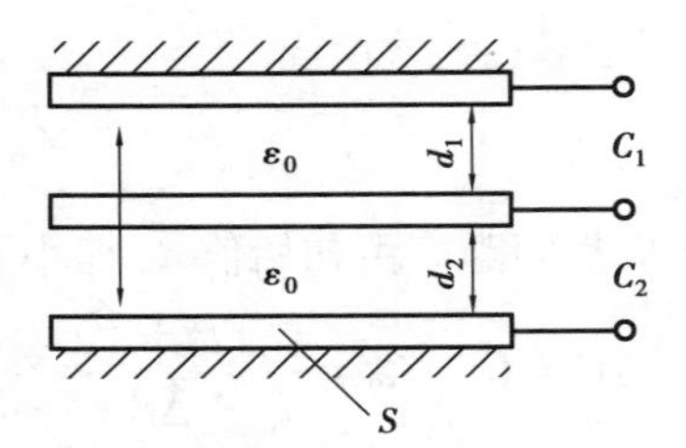

图 4.6　差动平板式电容传感器结构图

$$C = \frac{A}{\dfrac{d_g}{\varepsilon_g \varepsilon_0} + \dfrac{d_0}{\varepsilon_0}} \tag{4.8}$$

式中:ε_g——云母的相对介电常数,$\varepsilon_g = 7$;

ε_0——空气的介电常数,$\varepsilon_0 = 1$;

d_0——空气隙厚度;

d_g——云母片的厚度。

云母片的相对介电常数是空气的 7 倍,其击穿电压不小于 1 000 kV/mm,而空气仅为 3 kV/mm。因此有了云母片,极板间起始距离可大大减小,在微位移测量中应用最广。

在实际应用中,为了提高灵敏度,减小非线性误差,大都采用差动式结构。如图 4.6 所示,在差动式平板电容器中,当动极板位移 Δd 时,电容器 C_1 的间隙 d_1 变为 $d_0-\Delta d$,电容器 C_2 的间隙 d_2 变为 $d_0+\Delta d$,则当 $\Delta d/d_0 \ll 1$ 时

$$C_1 = \frac{\varepsilon_0\ \varepsilon_r A}{d_0 - \Delta d} = C_0 \left(\frac{1}{1 - \dfrac{\Delta d}{d_0}} \right) = C_0 \left[1 + \frac{\Delta d}{d_0} + \left(\frac{\Delta d}{d_0} \right)^2 + \left(\frac{\Delta d}{d_0} \right)^3 + \cdots \right]$$

$$C_2 = \frac{\varepsilon_0\ \varepsilon_r A}{d_0 + \Delta d} = C_0 \left(\frac{1}{1 + \dfrac{\Delta d}{d_0}} \right) = C_0 \left[1 - \frac{\Delta d}{d_0} + \left(\frac{\Delta d}{d_0} \right)^2 - \left(\frac{\Delta d}{d_0} \right)^3 + \cdots \right] \tag{4.9}$$

电容值总的变化量为:

$$\Delta C = C_1 - C_2 = 2\ C_0 \left[\frac{\Delta d}{d_0} + \left(\frac{\Delta d}{d_0} \right)^3 + \left(\frac{\Delta d}{d_0} \right)^5 + \cdots \right]; \tag{4.10}$$

略去高次项,电容的灵敏度为

$$K_c = \frac{\dfrac{\Delta C}{C_0}}{\Delta d} \approx \frac{2}{d_0} \tag{4.11}$$

如果只考虑(4.10)中的线性项和三次项,则电容传感器的相对非线性误差 δ 近似为

$$\delta = \frac{2 \left| \left(\dfrac{\Delta d}{d_0} \right)^3 \right|}{2 \left| \left(\dfrac{\Delta d}{d_0} \right) \right|} \times 100\% = \left(\frac{\Delta d}{d_0} \right)^2 \times 100\% \tag{4.12}$$

电容式传感器做成差动结构以后,灵敏度提高1倍;非线性误差也大大降低了;同时,差动式电容式传感器还能减小由引力给测量带来的影响,并有效地改善由于温度等环境影响所造成的误差。

4.1.2　变面积型电容式传感器

电容式传感器的工作原理和结构(2)

变面积式电容式传感器有很多结构形式,图4.7(a)、(b)所示是两种较常见的变面积式电容式传感器。图4.7(a)是角位移式结构,其动、定极板分别是两个半圆片,当动极板有一角位移θ时,与定极板间的有效覆盖面积A就改变,从而改变了两极板间的电容量。当$\theta=0$时,$C_0=\dfrac{\varepsilon_0\varepsilon_r A_0}{d_0}$,当$\theta\neq0$时,有

$$C=\frac{\varepsilon_0\varepsilon_r A_0\left(1-\dfrac{\theta}{\pi}\right)}{d_0}=C_0-C_0\frac{\theta}{\pi} \tag{4.13}$$

可以看出,传感器的电容量C与角位移θ成线性关系。

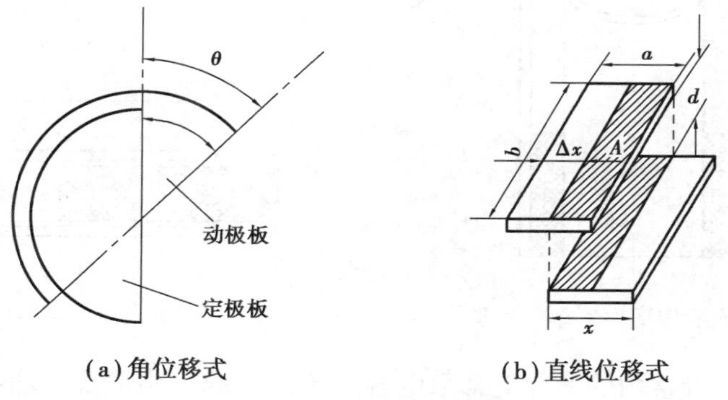

(a)角位移式　(b)直线位移式

图4.7　变面积型电容器

图4.7(b)是直线位移式结构,根据电容量的计算公式,初始状态$C_0=\dfrac{\varepsilon_0\varepsilon_r ab}{d}$,当动极板移动$\Delta x$之后,面积$A$就改变,则电容也随之改变,其值为(忽略边缘效应)

$$\Delta C=C-C_0=\frac{\varepsilon_0\varepsilon_r(a-\Delta x)b}{d}-\frac{\varepsilon_0\varepsilon_r ab}{d}=-\frac{\varepsilon_0\varepsilon_r\Delta xb}{d} \tag{4.14}$$

灵敏度为

$$K_c=\frac{\Delta C}{\Delta x}=-\frac{\varepsilon_0\varepsilon_r b}{d} \tag{4.15}$$

由此可知,变面积式电容式传感器的输出特性是线性的。增大极板边长b,减小间隙d,可以提高灵敏度,但极板的边长a不宜过小,否则会因边缘电场影响的增加而影响线性特性。

4.1.3　变介质型电容式传感器

变介电常数式电容式传感器有较多的结构形式,它可以用来测量液位的高度,也可以测量纸张、绝缘薄膜等的厚度,还可用来测量粮食、纺织品、木材或煤等非导电固体介质的湿度。

图 4.8 所示是电容式液位变换器结构原理图,设被测介质的介电常数为 ε_1,液面高度为 h,变换器总高度为 H,内筒外径为 d,外筒内径为 D,此时变换器电容值为

$$C=\frac{2\pi\varepsilon_1 h}{\ln\frac{D}{d}}+\frac{2\pi\varepsilon(H-h)}{\ln\frac{D}{d}}=\frac{2\pi\varepsilon H}{\ln\frac{D}{d}}+\frac{2\pi h(\varepsilon_1-\varepsilon)}{\ln\frac{D}{d}}=C_0+\frac{2\pi h(\varepsilon_1-\varepsilon)}{\ln\frac{D}{d}}\tag{4.16}$$

式中:ε——空气的介电常数;

C_0——由变换器的基本尺寸决定的初始电容值,即

$$C_0=\frac{2\pi\varepsilon H}{\ln\frac{D}{d}}\tag{4.17}$$

由式(4.16)可见,此变换器的电容增量正比于被测液位高度 h。

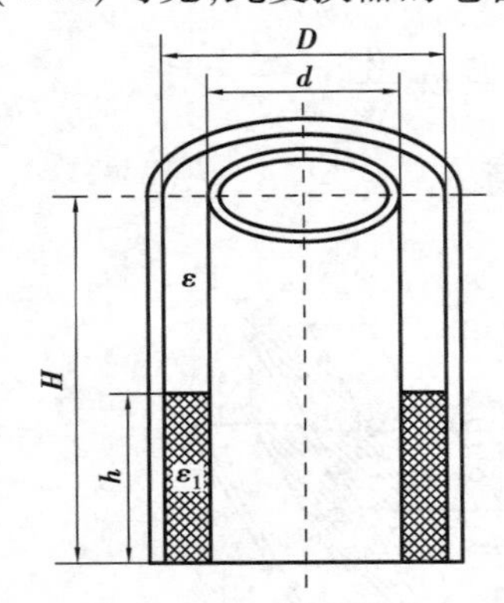

图 4.8　电容式液位变换器结构原理图

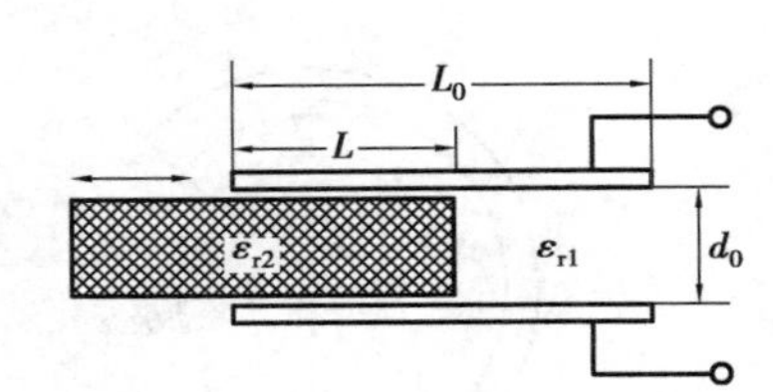

图 4.9　变介质型电容式传感器

图 4.9 所示是一种常用的变介电常数电容式传感器的结构形式。图中,两平行电极固定不动,极距为 d,相对介电常数为 ε_{r2}的电介质以不同深度插入电容器中,从而改变两种介质的极板覆盖面积。传感器总电容量 C 为

$$C=C_1+C_2=\varepsilon_0 b_0\frac{\varepsilon_{r1}(L_0-L)+\varepsilon_{r2}L}{d_0}\tag{4.18}$$

式中:L_0 和 b_0——极板的长度和宽度;

L——ε_{r2}介质进入极板间的长度。

若电介质 $\varepsilon_{r1}=1$,则当 $L=0$ 时,传感器的初始电容为

$$C_0=\frac{\varepsilon_0\varepsilon_{r1}L_0 b_0}{d_0}\tag{4.19}$$

当被测介质 ε_{r2}进入极板间深度 L 后,引起的电容相对变化量为

$$\frac{\Delta C}{C_0}=\frac{C-C_0}{C_0}=\frac{(\varepsilon_{r2}-1)L}{L_0}\tag{4.20}$$

可见,电容量的变化与电介质 ε_{r2}的移动量 L 成线性关系。

黄昆荣获中华人民共和国最高科学技术奖，给我们的启示：

(1)历史就是一代接着一代人的走过，老一辈的许多科学家为了中国的强盛，放弃国外优厚的条件，白手起家，不计名利和个人得失，注重实践能力，把新中国的各项科技工作搞起来，为了中华民族的伟大复兴所作的贡献和牺牲会永远记录在中国的历史上，成为中华民族后辈们的骄傲和榜样。

(2)我们是处在一个伟大的时代，中国已经具备了完整的工业体系，而且国门开放，和世界的交流频繁。我们一定要发挥中国人的聪明才智，继承先辈们勇往直前永不放弃的精神，把中国的核心科技掌握在自己手中，再也不受制于人。

(3)根据电容量变化的参数分析，电容式传感器可分为变极距型、变面积型和变介质型 3 种类型，这是设计电容式传感器的理论依据。

4.2 电容式传感器的测量电路

电容式传感器的测量电路(1)

【案例导读】川航 3U8633 航班生死备降

2018 年 5 月 14 日，刘传健驾驶 3U8633 航班从重庆飞往拉萨，原本这条航线对于机长刘传健来说是“轻车熟路”，因为已经飞行了不下上百次。但是没想到的是，意外还是发生了，飞机飞行 40 min 后，在成都区域巡航阶段，没有任何征兆，驾驶舱右座前挡风玻璃破裂脱落，“哄”一声发出巨大的声响，副驾身体已经飞出去一半，还好他系了安全带。驾驶舱物品全都飞起来了，许多设备出现故障，整个飞机震动非常大，驾驶室设备失控，自动驾驶完全失灵，仪表盘损坏。在无法得知飞行数据的情况下，也就无法确定方向、航向，返航机场的位置，操作困难，眼看着一场空难就要发生了。

3U8633 航班从发现破裂那一刻，就与时间赛跑，在氧气耗完之前把飞机降到3 000 到 4 000 m 的高空，否则机舱内部的乘客都会因为窒息而死。在十几分钟从万米高空下降到 3 000 m，几乎同坠机一样，在危机关头，机长刘传健在气流吹袭和大量仪表被破坏的情况下，改成了靠自己的判断维持飞行，临危不惧，靠着过硬的驾驶技术和超强的心理素质，飞机于 2018 年 5 月 14 日 07:46 分安全备降成都双流机场，所有乘客平安落地(图 4.10)。

图 4.10　川航 3U8633 航班生死备降机长刘传健

【案例分析】川航 3U8633 航班驾驶舱右座前挡风玻璃破裂脱落导致的巨大冲击力使驾驶室内很多传感器和设备损坏,这些情况表明,在特殊环境中,传感器测量电路的稳定性和可靠性尤为重要,对测量电路的设计与制作要加入抗干扰分析和恶劣环境测试,提高传感器的抗风险能力。

电容式传感器中电容值以及电容变化值都十分微小,这样微小的电容量还不能直接为目前的显示仪表所显示,也很难为记录仪所接受,不便于传输。这就必须借助于测量电路检测出这一微小电容增量,并将其转换成与其成单值函数关系的电压、电流或者频率。电容转换电路有调频电路、运算放大器式电路、二极管双 T 型交流电桥、脉冲宽度调制电路等。

4.2.1　调频电路

调频测量电路把电容式传感器作为振荡器谐振回路的一部分,当输入量导致电容量发生变化时,振荡器的振荡频率就发生变化,调频式测量电路原理框图如图 4.11 所示。

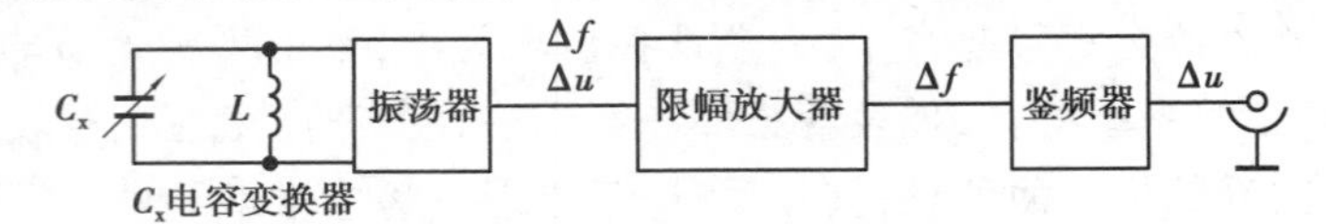

图 4.11　调频式测量电路原理图

图中调频振荡器的振荡频率为

$$f=\frac{1}{2\pi\sqrt{LC}} \tag{4.21}$$

式中:L——振荡回路的电感;

C——振荡回路的总电容,$C=C_1+C_2+C_x$,其中 C_1 为振荡回路固有电容,C_2 为传感器引线分布电容,$C_x=C_0\pm\Delta C$ 为传感器的电容。

当被测信号为 0 时，$\Delta C=0$，则 $C=C_1+C_2+C_x$，所以振荡器有一个固有频率 f_0，其表达式为

$$f_0=\frac{1}{2\pi\sqrt{(C_1+C_2+C_0)L}} \tag{4.22}$$

当被测信号不为 0 时，$\Delta C\neq 0$，振荡器频率有相应变化，此时频率为

$$f=\frac{1}{2\pi\sqrt{(C_1+C_2+C_0\pm\Delta C)L}}=f_0\pm\Delta f \tag{4.23}$$

调频电容传感器测量电路具有较高的灵敏度，可以测量高至 0.01 μm 级位移变化量。频率输出易于用数字仪器测量和与计算机通信，抗干扰能力强，可以发送、接收以实现遥测遥控。为了防止干扰引起振荡器输出的调频信号产生寄生调幅，在鉴频器前常加一个限幅器将削平寄生调幅，使进入鉴频器的调幅信号是等幅的。

4.2.2 运算放大器式电路

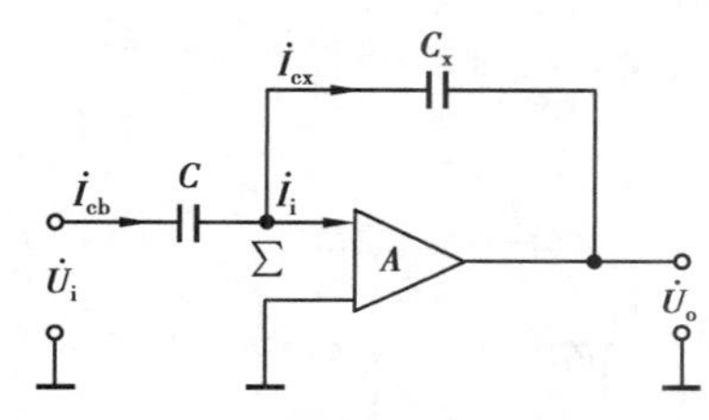

图 4.12 运算放大器式电路原理图

由于运算放大器的放大倍数非常大，而且输入阻抗很高，运算放大器的这一特点可以作为电容式传感器的比较理想的测量电路，图 4.12 是运算放大器式电路原理图。图中 C_x 为电容式传感器电容，U_i 是交流电源电压，U_o 是输出信号电压，$\sum$ 是虚地点。

由运算放大器工作原理可得

$$\dot{U}_o=-\frac{C}{C_x}\dot{U}_i \tag{4.24}$$

如果传感器是一只平板电容，则 $C_x=\varepsilon A/d$ 代入到式(4.24)，可得

$$\dot{U}_o=-\dot{U}_i\frac{C}{\varepsilon A}d \tag{4.25}$$

式中："−"号表示输出电压，$\dot{U}_o$ 的相位与电源电压反相。式(4.25)说明运算放大器的输出电压与极板间距离 d 呈线性关系。运算放大器电路解决了单个变极板间距离式电容传感器的非线性问题，但要求输入阻抗及放大倍数足够大。为保证仪器精度，还要求电源电压 $\dot{U}_i$ 的幅值和固定电容 C 值稳定。

4.2.3 二极管双 T 形交流电桥

电容式传感器的测量电路(2)

电容式压力传感器在结构上有单端式和差动式两种形式，因为差动式的灵敏度较高，非线性误差也小，所以电容式压力传感器大都采用差动形式。

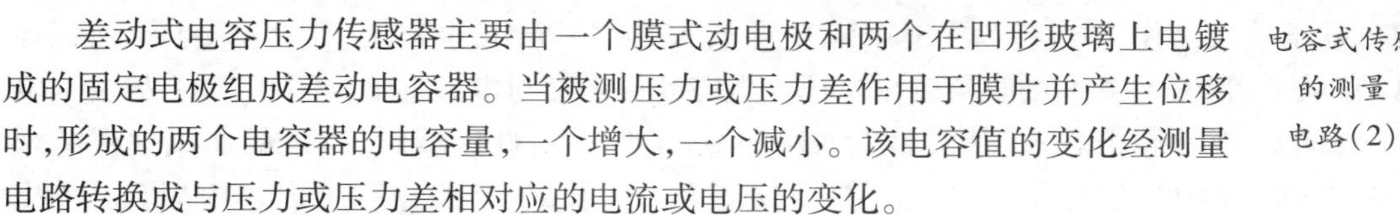

差动式电容压力传感器主要由一个膜式动电极和两个在凹形玻璃上电镀成的固定电极组成差动电容器。当被测压力或压力差作用于膜片并产生位移时，形成的两个电容器的电容量，一个增大，一个减小。该电容值的变化经测量电路转换成与压力或压力差相对应的电流或电压的变化。

差动式电容压力传感器的测量电路常采用双 T 型电桥电路。双 T 型电桥电路如图 4.13 所示。其中，e 为对称方波的高频信号源；C_1 和 C_2 为差动式电容传感器的一对电容；R_L 为测量仪表的内阻；VD_1 和 VD_2 为性能相同的两个二极管；R_1、R_2($R_1=R_2$)为固定电阻。

当传感器没有输入时，$C_1=C_2$。电路工作原理如下：当 e 为正半周时，二极管 VD_1 导通、VD_2 截止，于是电容 C_1 充电，电源 U 经电阻 R_1 以电流 I_1 向负载 R_L 供电，与此同时电容 C_2 经 R_2 和负载 R_L 放电，电流为 I_2，流经负载的电流为 I_1 和 I_2 之和，它们的极性如图 4.13(b)所示。

在随后负半周出现时，二极管 VD_2 导通、VD_1 截止，于是电容 C_2 充电，电源 U 经电阻 R_2 以电流 I_2'向负载 R_L 供电，与此同时电容 C_1 经 R_1 和负载 R_L 放电电流为 I_1'，流经负载的电流为 I_1'和 I_2'之和，它们的极性如图 4.13(c)所示。根据上面所给的条件，$C_1=C_2$ 时，电源正半周和负半周流过负载的电流的平均值大小相等，且方向相反，在一个周期内流过 R_L 的平均电流为零。

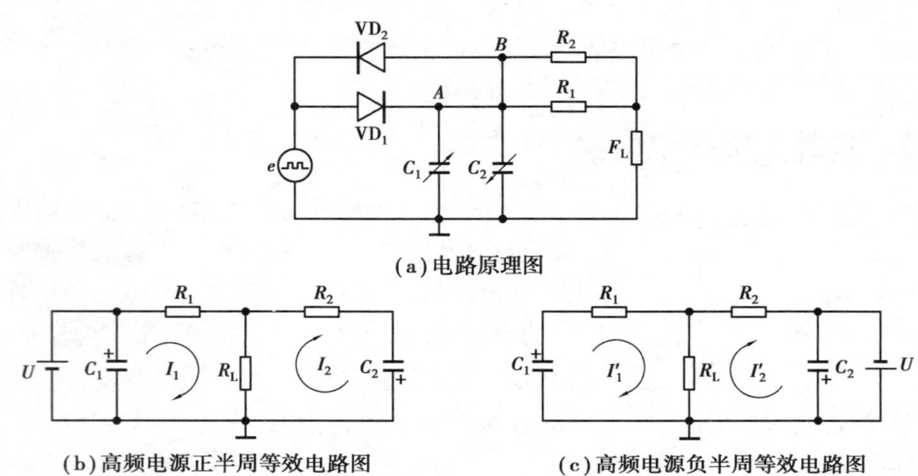

图 4.13　二极管双 T 形交流电桥

若传感器输入不为 0，则 $C_1 \neq C_2$，$I_1 \neq I_2$，此时在一个周期内通过 R_L 上的平均电流不为零，因此产生输出电压，输出电压在一个周期内平均值为

$$U_o = I_L R_L = \frac{1}{T}\int_0^T [I_1(t) - I_2(t)]\mathrm{d}t R_L \approx \frac{R(R+2R_L)}{(R+R_L)^2} R_L U f (C_1 - C_2) \tag{4.26}$$

式中：f——电源频率。当 R_L 已知时，式(4.26)中

$$\frac{R(R+2R_L)}{(R+R_L)^2} R_L = M \tag{4.27}$$

则输出电压可改写为

$$U_o = UfM(C_1 - C_2) \tag{4.28}$$

从式(4.28)可知，输出电压 U_o 不仅与电源电压的幅值和频率有关，而且与 T 型网络中的电容 C_1 和 C_2 的差值有关。当电源电压确定后，输出电压 U_o 是电容 C_1 和 C_2 的函数。该电路输出电压较高，当电源频率为 1.3 MHz，电源电压 U=46 V 时，电容从-7~7 pF 变化，可以在 1 MΩ 负载上得到-5~5 V 的直流输出电压。电路的灵敏度与电源幅值与频率有关，故输入电源要求稳定。当 U 幅值较高，使二极管 VD_1、VD_2 工作在线性区域时，测量的非线性误差很小。电路的输出阻抗与电容 C_1、C_2 无关，而仅与 R_1、R_2 及 R_L 有关，其值为 1~100 kΩ。输出信号的上升沿时间取决于负载电阻。对于 1 kΩ 的负载电阻上升时间为 20 μs 左右，故可用来测量高速的机械运动。

4.2.4 环形二极管充放电法

环行二极管充放电法电容测量电路如图 4.14 所示,基本原理是以一高频方波为信号源,通过一环形二极管电桥,对被测电容进行充放电,环形二极管电桥输出一个与被测电容成正比的微安级电流。输入方波加载在电桥 A 点和地之间,C_x 为被测电容,C_d 为平衡电容传感器初始电容的调零电容,C 为滤波电容,在设计时,由于方波脉冲宽度足以使电容器 C_x 和 C_d 充、放电过程在方波平顶部分结束,因此,电桥将发生如下变化。

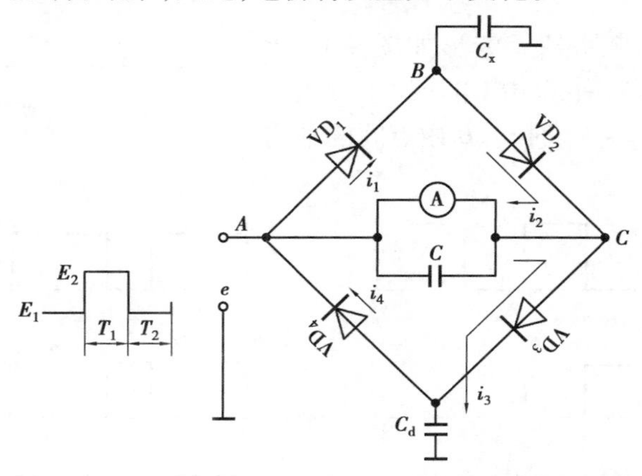

图 4.14 环行二极管电容测量电路原理图

当输入的方波由 E_1 跃变到 E_2 时,电容 C_x、C_d 两端的电压皆由 E_1 充电到 E_2。对电容 C_x 充电的电流,如图中 i_1 所示的方向,对 C_d 充电的电流如 i_3 所示方向。在充电过程中(T_1 这段时间),VD_2、VD_4 以一直处于截止状态。在 T_1 这段时间内由 A 点向 C 点流动的电荷量为 $q_1=C_d(E_2-E_1)$。

当输入的方波由 E_2 返回到 E_1 时,C_x 和 C_d 放电,它们两端的电压由 E_2 下降到 E_1,放电电流所经过的路径分别为 i_2、i_4 所示的方向。在放电过程中(T_2 时间内),VD_1、VD_3 截止。在 T_2 这段时间内由 C 点向 A 点流过的电荷量为 $q_2=C_x(E_2-E_1)$。

设方波的频率 $f=1/T_0$(即每秒钟要发生的充放电过程的次数),则由 C 点流向 A 点的平均电流为 $I_2=C_x f(E_2-E_1)$,而从 A 点流向 C 点的平均电流为 $I_3=C_d f(E_2-E_1)$,流过此支路的瞬时电流的平均值为

$$I = C_x f(E_2 - E_1) - C_d f(E_2 - E_1) = f\Delta E(C_x - C_d) \tag{4.29}$$

式中:ΔE 为方波的幅值,$\Delta E=E_2-E_1$。令 C_x 的初始值为 C_0,ΔC_x 为 C_x 的增量,则 $C_x=C_0+\Delta C_x$,调节 $C_d=C_0$,则

$$I = f\Delta E(C_x - C_d) = f\Delta E\Delta C_x \tag{4.30}$$

由式(4.30)可见,I 正比于 ΔC_x。

4.2.5 脉冲宽度调制电路

脉冲宽度调制电路如图 4.15 所示,图中 C_{x1}、C_{x2}为差动式电容传感器,电阻 $R_1=R_2$,A_1,A_2 为比较器,当双稳态触发器处于某一状态,$Q=1$,$\overline{Q}=0$,A 点高电位通过 R_1 对 C_{x1}充电,时间常数 $\tau_1=R_1C_{x1}$,直至 F 点电位高于 U_r,比较器 A_1 输出正跳变信号。

与此同时，因 $\overline{Q}=0$，电容器 C_{x2} 上已充电流通过 VD_2 迅速放电至零电平。A_1 正跳变信号激励触发器翻转，使 $Q=0,\overline{Q}=1$，于是 A 点为低电位，C_{x1} 通过 VD_1 迅速放电，而 B 点高电位通过 R_2 对 C_{x2} 充电，时间常数为 $\tau_2=R_2C_{x2}$，直至 G 点电位高于参比电位 U_r。比较器 A_2 输出正跳变信号，使触发器发生翻转。

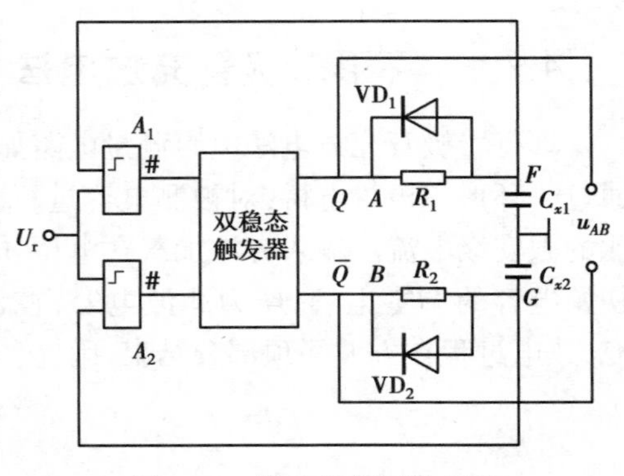

图 4.15　脉冲宽度调制电路

重复前面的过程，电路各点波形如图 4.16 所示，当差动电容状态不同，引起输出电压发生变化：

①当差动电容器 $C_{x1}=C_{x2}$ 时，A、B 两点间的平均

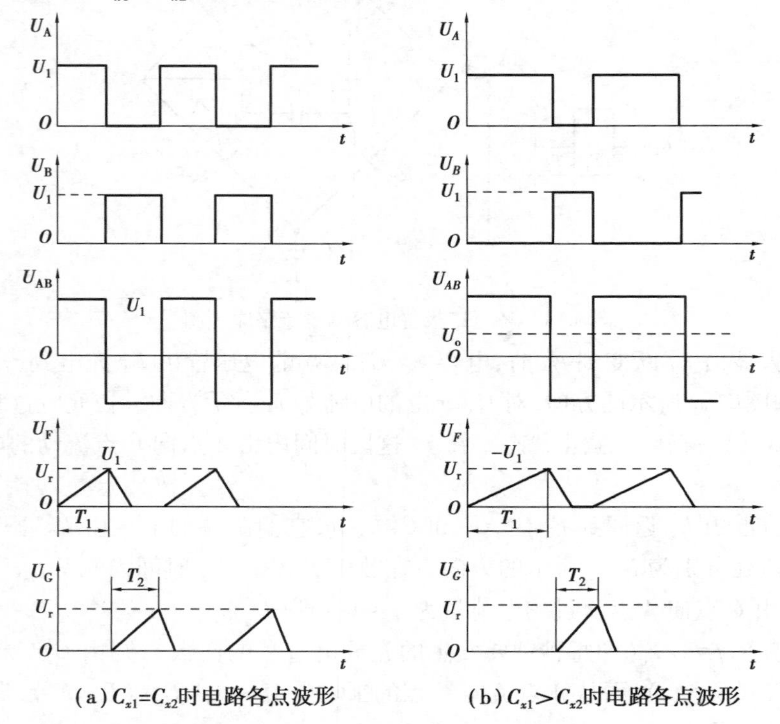

(a) $C_{x1}=C_{x2}$ 时电路各点波形　　(b) $C_{x1}>C_{x2}$ 时电路各点波形

图 4.16　脉冲宽度调制电路各点波形

电压值为零。

②当差动电容 $C_{x1}\neq C_{x2}$，且 $C_{x1}>C_{x2}$，则 $\tau_1=R_1C_{x1}>\tau_2=R_2C_{x2}$，由于充放电时间常数变化，使电路中各点电压波形产生相应改变，此时 U_A、U_B 脉冲宽度不再相等，一个周期(T_1+T_2)时间内的平均电压值不为零。此 U_{AB} 电压经低通滤波器滤波后，可获得 U_O 输出为

$$U_O=U_A-U_B=U_1\frac{T_1-T_2}{T_1+T_2} \tag{4.31}$$

式中：U_1——触发器输出高电平；

T_1、T_2——C_{x1}、C_{x2} 充电至 U_r 时所需的时间。由电路知识可知

$$T_1=R_1C_{x1}\ln\frac{U_1}{U_1-U_r} \tag{4.32}$$

$$T_2 = R_2 C_{x2} \ln \frac{U_1}{U_1 - U_r} \tag{4.33}$$

将 T_1、T_2 代入式(4.31),得到输出电压与电容的关系

$$U_O = \frac{C_{x1} - C_{x2}}{C_{x1} + C_{x2}} U_1 \tag{4.34}$$

川航 3U8633 航班生死备降事件,给我们的启示:

(1)刘传健是一位经验丰富的老机长,为了保证乘客的生命安全,他不断学习探究,看过包括《空中浩劫》在内的多部航空题材的电影或纪录片,常常从世界级航空事故中进行专业研析,正式因为他的这种精神,才会让 2018 年 5 月 14 日差一点酿成的空难事件化险为夷。

(2)这次事件是航班迫降史上的一个奇迹,机长的意外降临的紧急反应能力、操作能力、对局势的判断能力以及内心保证大家安全的责任,对川航航班的紧急迫降起到了无可替代的作用。

(3)在设计和制作传感器测量电路的时候,温度测试和恶劣环节测试能够保障传感器在特殊条件下的稳定性和可靠性。

4.3 电容式传感器的应用

电容式传感器的应用(1)

【案例导读】MEMS 技术试验卫星顺利发射升空

2015 年 9 月 20 日 07:01,长征六号运载火箭以“一箭 20 星”的方式将清华大学研制的 MEMS 技术试验卫星(即:集成微系统技术试验卫星)顺利发射升空。MEMS 技术试验卫星包括三颗卫星,分别是 1 颗主卫星“纳星二号”,即 NS-2 纳型卫星;2 颗子卫星“紫荆 1 号”和“紫荆 2 号”。

“纳星二号”卫星的有效载荷包括纳型星敏感器、微型低功耗太阳敏感器、硅基 MEMS 陀螺、微型石英音叉陀螺、MEMS 磁强计、北斗/GPS 接收机等,性能指标均达到国际先进、国内领先水平,本次飞行试验的主要目的就是验证和支持这些具有完全自主知识产权的基于新原理、新方法的微型化高性能星上功能器件/组件的研究和在轨应用,从而推进国内航天应用的微型化功能器/组件技术和微系统技术的进步。

图 4.17 清华大学“纳星二号”卫星发射队

上述卫星由清华大学精密仪器系尤政院士团队(图 4.17)研制,是真正意义的大学卫星,卫星研制、测控的全过程都有研究生参与。对于清华来说,这是自 2001 年学校自主研发卫星以来,独立或与其他单位协同合作发射的第 7 颗卫星,标志着清华大学 MEMS 技术、纳卫星平台技术等取得了新的进展。整个过程对于激发青年学子对航天科技的兴趣、促进清华大学航天技术人才培养具有重要意义。

【案例分析】微机电系统(MEMS, Micro-Electro-MechanicalSystem),也叫作微电子机械系统、微系统、微机械等,指尺寸在几毫米乃至更小的高科技装置。

微机电系统其内部结构一般在微米甚至纳米量级,是一个独立的智能系统。常见的产品包括 MEMS 加速度计、MEMS 麦克风、微马达、微泵、微振子、MEMS 光学传感器、MEMS 压力传感器、MEMS 陀螺仪、MEMS 湿度传感器、MEMS 气体传感器等等以及它们的集成产品。

4.3.1 差动型电容式压差变送器

差动型电容式压差变送器如图 4.18 所示,当两端进气口通入气体时,被测压力差作用于膜片并产生位移时,两个电容器的电容量,一个增大,一个减小。电容值的变化经测量电路转换成与压力差相对应的电流或电压的变化,其中金属弹性膜片是动电极片,两个玻璃球面上镀有金属是固定电极片,金属弹性膜片两侧左右两室中充满硅油,工作过程,当两室分别承受低压 P_L 和高压 P_H 时,硅油能将压差传递到金属弹性膜片。

当 $P_H=P_L$ 时,中心膜片处于平直状态,膜片两侧电容均为 C_0;当 $P_H>P_L$ 时,中心膜片上凸,上部电容为 C_L,下部电容为 C_H。C_H 相当于当前膜片位置与平直位置间的电容 C_A 和 C_0 的串联,而 C_0 又可看成膜片上部电容 C_L 与的 C_A 串联,如图 4.19 所示。

因此,中心膜片处于平直状态时,$C_0=C(d_0)$;当 $P_H>P_L$ 模片上凸 dx 时,$C_A=C(dx)$,得到对应电容的表达式

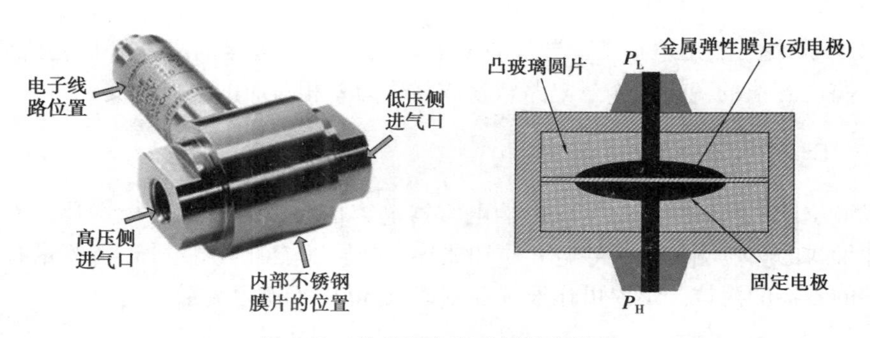

图 4.18 差动型电容式压差变送器

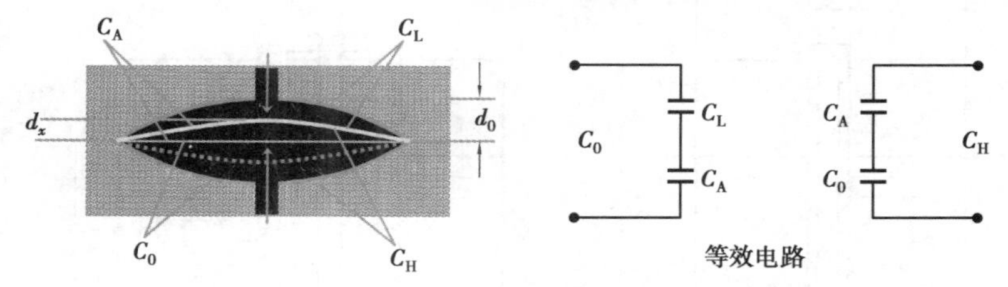

图 4.19 差动型电容式压差变送器受力示意图

$$C_0 = \frac{C_A C_L}{C_A + C_L} \rightarrow C_L = \frac{C_A C_0}{C_A - C_L}; C_H = \frac{C_A C_0}{C_A + C_0} \tag{4.35}$$

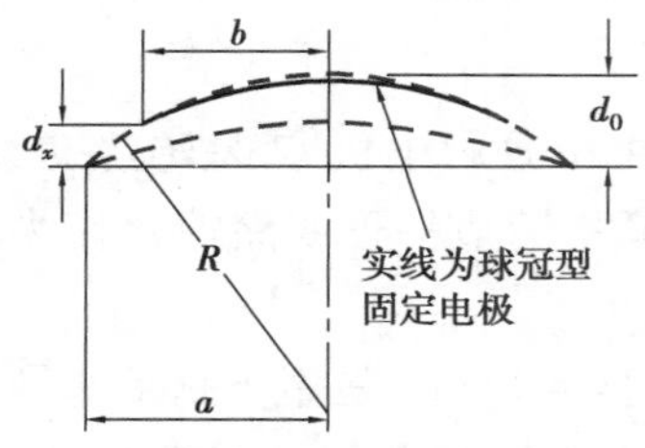

图 4.20 差动型电容式压差变送器几何表示图

如图 4.20 所示差动型电容式压差变送器几何表示图,设膜片半径为 a,球冠形固定电极的半径为 R,固定电极的实际拱底半径为 b,拱底距膜片的距离为 dx。

当 $d_0 \ll R$ 时,通过数学计算得到金属膜片未变形时的电容与变形物理量之间的关系为

$$C_0 = 2\pi\varepsilon R \ln \frac{d_0}{d_x} \tag{4.36}$$

在 P_H-P_L 作用下,金属膜片变形时的电容为

$$C_A = \frac{4\pi\varepsilon T}{P_H - P_L} \ln \frac{a^2}{a^2 - b^2} = \left(4\pi\varepsilon T \ln \frac{a^2}{a^2 - b^2}\right) \frac{1}{P_H - P_L} = k \frac{1}{P_H - P_L} \tag{4.37}$$

其中 k 是一个与传感器结构有关的系数。差动型电容式压差变送器的测量电选择脉宽调制电路,将中心膜片接地,输入电压为 U_1,其输出电压 U_{SC} 为

$$U_{SC} = U_1 \frac{C_L - C_H}{C_L + C_H} \tag{4.38}$$

其中

$$C_L - C_H = \frac{C_A C_0}{C_A - C_0} - \frac{C_A C_0}{C_A + C_0} = \frac{C_A C_0^2}{C_A^2 - C_0^2} \tag{4.39}$$

$$C_L + C_H = \frac{C_A C_0}{C_A - C_0} + \frac{C_A C_0}{C_A + C_0} = \frac{C_0 C_A^2}{C_A^2 - C_0^2} \tag{4.40}$$

将式(4.39)和式(4.40)代入输出电压式(4.38)中,得

$$U_{SC} = U_1 \frac{C_0}{k}(P_H - P_L) \tag{4.41}$$

由式(4.41)可见,输出电压 U_{SC} 与差动型电容式压差变送器的进气管得输入气压($P_H - P_L$)成比例,将电容值的变化经测量电路转换成与压力差相对应的电压的变化。

4.3.2 电容式液位计

电容式液位计利用液位高低变化影响电容器电容量大小的原理进行测量。依此原理还可进行其他形式的物位测量。对导电介质和非导电介质都能测量,此外还能测量有倾斜晃动及高速运动的容器的液位。不仅可作液位控制器,还能用于连续测量。

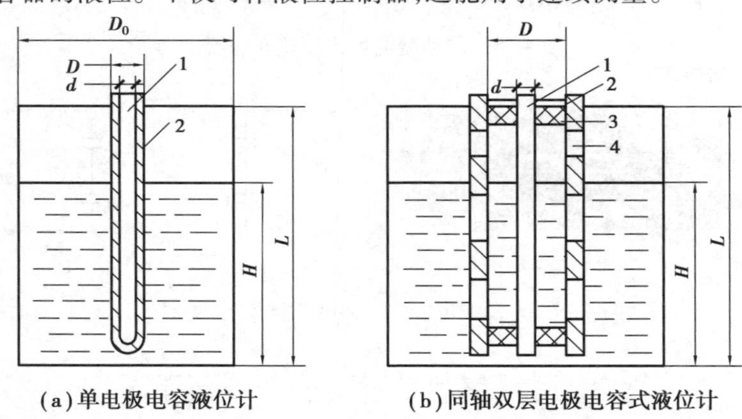

(a)单电极电容液位计　　(b)同轴双层电极电容式液位计

图 4.21　电容式液位计示意图

如图 4.21(a)所示是测量导电介质的单电极电容液位计,其中 1 是内电极,2 是绝缘套,一根电极作为电容器的内电极,一般用紫铜或不锈钢,外套聚四氟乙烯塑料管或涂搪瓷作为绝缘层,而导电液体和容器壁构成电容器的外电极。

电容式液位计的安装形式因被测介质性质不同而有差别。如图 4.21(b)是用于测量非导电介质的同轴双层电极电容式液位计,其中 1、2 分别是内、外电极,3 是绝缘套,4 是流通孔,内电极和与之绝缘的同轴金属套组成电容的两极,外电极上开有很多流通孔使液体流入极板间。

以单电极电容液位计为例介绍测量原理,如图 4.22 所示,测定电极安装在金属储罐的顶部,储罐的罐壁和测定电极之间形成了一个电容器。

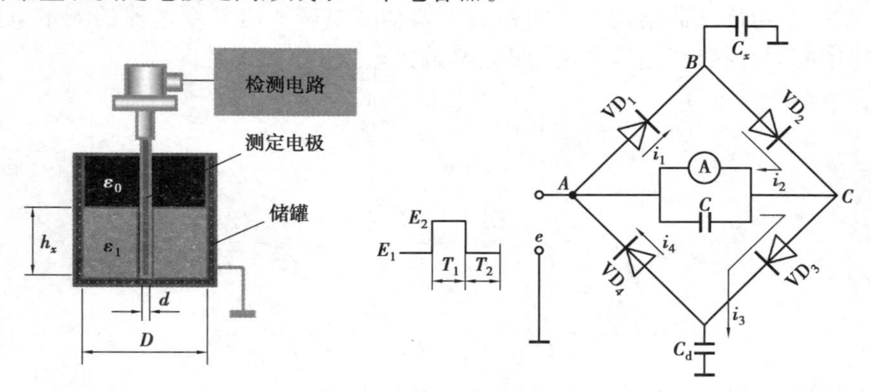

图 4.22　电容式液位计示意图

电容随料位高度 h_x 变化的关系为

$$C_x = \frac{k(\varepsilon_1 - \varepsilon_0)h_x}{\ln \frac{D}{d}} \tag{4.42}$$

式中：k——比例常数；

D——储罐的内径；

d——测定电极的直径；

h_x——被测物料的高度；

ε_0——空气的相对介电常数；

ε_1——被测物料的相对介电常数。

将单电极电容液位计的测量电容接入环形二极管充放电电路，以高频方波为信号源，C_x 为被测电容，C_d 为平衡电容传感器初始电容的调零电容，C 为滤波电容，A 为直流电流表。通过环形二极管电桥，对被测电容进行充放电，环形二极管电桥输出一个与被测电容成正比的微安级电流，在方波频率和幅值一定的情况下，输出电流的变化与液位成正比，其关系式为

$$I = f\Delta E(C_x - C_d) = f\Delta E\Delta C_x \tag{4.43}$$

式中，$\Delta E=(E_2-E_1)$，为方波的幅值；$f=\frac{1}{T_0}$，为方波的频率。

4.3.3　硅微加工（MEMS）加速度传感器原理

电容式传感器的应用(2)

利用微电子加工技术，可以将一块多晶硅加工成多层结构，在硅衬底上，制造出三个多晶硅电极，组成差动电容 C_1、C_2，如图 4.23 所示，1 是加速度测试单元，2 是信号处理电路，3 是衬底，4 是底层多晶硅（下电极），5 是多晶硅悬臂梁，6 是顶层多晶硅（上电极），图中的底层多晶硅和顶层多晶硅固定不动。中间层多晶硅是一个可以上下微动的振动片。其左端固定在衬底上，所以相当于悬臂梁。当它感受到上下振动时，C_1、C_2 呈差动变化。与加速度测试单元封装在同一壳体中的信号处理电

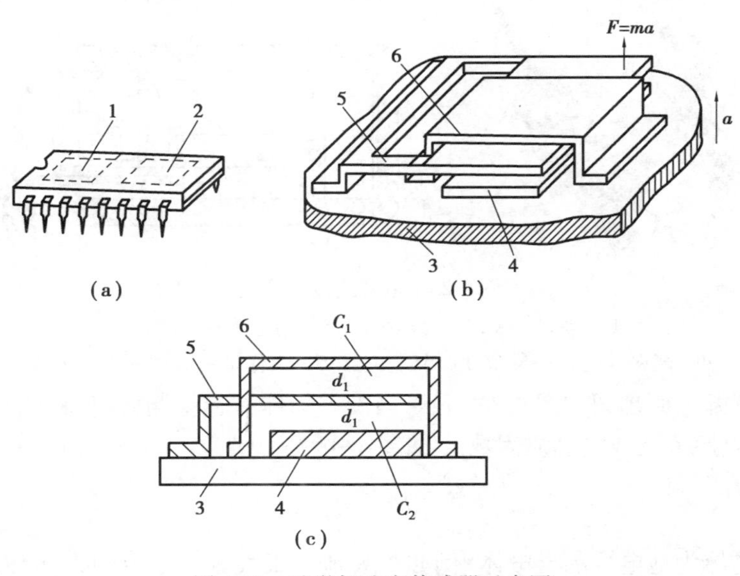

图 4.23　硅微加速度传感器示意图

路将 ΔC 转换成直流输出电压。它的激励源也做在同一壳体内,所以集成度很高。由于硅的弹性滞后很小,且悬臂梁的质量很轻,所以频率响应可达1 kHz以上,允许加速度范围可达 10 g 以上。

如果在壳体内的三个相互垂直方向安装三个加速度传感器,就可以测量三维方向的振动或加速度。将该加速度传感器安装在轿车上,可以作为碰撞传感器,如图 4.24 所示,当测得的加速度值超过设定值时,微处理器据此判断发生了碰撞,于是就启动轿车前部的折叠式安全气囊迅速充气而膨胀,托住驾驶员及前排乘员的胸部和头部。

图 4.24　加速度传感器安装在轿车

4.3.4　电容式接近开关

1.电容式接近开关的结构及工作原理

电容式接近开关的核心是以单个极板作为检测端的电容器,检测极板设置在接近开关的最前端。测量转换电路安装在接近开关壳体内,并用介质损耗很小的环氧树脂充填、灌封,如图 4.25 所示。

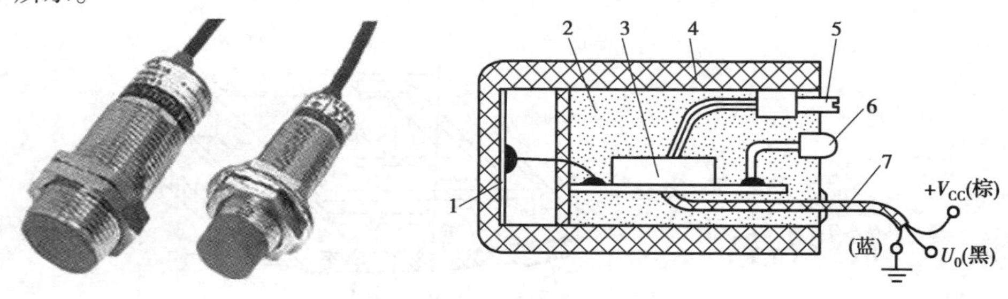

图 4.25　电容式接近开关

1—检测极板;2—充填树脂;3—测量转换电路板;

4—塑料外壳;5—灵敏度调节电位器;6—工作指示灯;7—三线电缆

电容式接近开关原理图如图 4.26 所示,当没有物体靠近检测极时,检测板与大地的容量 C 非常小,它与电感 L 构成高品质因数的 LC 振荡电路。

$$Q = \frac{1}{\omega CR} \tag{4.44}$$

当被检测物体为地电位的导电体(例如与大地有很大分布电容的人体、液体等)时,检测极板经过与导电体之间的耦合作用,形成变极距电容,电容量比未靠近导电体时增大许多,引

起 LC 振荡电路的 Q 值下降，输出电压随着下降，Q 下降到一定程度时导致振荡器停振。

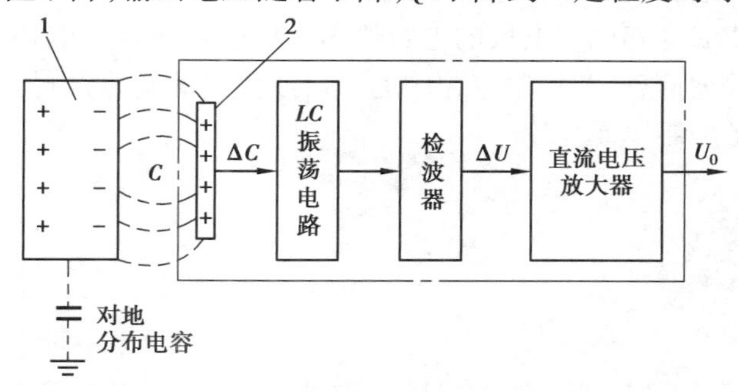

图 4.26 电容式接近开关原理图

1—被测物；2—检测极板

当被检测物体不接地或绝缘，被测物接近检测极板时，由于检测极板上施加有高频电压，在它附近产生交变电场，被检测物体就会受到静电感应，而产生极化现象，正负电荷分离，使检测极板的对地等效电容量增大，从而使 LC 振荡电路的 Q 值降低。

对介质损耗较大的介质（例如各种含水有机物）而言，它在高频交变极化过程中是需要消耗一定能量的（转为热量），该能量由 LC 振荡电路提供，必然使 LC 振荡电路的 Q 值进一步降低。当被测物体靠近到一定距离时，振荡器的 Q 值低到无法维持振荡而停振。根据输出电压 U_o 的大小，可大致判定被测体接近的程度。

2.电容式接近开关特性

电容式接近开关的检测距离与被测物体的材料性质有很大关系：当被测物是接地导体灵敏度最高；当被测物为绝缘体时，必须依靠极化原理来使 LC 振荡电路的 Q 值降低，灵敏度较差；当被测物为玻璃、陶瓷及塑料等介质损耗很小的物体，它的灵敏度就极低，如图 4.27 所示动作距离与被检测物体的材料、性质及尺寸的关系。

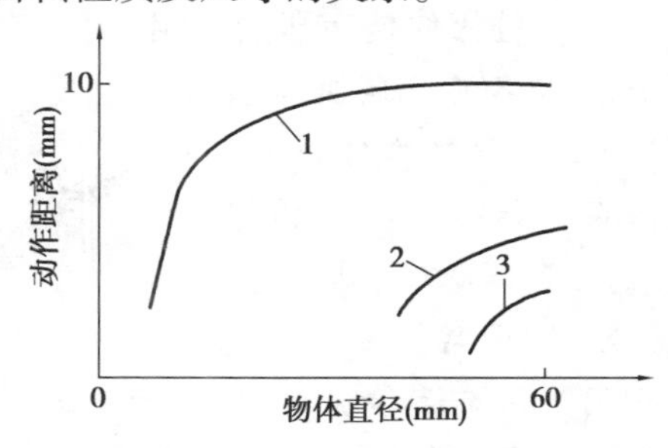

图 4.27 动作距离与被检测物体的材料、性质及尺寸的关系

1—地电位导电物体；2—非接地导电物体；3—含水有机物

电容式接近开关使用时必须远离金属物体，即使是绝缘体对它也有一定的影响。它对高频电场也十分敏感，因此两只电容式接近开关也不能靠得太近，以免相互影响。对金属物体而言，不必使用易受干扰的电容式接近开关，而应选择电感式接近开关，因此只有在测量绝缘介质时才应选择电容式接近开关。

电容式感应水龙头原理就是类似接近开关，感应水龙头内部包含：水流管道、电控阀、具有电容变化检测功能的电子控制单元、电容感应电极、电能储存装置等，水流管道穿过于水龙头壳体内，一端连接水源，另一端为水龙头出水口，电容感应电极装设于水龙头出水口或邻近出水口的外侧或内侧,电控阀装设于水流管道,电子控制单元与电容感应电极及电控阀电气连接,电子控制单元读取电容感应电极的电容值因人体或液体等介电物质的变动而造成的变化,以内部逻辑运算处理信息,并控制电控阀的开启或关闭的动作,电能储存装置与电子控制单元连接,供电给电子控制单元使用。

由清华大学研制的MEMS技术试验卫星顺利发射升空得到的启示:

(1)清华大学作为世界一流大学坚守初心、勇担使命,认真贯彻落实习近平总书记科技强国的重要指示精神,坚持自力更生、自主创新,维护国家科技进步,参与全球竞争,掌握核心科技,实现跨越发展。

(2)青年兴则国家兴,青年强则国家强。当代青年将全过程深度参与到实现“两个一百年”奋斗目标的征程中,青年学子成长成才、建功立业的舞台空前广阔,同时也迫切需要青年学子自觉立大志、干大事,将自己的个人发展和国家民族的未来结合起来,在实现中国梦的伟大实践中创造自己的精彩人生。

(3)电容式传感器具有结构简单、耐高温、耐辐射、分辨率高、动态响应特性好等优点,广泛用于压力、位移、加速度、厚度、振动、液位等测量中。

驻极体传声器的发明

1962年,哈德·泽斯勒在著名的美国贝尔实验室与詹姆斯·韦斯特共同研制了驻极体传声器(图4.28)。如今驻极体传声器在电话、收音机、摄像机等电器中得到广泛应用。它具有体积小、结构简单、电声性能好、价格低等特点,属于常用的传声器。2010年,他们共同获得了美国富兰克林学院奖章,用于表彰他们在科技领域中做出的卓越贡献。因此,创新思维推动科技进步,科技改变世界。

图4.28　驻极体传声器

课堂互动

我们这一章学习了电容传感器的工作原理、测量电路,并讲解了各种形式的电容式传感器的应用。传声器是一种将声信号转换为相应的电信号的电声转换器,传统的电容传声器必须依靠输入直流电压来极化薄金属片和背电极组成的电容器。声波引起金属片振动会令其与背电极之间产生相应的电压变化,从而将声音转化为电信号,请大家思考驻极体传声器与传统的电容传声器的差别是什么?

电容传感器的性能测试

实训目的：

1. 掌握电容式传感器的工作原理和测量方法。

2. 锻炼动手能力，将课堂理论与实践相结合培养精益求精的工匠精神。

1.实训原理

电容式传感器有多种结构形式，本实训中使用差动变面积式。该传感器由两组定片和一组动片组成。改变安装于振动台上的动片上、下位置，使得与两组静片之间的重叠面积发生变化，从而使极间电容也发生相应变化，成为差动电容。如将上层定片与动片形成的电容定为 C_{x1}，下层定片与动片形成的电容定为 C_{x2}，当将 C_{x1} 和 C_{x2} 桥路作为相邻两臂时，桥路的输出电压与电容的变化有关，即与振动台的位移有关。

2.实训设备和器材

实训设备和器材包括电容式传感器、电容变换器、差动放大器、低通滤波器、低频振荡器和测微仪等。

3.实训内容和步骤

（1）差动放大器调零。

（2）按图 4.29 所示接线，电容变换器和差动放大器的增益适中。

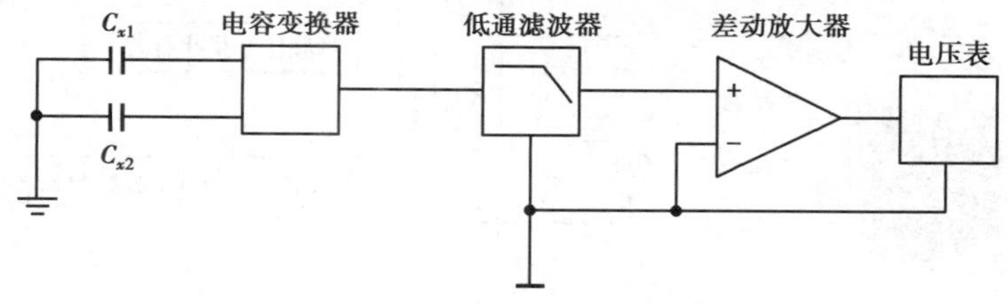

图 4.29　电容式传感器实训系统图

（3）装上测微仪，带动振动台位移，使电容动片位于两静片中，此时差动放大器输出应为零。

（4）以此为起点，向上和向下移动动片，0.5 mm/次直至动片全部重合为止。将数据记录在表 4.1 中，并做出 U-x 曲线，求得灵敏度。

（5）低频振荡器输出接“激振 I 端”，移开测微头，适当调节频率和振幅，使差动放大器输出波形较大但不失真，用示波器观察波形。

表 4.1　数据记录表

x/mm	2.0	1.5	1.0	0.5	0	−0.5	−1.0	−1.5	−2.0
U/V									

注意事项

（1）电容动片与两定片之间的距离须相等，必要时可稍做调整。位移和振动时均不可有擦片现象，否则会造成输出信号突变。

(2) 如果差动放大器输出端用示波器观察到波形中有杂波，可将电容变换器增益进一步减小。

(3) 由于悬臂梁弹性恢复滞后，因此当测微仪回到初始刻度时，差动放大器的输出电压并不回零，此时可反方向旋动测微仪，使输出电压过零后再回到初始位置。反复几次，差动放大器的电压即到零，然后进行负方向实验。

差动式电容测厚传感器的设计

随着工业技术的迅速发展，企业对产品质量和生产效率有了更高的要求。高精度在线测控仪器充实到生产的各个环节，不仅有效地保障了产品质量，提高了生产效率，同时，也避免了加工中由质量问题引起的浪费现象。在金属板材、带材的轧制过程中，成品的厚度是最重要的物理指标之一。测厚仪作为一种在线测量板材厚度的精密仪器，在整个轧机的厚控系统中占有非常重要的地位。

利用这一章所学的电容传感器的工作特性、测量电路，结合控制芯片的专业知识，综合利用电工技术的整流与放大电路，设计电容测厚传感器，用来对金属带材在轧制过程中厚度进行检测，如图 4.30 所示。

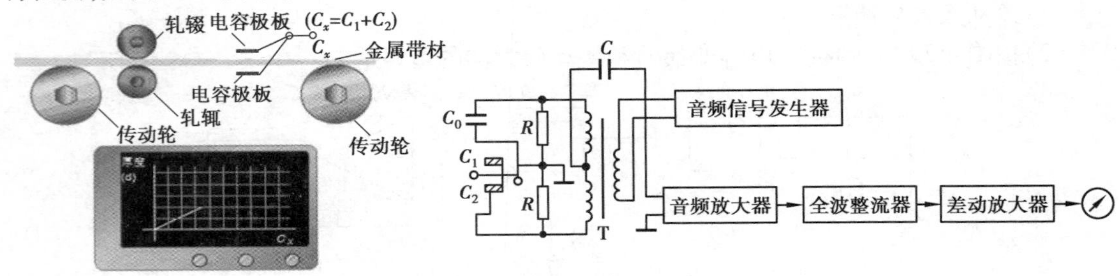

图 4.30　差动式电容测厚仪系统框图

在被测带材的上下两侧各置放一块面积相等，与带材距离相等的极板，这样极板与带材就构成了两个电容器 C_1、C_2。把两块极板用导线连接起来成为一个极，而带材就是电容的另一个极，其总电容为 C_1+C_2，如果带材的厚度发生变化，将引起电容量的变化，用交流电桥将电容的变化测出来，经过放大即可由电表指示测量结果。最后，对设计好的差动式电容测厚仪进行精度(非线性误差、灵敏度等)的测试。

1. 电容式传感器应用很广泛，可用于检测飞机油箱内燃油量。2011 年 11 月 18 日凌晨，从杭州萧山机场起飞的埃塞俄比亚 ET689 次航班因某仪器报警灯出现异常而进行紧急迫降。为防止迫降时机身过重压断起落架，在 3 000 多米的高空释放了 42 t 航空燃油，在释放过程

中，飞行员一直通过飞机油箱内电容式传感器监测燃油量，飞行员在工作岗位上的敬业精神和对紧急情况做出判断的能力值得我们学习。在飞机释放航空燃油的过程中，采用电容式液位计监测油箱中的燃油储存量，其工作原理是什么？

2.根据工作原理可将电容式传感器分为哪几种类型？每种类型有什么特点？适用于什么场合？

3.试分析变面积式电容传感器的灵敏度？怎么提高传感器的灵敏度？

4.如图4.31所示极板长度 $a=4$ cm，极板间距离 $d=0.2$ mm的正方形平板电容器。若用此变面积型传感器测量位移 x，试计算该传感器的灵敏度。已知极板间介质为空气，$\varepsilon=8.85\times10^{-12}$ F/m。

5.差动电容式传感器接入变压器交流电桥，当变压器两侧两绕组电压有效值均为 U 时，试推导电桥空载输出电压 U_o 与 C_{x1}、C_{x2} 的关系式。若采用变极距型电容传感器，设初始截距均为 δ_0，改变 $\Delta\delta$ 后，求空载输出电压 U_o 与 $\Delta\delta$ 的关系式。

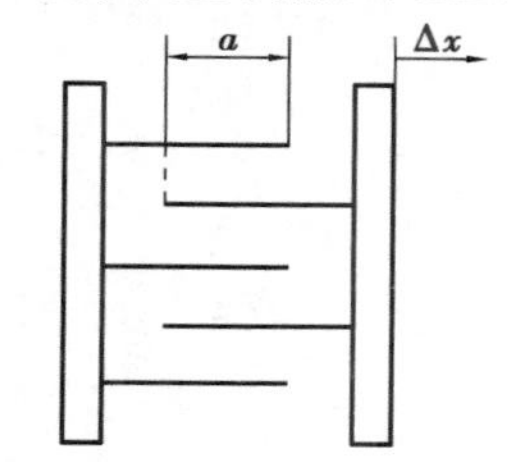

图4.31 正方形平板电容器

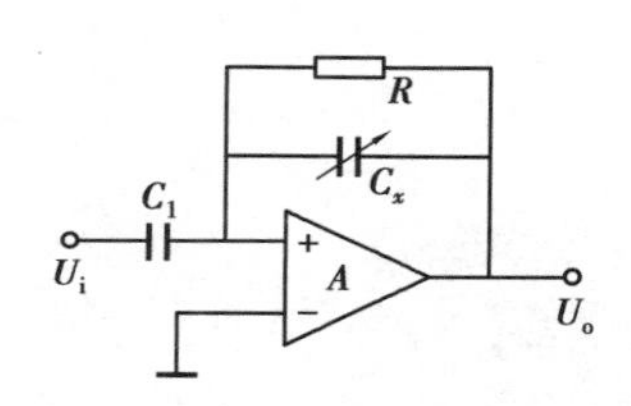

图4.32 运算放大电路

6.变间隙电容传感器的测量电路为运算放大电路，如图4.32所示。$C_1=500$ pF，传感器的起始电容量 $C_{xo}=100$ pF，定动极板距离 $d=1$ mm，运算放大器为理想放大器，R 极大，输入电压 $U_i=10\sin\omega t$ V。当在电容传感器动极板上输入一位移量 $\Delta x=0.2$ mm使 d 减小时，试求电路输出电压 u_o 为多少？

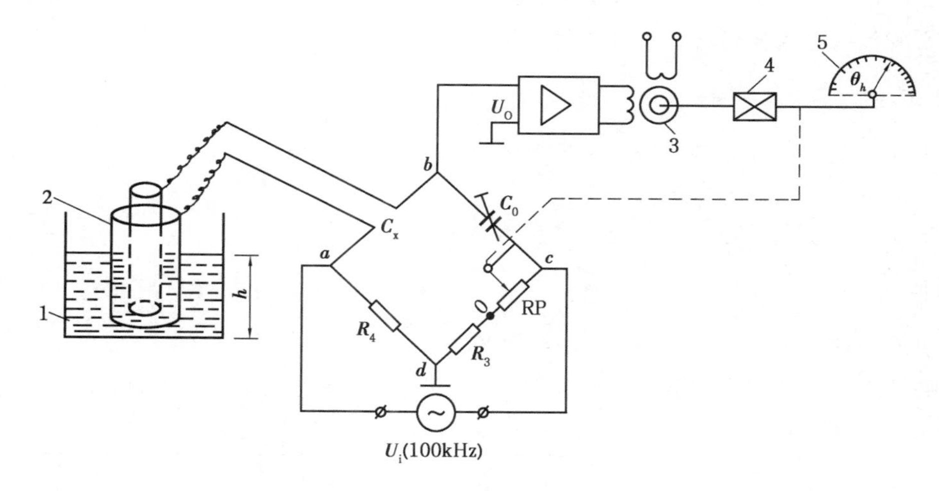

图4.33 电容式油量表

1—油箱；2—圆柱形电容器；3—伺服电机；4—减速箱；5—油量表

7.电容式传感器可用于测量油箱的油量，下图给出圆柱形电容器接入测量电路，驱动伺服电机，带动油量表盘指针旋转，试分析该电容式油量表的测量原理？

8. 比较电容式接近开关和电感式接近开关的检测原理与适用范围。

5

压电式传感器

知识目标

1. 了解压电效应及压电材料；
2. 了解压电式传感器的测量电路；
3. 掌握压电式传感器在工程中的应用。

技能目标

1. 能搭建压电式传感器的测量电路；
2. 能对压电式传感器进行选型；
3. 能区分压电式传感器与应变式压力传感器的差别。

素质目标

1. 培养学生保护环境，维护绿水青山的意识；
2. 培养学生认识到中国共产党英明伟大，社会主义制度无比优越的意识；
3. 培养学生遵纪守法，践行社会主义核心价值观。

5.1 压电效应及压电材料

5.1 压电效应及压电材料(1)

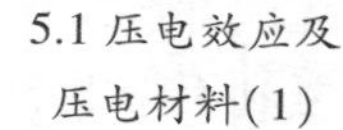

【案例导读】汽车尾气污染环境(图5.1)

作为空气污染的主要来源之一,机动车尾气中含有大量的有害物质,除了是大型城市PM2.5的主要来源之一外,还是很多城市大气污染的罪魁祸首之一,光化学烟雾就是其主要影响之一。1970年,美国洛杉矶发生光化学烟雾事件,导致全城四分之三的居民患病,1971年日本东京发生光化学烟雾事件,导致当地学生出现中毒昏迷。可见,汽车尾气是城市在大型化和环境改善两者之间难以逾越的一条鸿沟。随着我国经济的快速发展,国内出现了一大批大型城市和若干赶超世界水平的超大型城市,在城市大型化的发展过程中必然伴随着机动车保有量的激增,从而对大气环境带来巨大的压力,我国借鉴欧洲汽车排放标准所制定出的汽车尾气排放标准,该标准对汽车尾气中排放的一氧化碳、氮氧化合物、微尘、碳烟等有害物质的排放量有明确的限制,旨在控制汽车污染排放,提高环境质量,维护绿水青山。

由于汽车运行严重的分散性和流动性,给净化处理技术带来一定的限制。常用的手段之一是控制技术,主要是提高燃油的燃烧率,安装防污染处理设备和采取开发新型发动机。通过安装压电式传感器减少喷油提前角,可降低发动机工作的最高温度(1 500 ℃),使氮氧化物的生成量减少。

图5.1　汽车尾气污染环境

【案例分析】汽车发动机中的汽缸点火时刻必须十分精确,通过安装压电式传感器,恰当地将点火时间提前一些,即有一个提前角(例如10°以内),就可使汽缸中汽油与空气的混合气体得到充分燃烧,使扭矩增大,排污减少,从而都达到保护环境的目的。

压电式传感器的工作原理是基于某些介质材料的压电效应,是典型的有源传感器。当材料因受力作用而变形时,其表面会有电荷产生,从而实现非电量测量。压电式传感器具有体积小、重量轻、工作频带宽等特点,因此在各种动态力、机械冲击与振动的测量,以及声学、医

学、力学、宇航等方面都得到了非常广泛的应用。

5.1.1 压电效应

某些晶体(如石英)当沿着一定方向受到外力作用时,不仅几何尺寸会发生变化,而且晶体内部产生极化现象,同时在晶体的某两个表面上产生符号相反的电荷;当外力去掉后,又恢复到不带电的状态。这一现象称为"正压电效应",如图 5.2 所示。

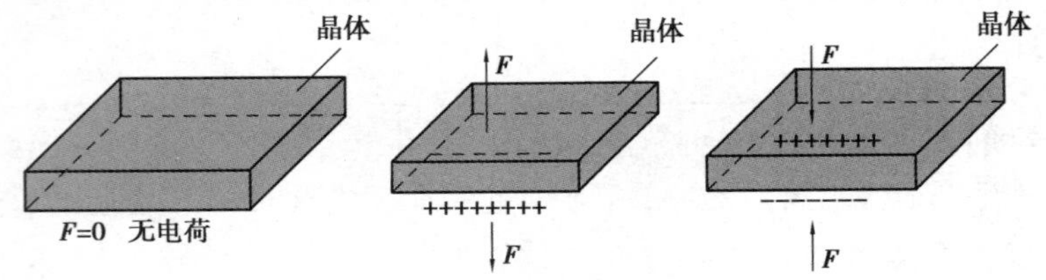

图 5.2 正压电效应

反之,若将这些晶体置于电场之中,其几何尺寸也会产生几何变形,这种在外电场作用下,导致晶体产生机械变形的现象称为"逆压电效应"。

具有压电效应的材料称为压电材料,压电材料能实现机械能——电能量的相互转换,如图 5.3 所示。

图 5.3 压电效应可逆性

压电材料可以分为两大类:压电晶体和压电陶瓷。石英是一种天然单晶体,属于压电晶体;钛酸钡、锆钛酸铅是一种人工合成的多晶体属于压电陶瓷。

压电材料的主要特性参数有:

(1)压电系数,是衡量材料压电效应强弱的参数,直接关系到压电输出的灵敏度。

(2)弹性模量,压电材料的弹性常数、刚度决定者压电器件的固有频率和动态特性。

(3)相对介电常数,对于一定形状、尺寸的压电元件,其固有电容与介电常数有关,而固有电容又影响着压电传感器的频率下限。

(4)机械品质因数,在压电效应中,其值等于转换输出能量(如电能)与输入的能量(如机械能)之比的平方根,是衡量压电材料机电能量转换效率的一个重要参数。

(5)体积电阻率,压电材料的绝缘电阻将减少电荷泄漏,从而改善压电传感器的低频特性。

(6)居里点:压电材料开始丧失压电特性的温度。表 5.1 给出了常用压电材料的性能。

表 5.1 常用压电材料的性能

性能	压电材料				
	石英	钛酸钡	锆钛酸铅 PZT-4	锆钛酸铅 PZT-5	锆钛酸铅 PZT-8
压电系数/(pC · N^{-1})	$d_{11}=2.31$ $d_{14}=0.73$	$d_{15}=260$ $d_{31}=-78$ $d_{33}=190$	$d_{15}\approx 410$ $d_{31}=-100$ $d_{33}=230$	$d_{15}\approx 670$ $d_{31}=-185$ $d_{33}=600$	$d_{15}\approx 330$ $d_{31}=-90$ $d_{33}=200$

续表

性能	压电材料				
	石英	钛酸钡	锆钛酸铅 PZT-4	锆钛酸铅 PZT-5	锆钛酸铅 PZT-8
相对介电常数 ε_r	4.5	1 200	1 050	2 100	1 000
居里点温度/℃	573	115	310	260	300
密度/(10^3 kg · m^{-3})	2.65	5.5	7.45	7.5	7.45
弹性模量/(10^3 N · m^{-2})	80	110	83.3	117	123
机械品质因数	10^5~10^6		≥500	80	≥800
最大安全应力/(10^5 N · m^{-2})	95~100	81	76	76	83
体积电阻率/Ω · m	>10^{12}	>10^{10}(25 ℃)	>10^{10}	>10^{11}(25 ℃)	—
最高允许温度/℃	550	80	250	250	—
最高允许湿度/%	100	100	100	100	—

5.1.2 压电材料

压电效应及压电材料(2)

1.石英晶体

石英晶体化学式为 SiO_2,是单晶体结构。图 5.4(a)表示了天然结构的石英晶体外形,它是一个正六面体。石英晶体各个方向的特性是不同的。其中纵向轴 z 称为光轴,经过六面体棱线并垂直于光轴的 x 轴称为电轴,与 x 和 z 轴同时垂直的轴 y 称为机械轴。

从晶体上沿 x、y、z 轴线切下的一片平行六面体的薄片称为晶体切片,如图 5.4(c)所示,通常把沿电轴 x 方向的力作用下产生电荷的压电效应称为"纵向压电效应",而把沿机械轴 y 方向的作用下产生电荷的压电效应称为"横向压电效应"。而沿光轴 z 方向受力时不产生压电效应。

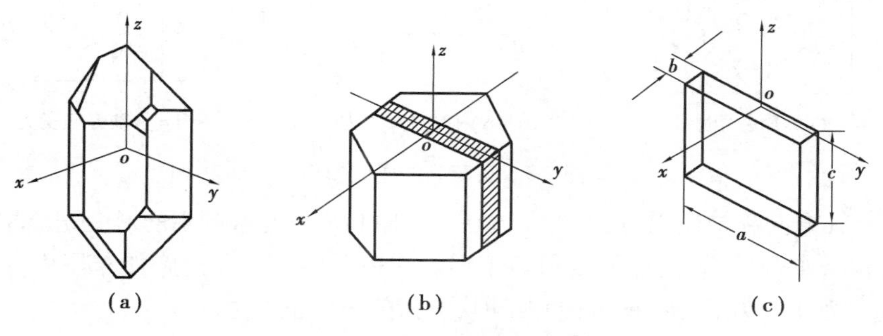

图 5.4 石英晶体

当在电轴方向施加作用力时,在与电轴 x 垂直的平面上将产生电荷,其大小为

$$q_x = d_{11} F_x \tag{5.1}$$

式中:d_{11}——x 方向受力的压电系数;

F_x——作用力。

由式(5.1)可得,当晶片受到 x 轴的压力作用时,q_x 与作用力 F_x 成正比,而与晶片的几何尺寸无关。如果作用力 F_x 改为拉力,则在垂直于 x 轴的平面上仍出现等量的电荷,但极性相反。

若在同一切片上,沿机械轴 y 方向施加作用力 F_y,则仍在与 x 轴垂直的平面上产生电荷 q_y,其大小为

$$q_y = d_{12} \frac{a}{b} F_y \tag{5.2}$$

式中:d_{12}——y 轴方向受力的压电系数,$d_{12}=-d_{11}$;

a、b——晶体切片长度和厚度。

电荷 q_x 和 q_y 的正负号由所受力的性质决定。

石英晶体的上述特性与其内部分子结构有关。图5.5是一个单元组体中构成石英晶体的硅离子和氧离子,在垂直于 z 轴的 xy 平面上的投影,等效为一个正六边形排列。图中"+"代表硅离子,"-"代表氧离子。当石英晶体未受外力作用时,正、负离子正好分布在正六边形的顶角上,形成三个互成120°夹角的电偶极矩 P_1、P_2、P_3,如图5.5(a)所示。

因为 $P=qL$,q 为电荷量,L 为正负电荷之间距离。此时正负电荷重心重合,电偶极矩的矢量和等于零,即 $P_1+P_2+P_3=0$,所以晶体表面不产生电荷,即呈中性。当石英晶体受到沿 x 轴方向的压力作用时,晶体沿 x 方向将产生压缩变形,正负离子的相对位置也随之变动。如图5.5(b)所示,此时正负电荷重心不再重合,电偶极矩在 x 方向上的分量由于 P_1 的减小和 P_2、P_3 的增加而不等于零,即 $P_1+P_2+P_3>0$。在 x 轴的正方向出现负电荷,电偶极矩在 y 方向上的分量仍为零,不出现电荷。当晶体受到沿 y 轴方向的压力作用时,晶体的变形如图5.4(c)所示,与图5.5(b)情况相似,P_1 增大,P_2、P_3 减小。在 x 轴上出现电荷,它的极性为 x 轴正向为正电荷,在 y 轴方向上不出现电荷。

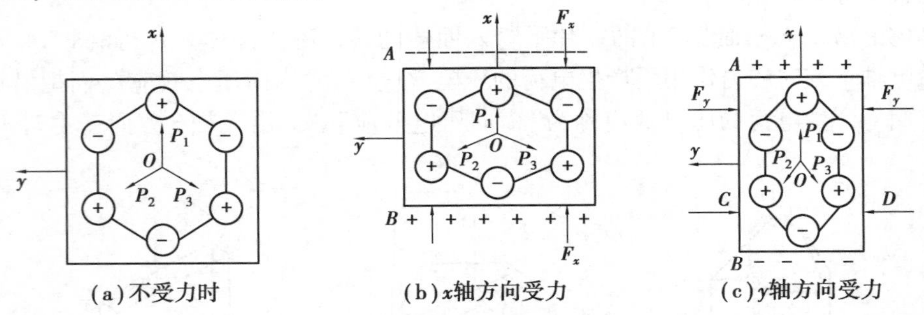

图5.5　石英晶体压电模型

如果沿 z 轴方向施加作用力,因为晶体在 x 方向和 y 方向所产生的形变完全相同,所以正负电荷重心保持重合,电偶极矩矢量和等于零。这表明沿 z 轴方向施加作用力,晶体不会产生压电效应。当作用力 F_x、F_y 的方向相反时,电荷的极性也随之改变。

2.压电陶瓷

压电陶瓷是人工制造的多晶体压电材料。材料内部的晶粒有许多自发极化的电畴,它有一定的极化方向,从而存在电场。在无外电场作用时,电畴在晶体中杂乱分布,它们的极化效应被相互抵消,压电陶瓷内极化强度为零。因此原始的压电陶瓷呈中性,不具有压电性质,如

图 5.6(a)所示。

在陶瓷上施加外电场时,电畴的极化方向发生转动,趋向于按外电场方向的排列,从而使材料得到极化。外电场越强,就有更多的电畴更完全地转向外电场方向。让外电场强度大到使材料的极化达到饱和,即所有电畴极化方向都整齐地与外电场方向一致时,外电场去掉后,电畴的极化方向基本不变,即剩余极化强度很大,这时的材料才具有压电特性,如图 5.6(b)所示。

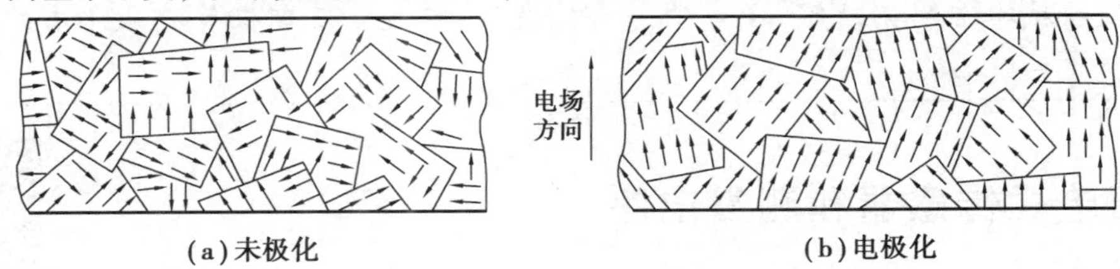

(a)未极化　　(b)电极化

图 5.6　压电陶瓷的极化

极化处理后陶瓷材料内部仍存在有很强的剩余极化,当陶瓷材料受到外力作用时,电畴的界限发生移动,发生偏转,从而引起剩余极化强度的变化,因而在垂直于极化方向的平面上将出现极化电荷的变化。这种因受力而产生的机械效应被转变为电效应,将机械能转变为电能,就是压电陶瓷的正压电效应。电荷量的大小与外力成正比关系

$$q = d_{33}F \tag{5.3}$$

式中:d_{33}——压电陶瓷的压电系数;

F——作用力。

压电陶瓷的压电系数比石英晶体的大得多,所以采用压电陶瓷制作的压电式传感器的灵敏度较高。极化处理后的压电陶瓷材料的剩余极化强度和特性与温度有关,它的参数也随时间变化,从而使其压电特性减弱。

最早使用的压电陶瓷材料是钛酸钡($BaTiO_3$)。它由碳酸钡和二氧化钛按一定比例混合后烧结而成。它的压电系数约为石英的 50 倍,但使用温度较低,最高只有 70 ℃,温度稳定性和机械强度都不如石英。

目前使用较多的压电陶瓷材料是锆钛酸铅(PZT 系列),它是钛酸钡($BaTiO_3$)和锆酸铅($PbZrO_3$)组成的 $Pb(ZrTi)O_3$,有较高的压电系数和较高的工作温度。

铌镁酸铅是 20 世纪 60 年代发展起来的压电陶瓷,由铌镁酸铅($Pb(Mg1/3 \cdot Nb2/3)O_3$、锆酸铅和钛酸铅按不同比例配成的不同性能的压电陶瓷,具有极高的压电系数和较高的工作温度,而且能承受较高的压力。

汽车尾气污染环境给我们的启示:

(1)习近平总书记强调,必须树立和践行绿水青山就是金山银山的理念,坚持节约资源和保护环境的基本国策,像对待生命一样对待生态环境,统筹山水林田湖草系统治理,实行最严格的生态环境保护制度,形成绿色发展方式和生活方式,坚定走生产发展、生活富裕、生态良好的文明发展道路,建设美丽中国。

(2)保护环境,人人有责,环境的保护已成为十分迫切的事情,每个人都应该积极行动起来,从身边的小事做起,不乱扔垃圾、进行垃圾分类、节约资源、减少白色污染、低碳出行等。

(3)通过压电材料的压电效应设计成多种形式的压电式传感器,可用于测试压力、加速度、机械冲击和振动等,在声学、力学、医学、宇航以及环保等领域都有广泛的应用。

5.2 压电式传感器和测量电路

压电式传感器测量电路

【案例导读】汶川地震见证中国力量(图 5.7)

2008 年 5 月 12 日 14:28:04,四川汶川发生里氏震级 8.0 级的特大地震,严重破坏地区超过 10 万 km^2,地震共造成 69 227 人死亡,374 643 人受伤,17 923 人失踪,是中华人民共和国成立以来破坏力最大的地震,也是唐山大地震后伤亡最严重的一次地震。

地震震级是通过仪器给出地震大小的一种量度,考虑到地震波在传播过程中的衰减,震级的测定需要考虑地震深度和震中距离。测定地震可以依靠压电材料、测量电路和分析电路组成的检测仪器记录的地震波。这里的测量电路与分析电路的精度要求比较高,避免出现误差太大的情况。

自地震灾难发生的第一瞬间开始,党中央就带领人民和军队抗震救灾,公安、交通、电信、民政各部均被调度管理救灾工作。多位最高层领导者先后到达灾区指挥,当地震发生 1 小时 27 分钟后,国务院总理温家宝赶赴灾区,晚上抵达都江堰,亲临指挥中心指挥救援工作。2008 年 5 月 16 日,中共中央总书记、国家主席、中央军委主席胡锦涛飞抵四川视察灾情并指挥军民救灾。

地震发生三天时间内,十余万部队,从数千公里以外投送到灾区。八百万吨物资,通过公路铁路和航空,运往灾区。汶川地震后的 40 小时内,中国的铁路部门开行军运列车 25 列,运送抢险部队 1.5 万人,到达成都灾区的抗震救灾专用物资 416 个车皮。

据不完全统计,在汶川特大地震抗震救灾中,解放军陆海空三军总计投入兵力 14.6万、武警部队投入兵力 1.4 万、民兵预备役人员投入 7.5 万、公安和消防投入警力 1 万多、医疗救护人员投入 2 万多,搜救生命时间长达 19 天,最终抢救出 83 988 人。

图 5.7　汶川灾后重建

2018 年春节前夕，习近平总书记来到汶川映秀镇，看到 10 年天翻地覆的变化后指出："一定要把地震遗址保护好，使其成为重要的爱国主义教育基地。"灾后恢复重建是一个庞大的系统工程，涵盖过渡安置、规划重建、伤残康复、孤儿孤老安置、心理援助、社会救助、灾害评估和防治等许多内容。10 几年来汶川、北川等地震灾区展现给世人的，不是山穷水尽的悲怆绝望，而是恢复重建"三年目标任务两年基本完成"的顽强不屈，是在新发展理念指导下全力脱贫攻坚的勇毅前行。正如习近平总书记指出的，"灾后恢复重建发展取得历史性成就，展现了中国共产党的坚强有力领导和我国社会主义制度的优越性"。

【案例分析】压电元件是一种典型的力敏感元件，可用来测量最终能转换为力的多种物理量，压电元件设计成振动测量仪器，可用于对机械、建筑、地震、地质勘探等的振动监测、频谱分析和故障诊断等，在作为振动测量时，其测量电路的设计关系到振动测量的精确性。

5.2.1　压电式传感器的结构

压电式传感器的基本原理就是利用压电材料的压电效应，即当有力作用在压电材料上时，传感器就有电荷输出。

由于单片压电元件产生的电荷量很小，为了提高压电传感器的输出灵敏度，在实际应用中常把两片或多片组合在一起使用。由于压电材料是有极性的，因此接法也有两种。图 5.8(a)所示为并联接法，其输出电容为单片电容的 n 倍，n 为并联电容个数，输出电压为单片电容电压，极板上的电荷量为单片电荷量的 n 倍。图 5.8(b)所示为串联接法，其输出电容为单片电容的 $1/n$ 倍，输出电压为单片电容电压 n 倍，极板上的电荷量为单片电荷量。

在上述两种接法中，并联接法输出电荷大，本身电容大，因此时间常数大，适用于测量慢

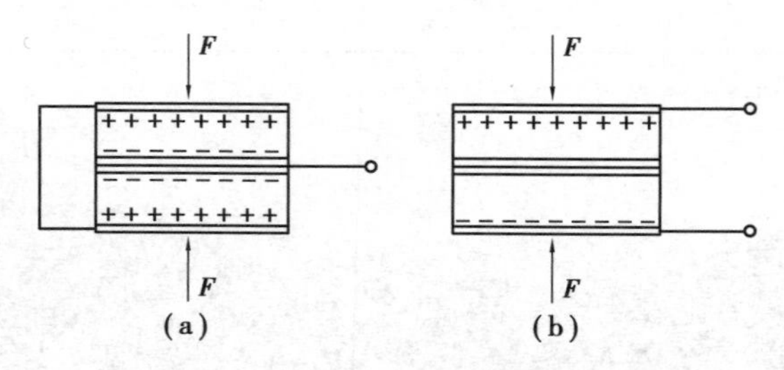

图 5.8　压电元件的并联与串联

变信号并以电荷量作为输出的场合。串联接法输出电压高，本身电容小，适用于以电压作为输出量以及测量电路输入阻抗很高的场合。

压电元件在压电式传感器中必须有一定的预应力，这样在作用力变化时，压电片始终受到压力，保证了压电式传感器的输出与作用力的线性关系，同时也可以消除传感器内外接触表面的间隙并提高其刚度。

5.2.2　压电式传感器的等效电路

由压电元件的工作原理可知，压电式传感器可以看作一个电荷发生器。同时，它也是一个电容器，压电晶片上聚集正负电荷的两表面相当于电容的两个极板，极板间压电材料等效于一种介质，则其电容量为

$$C_a = \frac{\varepsilon_r \varepsilon_0 A}{d} \tag{5.4}$$

式中：A——压电晶片电极面的面积，m^2；

d——压电晶片的厚度 m；

ε_r——压电材料的相对介电常数。

ε_0——真空介质常数，$\varepsilon_0 = 8.85 \times 10^{-12}$ F/m。

因此，压电传感器可以等效为一个与电容相串联的电压源。如图 5.9(a)所示，电容器上的电压 U_a、电荷量 q 和电容量 C_a 三者关系为

$$U_a = \frac{q}{C_a} \tag{5.5}$$

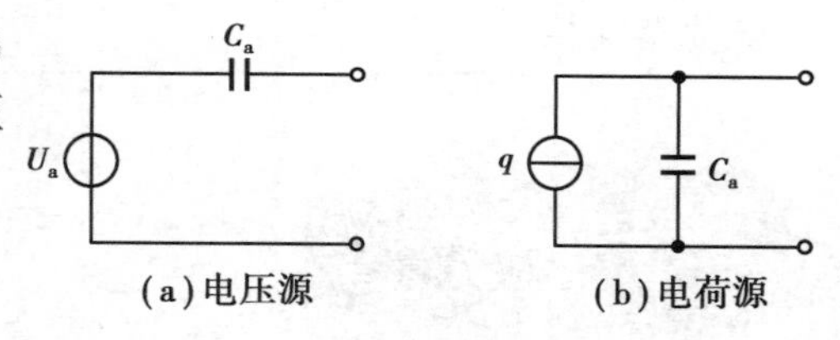

图 5.9　等效电路

压电传感器也可以等效为一个与电容相并联的电荷源，如图 5.9(b)所示。压电传感器在实际使用时总要与测量仪器或测量电路相连接，因此还须考虑连接电缆的等效电容 C_c，放大器的输入电阻 R_i，输入电容 C_i 以及压电传感器的泄漏电阻 R_a，这样压电传感器在测量系统中的实际等效电路，如图 5.10 所示。

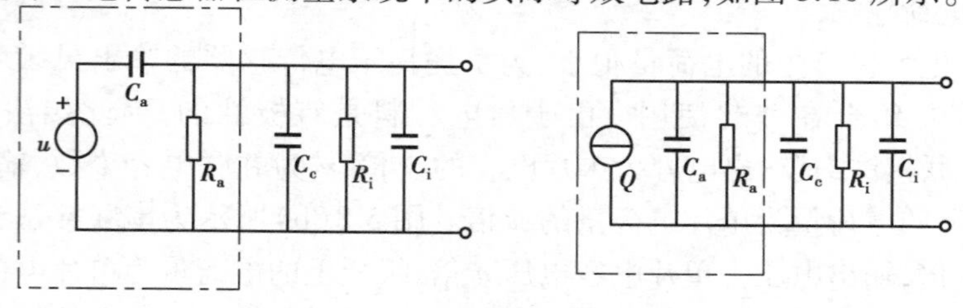

图 5.10　压电传感器的实际等效电路

5.2.3 压电式传感器的测量电路

压电式传感器本身的内阻抗很高,而输出能量较小,因此它的测量电路通常需要接入一个高输入阻抗的前置放大器,其作用为:一是把它的高输出阻抗变换为低输出阻抗;二是放大传感器输出的微弱信号。压电式传感器的输出可以是电压信号,也可以是电荷信号,因此前置放大器也有两种形式:电压放大器和电荷放大器。

1.电压放大器(阻抗变换器)

图 5.11(a)、(b)是电压放大器电路原理图及其等效电路。

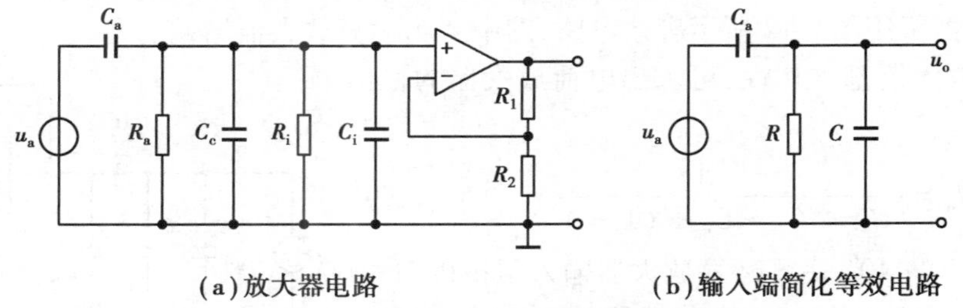

(a)放大器电路　　(b)输入端简化等效电路

图 5.11 电压放大器的等效电路

在图 5.11(b)中,电阻 $R=R_aR_i/(R_a+R_i)$,电容 $C=C_c+C_i$,而 $u_a=q/C_a$,若压电元件受正弦力 $f=F_m\sin\omega t$ 的作用,则其电压为

$$u_a=\frac{dF_m}{C_a}\sin\omega t=U_m\sin\omega t \tag{5.6}$$

式中:U_m——压电元件输出电压幅值 $U_m=dF_m/C_a$;

d——压电系数。

由此可得电压放大器输入端电压为

$$u_o=\frac{\dfrac{R\dfrac{1}{j\omega C}}{R+\dfrac{1}{j\omega C}}}{\dfrac{1}{j\omega C_a}+\dfrac{R\dfrac{1}{j\omega C}}{R+\dfrac{1}{j\omega C}}}u_a=\frac{j\omega R}{1+j\omega R(C+C_a)}U_m\sin\omega t \tag{5.7}$$

在理想情况下,传感器的 R_a 电阻值与前置放大器输入电阻 R_i 都为无限大,即 $\omega R(C_i+C_c+C_a)\gg1$,那么由式(5.7)可知,理想情况下电压放大器输入电压为

$$u_o\approx\frac{d}{C_i+C_c+C_a}F_m\sin\omega t \tag{5.8}$$

式(5.8)表明前置放大器输入电压 u_o 的幅值$\dfrac{dF_m}{C_i+C_c+C_a}$与频率无关。一般当 $\omega/\omega_0>3$ 时,就可以认为 u_o 的幅值与 ω 无关,ω_0 表示测量电路时间常数之倒数,即 $\omega_0=1/[R(C_i+C_c+C_a)]$。这表明压电传感器有很好的高频响应,但是,当作用于压电元件力为静态力 $\omega=0$ 时,则前置放大器的输入电压等于零,因为电荷会通过放大器输入电阻和传感器本身漏电阻漏掉,所以压电传感器不能用于静态力测量。

当 $\omega R(C_i+C_c+C_a)\gg 1$ 时，电压放大器输入端电压 u_o 如式（5.8）所示。式中 C_c 为连接电缆电容，当电缆长度改变时，C_c 也将改变，因而 u_o 也随之变化。因此，压电传感器与前置放大器之间连接电缆不能随意更换，否则将引入测量误差。由此可见，如果使用电压放大器，输出电压u_0与总电容（$C_c+C_i+C_a$）密切相关，电容C_i和C_a均较小，电容C_c随电缆长度变化而变化，给测量带来不稳定因素，影响传感器的灵敏度，故目前多采用性能稳定的电荷放大器。

2.电荷放大器

电荷放大器常作为压电传感器的输入电路，由一个反馈电容 C_f 和高增益运算放大器构成，R_f 的作用是稳定直流工作点，减小零点漂移，一般取 $R_f\geqslant 10\ \Omega$，当略去 R_a 和 R_i 并联电阻后，电荷放大器可用图 5.12 所示等效电路，图中 A 为运算放大器增益。

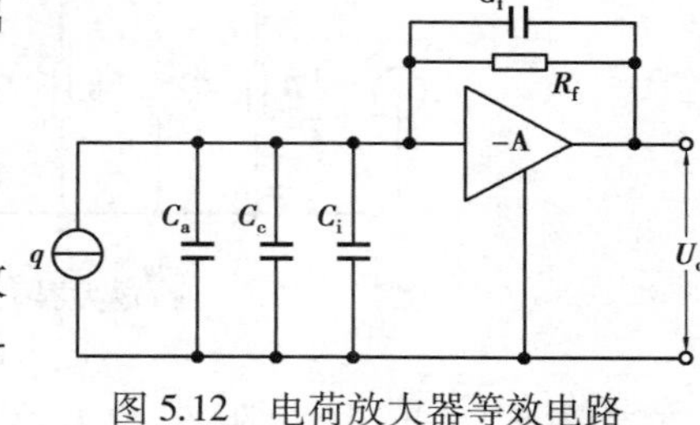

图 5.12　电荷放大器等效电路

由运算放大器基本特性，可求出电荷放大器的输出电压

$$U_o=-\frac{Aq}{C_i+C_c+C_a+(1+A)C_f} \tag{5.9}$$

通常 $A=10^4\sim10^6$，由于运算放大器输入阻抗极高，放大器输入端几乎没有分流，因此若满足 $(1+A)C_f\gg C_i+C_c+C_a$ 时，式（5.9）可表示为

$$U_o\approx U_{C_f}=\frac{-q}{C_f} \tag{5.10}$$

式中：U_o——放大器输出电压；

U_{C_f}——反馈电容两端电压。

由式（5.10）可见，电荷放大器的输出电压 U_o 与电缆电容 C_c 无关，且与 q 成正比，这是电荷放大器的最大特点。因此，得到如下结论：

（1）电荷放大器的输出电压接近于反馈电容两端的电压。电荷 q 只对反馈电容充电。

（2）电荷放大器的输出电压与电缆电容无关，而与电荷 q 成正比，这是电荷放大器的突出优点。由于电荷与被测压力呈线性关系，因此，输出电压也与被测压力呈线性关系。在实际应用中，为了得到必要的测量精度，要求反馈电容 C_f 的温度与时间稳定性都很好。在实际电路中，考虑到不同的量程等因素，C_f 的容量做成可选择的，范围一般为 100 pF～ 10^4 pF。

汶川地震见证中国力量给我们的启示：

（1）从满目疮痍的灾区，到欣欣向荣的热土，此间一砖一石一草一木都宣示着如斯真理：中国共产党英明伟大，社会主义制度无比优越，人民解放军忠贞可靠，自主命运之人民不可折服。一方有难八方支援的对口援建，科学规划、振兴发展的重建方略，向全世界展示出中国精神、中国价值和中国力量。

（2）汶川地震 10 年，无论是抗震救灾的快速响应，军民融合、部门联动、社会协同的救灾合力，还是灾区重建过程中实现全国范围的对口援建，都体现出党的坚强有力领导，展示着党统揽全局、协调各方的关键作用。我们在许多重大抗灾救灾和灾后恢复重建中取得的成就，充分说明只要紧紧依靠中国共产党的坚强领导、充分发挥我国社会主义制度的优势，我们就能战胜前进路上的任何风险挑战，不断把中国特色社会主义伟大事业向前推进。

(3)地震发生后，所有人都希望快速了解地震概况，将压电元件设计成振动测量仪器，对地震产生的地面运动振动幅度进行振动监测，由于仪器性能和震中距离不同，记录到的振幅也不同，所以必须要以标准地震仪和标准震中距的记录为准，这也要求测试电路和分析电路要精准可靠。

5.3 压电式传感器的应用

压电式传感器的应用(1)

【**案例导读**】天津滨保高速公路特大交通事故(图5.13)

2011年10月7日15:46，河北省唐山市驾驶人云伟驾驶唐山市交通运输集团有限公司冀B99998号大型普通客车，乘载55人(核载53人)，沿滨保高速公路由保定驶往唐山，当行至天津市武清区境内60 km加700 m处，刮撞同方向袁倩驾驶的鲁AA356W号小型轿车后，失控向右侧翻并被路侧波形梁钢护栏切割，造成35人死亡、19人受伤，直接经济损失3 447.15万元。

事故发生后，国家安全监管总局、公安部、交通运输部组成联合工作组，于当日赶到事故现场，指导事故应急救援工作，协助配合地方政府做好善后等事宜。

事故的直接原因是，在大客车驾驶人云伟超速行驶、处理措施不当、疲劳驾驶三项交通违法行为的共同作用下，大客车与小轿车发生擦撞并侧翻，是发生事故的主要原因；小轿车驾驶人袁倩在超越大客车时车速控制不当，两次左右调整方向，未按照操作规范安全驾驶，也是发生事故的原因。

至事故发生时，大客车驾驶人云伟连续驾驶6 h 31 min，行驶里程超过600 km，期间大客车单次停车时间均不足20 min，通过查看沿途的交通监测系统记录结果，其累计超速31次，超速行驶时间共2 h 51 min；小轿车行驶时间未超过4 h，行程里程不足400 km。

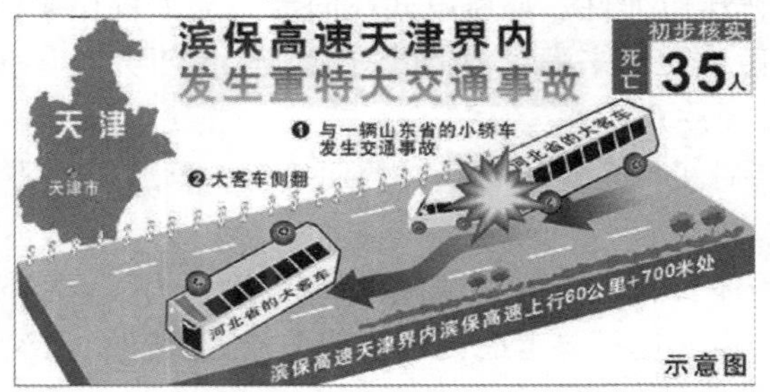

图5.13 滨保高速公路特大交通事故

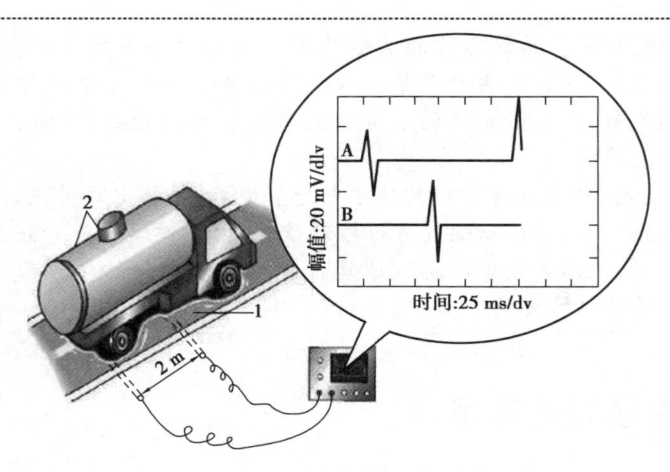

图 5.14　压电式交通监测系统

【案例分析】中华人民共和国道路交通安全法是2003年10月28日公布的关于道路交通安全的法律,超速行驶严重危害生命财产安全,压电式交通监测系统(图5.14)可用于车速监测、收费站地磅检查、闯红灯拍照、停车区域监控、交通数据采集等,压电式传感器成为监管行为举止的"眼睛"。

压电效应这种神奇的效应已经被应用到与人们生产、生活、军事、科技密切相关的许多领域,以实现力—电转换等功能。例如,用压电陶瓷将外力转换成电能的特性,可以生产出不用火石的压电打火机、煤气灶打火开关、炮弹触发引信等;此外,压电陶瓷还可以作为敏感材料,应用于扩音器、电唱头等电声器材;压电陶瓷用于压电地震仪,可以对人类不能感知的细微震动进行监测,并精确测出震源方位和强度,从而预测地震,减少损失;利用压电效应制作的压电驱动器具有精确控制的功能,是精密机械、微电子和生物工程等领域的重要器件。

5.3.1　压电式测力传感器

压电式测力传感器是利用压电元件直接实现力—电转换的传感器,在拉、压场合,通常采用双片或多片石英晶体作压电元件。如压电式三向动态测力仪用于测试动态切削力,还可以利用其他弹性材料做的敏感元件来测量力,如弹性膜等,把压力收集转换成力,再传递给压电元件。在结构设计中,必须注意:

(1)确保弹性膜片与后接传力件间有良好的面接触,否则,接触不良会造成滞后或线性恶化,影响静、动态特性。

(2)传感器基体和壳体要有足够的刚度,以保证被测压力尽可能传递到压电元件上。

(3)压电元件的振动模式选择要考虑到频率覆盖方式:弯曲、压缩、剪切。

(4)涉及传力的元件,尽可能采用高音速材料和扁薄结构,以利于快速、无损地传递弹性元件的弹性波,提高动态性能。

(5)考虑加速度、温度等环境干扰的补偿。

图5.15是压电式单向测力传感器的结构图,仅用来测量单向的压力,如机床动态切削力的测量。它由石英晶片、绝缘套、电极、上盖和基座等组成。传感器的上盖为传力元件,它的外缘壁厚为0.1~0.5 mm,当受到外力作用时,它将产生弹性形变,将力传递到石英晶片上。石英晶片采用 *xy* 切型,利用其纵向压电效应,通过 d_{11} 实现力—电转换。由于纵向压电效应使石英晶片在电轴方向上出现电荷,两块晶片沿电轴方向并联叠加,负电荷由电极输出,压电晶片正电荷一侧与基座连接。两片石英晶片并联可提高其灵敏度,压力元件弹性变形部分的厚度较薄,其厚度由测力大小决定。

石英晶片的尺寸为 ϕ8×1 mm,它被绝缘套定位。石英晶片及内部元件装配前均要进行严格的清洗,然后用电子束进行封焊,以保证传感器具有高的绝缘阻抗。该传感器的测力范围为0~50 N,最小分辨率为0.01 N,固有频率为50~60 kHz。整个传感器重10 g。

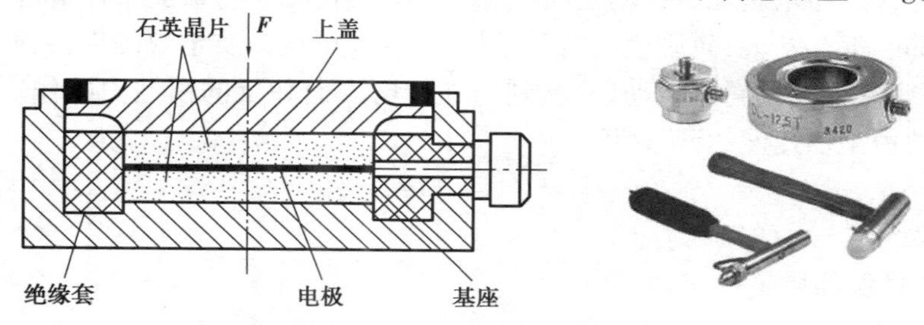

图5.15 压力式单向测力传感器结构图

由于外力作用在压电元件上产生的电荷只有在无泄漏的情况下才能保存,即需要测量回路具有无限大的输入阻抗,这实际上是不可能的,因此压电式传感器不能用于静态测量。压电元件在交变力的作用下,电荷可以不断补充,可以供给测量回路以一定的电流,故只适用于动态测量。

5.3.2 压电式加速度传感器

压电式传感器的应用(2)

当传感器感受振动时,质量块感受惯性力的作用。质量块有一正比于加速度的交变力作用在压电片上。由于压电片压电效应,两个表面上就产生交变电荷,当振动频率远低于传感器的固有频率时,传感器的输出电荷(电压)与作用力成正比,亦即与试件的加速度成正比。电荷量直接反映加速度大小。其灵敏度与压电材料压电系数和质量块质量有关。

输出电量由传感器输出端引出,输入到前置放大器后就可以用普通的测量仪器测出试件的加速度,如在放大器中加进适当的积分电路,就可以测出试件的振动速度或位移。

为了提高传感器灵敏度,一般选择压电系数大的压电陶瓷片。增加质量块质量会影响被测振动,同时会降低振动系统的固有频率,因此一般不用增加质量的办法来提高传感器灵敏度。此外用增加压电片数目和采用合理的连接方法也可提高传感器灵敏度。压电加速度传感器结构形式:压缩型、剪切型和复合型。

压缩型压电式加速度传感器的结构如图5.16所示,该传感器主要由压电元件、质量块、预压弹簧、基座及外壳等组成,整个部件用螺栓固定。压电元件一般由两片压电片组成。在两个压电片的表面镀上一层银,并在银层上焊接输出引线。在压电片上放置一个密度较大的质量块,然后用一硬弹簧或螺栓、螺帽对质量块预加载荷。

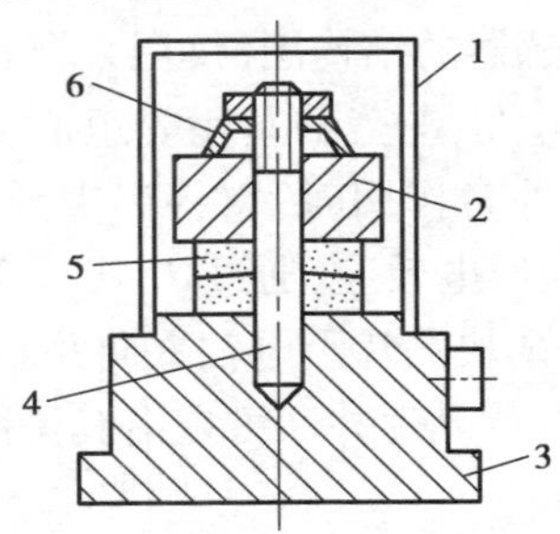

图 5.16　压缩型压电式加速度传感器结构图

1—外壳;2—质量块;3—基座;4—螺栓;5—压电元件;6—预压弹簧

测量时,将传感器基座与试件刚性固定在一起。当传感器与被测物体一起受到冲击振动时,由于弹簧的刚度非常大,而质量块的质量相对较小,可认为质量块的惯性很小,因此,质量块与传感器基座感受到相同的振动,并受到与加速度方向相反的惯性力的作用,根据牛顿第二定律,此惯性力是加速度的函数,即

$$F = - ma \tag{5.11}$$

式中:F——质量块产生的惯性力;

m——质量块的质量;

a——加速度。

此时惯性力 F 作用于压电元件上,因而产生电荷 q,当传感器选定后,m 为常数,则传感器输出电荷为

$$q = d_{11}F = - d_{11}ma \tag{5.12}$$

由式(5.12)可见,输出电荷与加速度 a 成正比。因此,测得加速度传感器输出的电荷便可知加速度的大小。

剪切型压电式加速度传感器,是利用压电片受剪切应力而产生压电效应的原理制成的,这类传感器的压电片多采用压电陶瓷。其原理与压缩型压电式加速度传感器类似,结构如图 5.17 所示。复合型压电式加速度传感器是泛指那些具有组合结构、差动原理、合一体化或复合材料的压电传感器。

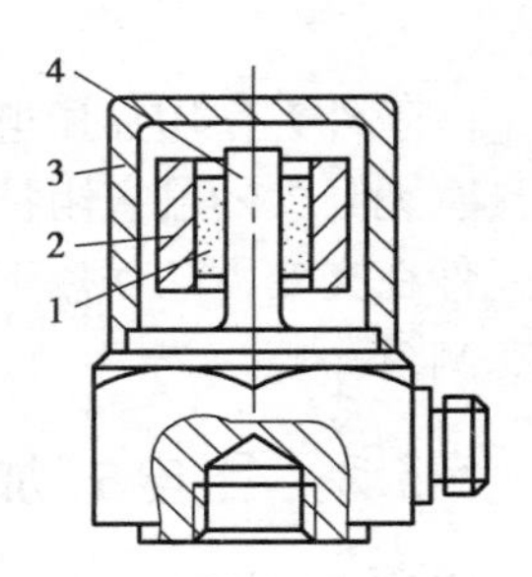

图 5.17　剪切型压电式加速度传感器结构图

1—压电晶体;2—质量块;3—外壳;4—芯柱

5.3.3　振动测量及频谱分析

物体围绕平衡位置做往复运动称为振动。振动可分为机械振动、土木结构振动、运输工具振动、武器、爆炸引起的冲击振动等,振动按照不同的频率,从振动的频率范围来分,有高频振动、低频振动和超低频振动等;从振动信号的统计特征来看,可将振动分为周期振动、非周期振动以及随机振动等。

常用压电式振动加速度传感器与被测振动加速度的机件紧固在一起后,传感器受机械运动的振动加速度作用,压电晶片受到质量块惯性引起的交变力,其方向与振动加速度方向相反,大小由 $F=ma$ 决定。惯性引起的压力作用在压电晶片上产生电荷,电荷由引出电极输出,由此将振动加速度转换成电参量。

物体振动一次所需的时间称为周期,用 T 表示,单位是 s。每秒振动的次数称为频率,用 f

表示，单位为 Hz。振动物体的位移用 x 表示，偏离平衡位置的最大距离称为振幅，用 A_m 表示，单位为 mm；振动的速度用 v 表示，单位为 m/s；加速度用 a 表示，单位为 m/s^2。振动幅值随时间的变化得到的曲线，叫振动波形。

常见的压电振动加速度传感器的频率范围为 0.01 Hz～20 kHz，常用的测量范围为 0.1～100 g，或 1 000 m/s^2。测量冲击振动时应选用 100～10 000 g 的高频加速度传感器；而测量桥梁、地基等微弱振动往往要选择 0.001～10 g 的高灵敏度的低频加速度传感器。

汽车发动机中的汽缸点火时刻必须十分精确。如果恰当地将点火时间提前一些，即有一个提前角（例如 10°以内），就可使汽缸中汽油与空气的混合气体得到充分燃烧，使扭矩增大，排污减少，从而都达到保护环境的目的。但提前角太大时，就会产生冲击波，发出尖锐的金属敲击声，称为爆震，可能使火花塞、活塞环熔化损坏，使缸盖、连杆、曲轴等部件过载、变形。将压电振动加速度传感器安装在汽车汽缸的侧壁上，尽量使点火时刻接近爆震区而不发生爆震，但又能使发动机输出尽可能大的扭矩，安装位置如图 5.18 所示。

图 5.18　压电振动传感器检测汽车爆震

当发生爆震时，压电振动加速度传感器产生共振，输出尖脉冲信号送到汽车发动机的电控单元，进而推迟点火时刻，尽量使点火时刻接近爆震区而又不发生爆震。

对压电振动加速度传感器获取的振动信息进行频谱分析，可用来对各种机械设备故障诊断等，其原理是频谱图不因相位变化而变化，依靠频谱分析法可进行故障诊断，保存正常和各种非正常的频谱图档案，当与正常运行状态下的频谱图相比较时，若出现新的谱线，就要考虑出现了新的故障。

5.3.4　新型压电材料及应用

1.有机压电材料

某些合成高分子聚合物（又称压电聚合物），经延展拉伸和电极化后具有压电性高分子特性，如聚氟乙烯（PVF）、偏聚氟乙烯（PVDF）及其他有机压电薄膜材料等。这类材料以其材质柔韧、密度低、阻抗低等优点为世人瞩目，且发展十分迅速，在水声超声测量、压力传感、引燃引爆等方面获得应用，不足之处是压电应变常数偏低，使之作为有源发射换能器受到很大的限制。

聚偏二氟乙烯（PVF2）是目前发现的压电效应较强的聚合物薄膜，这种合成高分子薄膜就其对称性来看，不存在压电效应，但是它们具有“平面锯齿”结构，存在抵消不了的偶极子，经延展和拉伸后可以使分子链轴成规则排列，并在与分子轴垂直方向上产生自发极化偶极子。当在膜厚方向加直流高压电场极化后，就可以成为具有压电性能的高分子薄膜。这种薄膜有可挠性，并容易制成大面积压电元件。这种元件耐冲击、不易破碎、稳定性好、频带宽。

为提高其压电性能还可以掺入压电陶瓷粉末,制成混合复合材料(PVF2—PZT)。

2.复合压电材料

这类材料是由有机聚合物基底材料中嵌入片状、棒状、杆状或粉末状压电材料构成的(高分子化合物中掺杂压电陶瓷(PZT)或钛酸钡($BaTiO_3$)粉末制成的高分子压电薄膜),已在水声、电声、超声、医学等领域得到广泛的应用。如果用它制成水声换能器,不仅具有高的静水压响应速率,而且耐冲击,不易受损且可用于不同的深度。

用复合压电材料制作压电电缆,将长的压电电缆埋在地面的浅表层,可起分布式地下麦克风或听音器的作用,可在几十米范围内探测人的脚步,对轮式或履带式车辆也可以通过信号处理系统分辨出来。如图 5.19 所示为测量系统的输出波形。

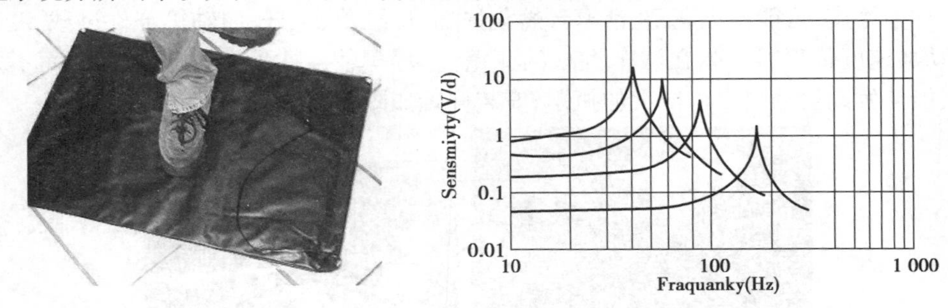

图 5.19 高分子压电踏脚板及输出波形

通过高分子压电电缆检测汽车超速,通常在每条车道上安装两条压电电缆传感器,这便于分别采集每条车道的数据。使用两个压电电缆传感器可计算出车辆的速度,当轮胎经过传感器 A 时,启动电子时钟,当轮胎经过传感器 B 时,时钟停止,两个传感器之间的距离一般是 3 m,或比 3 m 短一些(可根据需要确定)。两个压电电缆传感器之间的距离已知,将两个传感器之间的距离除以两个传感器信号的时间周期,就可得出车速,如图 5.20 所示。

此外,将高分子压电电缆埋在公路上,可以获取车型分类信息(包括轴数、轴距、轮距、单双轮胎)、进行车速监测、收费站地磅检测、停车区域监控、交通数据信息采集(道路监控)及机场滑行道等。

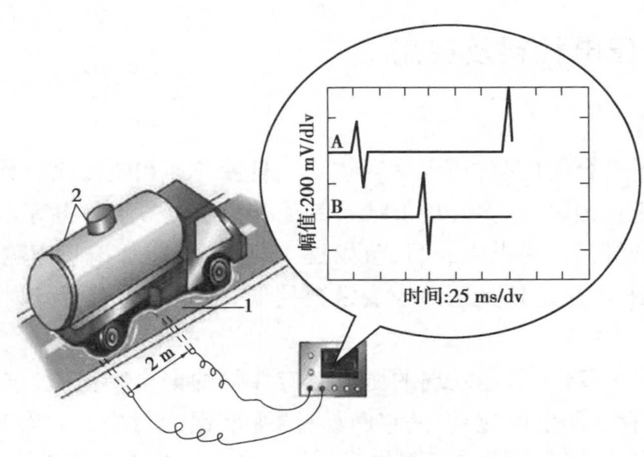

图 5.20 高分子压电电缆的交通监测

天津滨保高速公路特大交通事故给我们的启示：

《中华人民共和国道路交通安全法》是2003年10月28日公布的关于道路交通安全的法律。本法分总则、车辆和驾驶人、道路通行条件、道路通行规定、交通事故处理、执法监督、法律责任、附则8章124条。传感器已经完全改变了我们的生产生活，使生活方式越来越智能化，同时也可以成为监管行为举止的“眼睛”。法律法规是推广社会主流价值的重要保证，要把社会主义核心价值观贯彻到依法治国、依法执政、依法行政实践中，落实到立法、执法、司法、普法和依法治理各个方面，用法律的权威来增强人们培育和践行社会主义核心价值观的自觉性。

传感器与传统工艺结合提高生产效率及产品质量

当今世界各国经济的竞争，主要是制造技术的竞争。以机械制造为代表的先进制造技术，是通过提高产品自主开发能力、技术创新能力和产品质量为基础，将传感器、自动化技术与传统工艺及设备相结合，使传统工艺产生显著、本质的变化，极大地提高了生产效率及产品质量。

我们这一章学习了压电式传感器的工作原理、测量电路，并讲解了各种形式的压电式传感器的应用。压电式传感器具有体积小、质量轻、结构简单、工作可靠、固有频率高、灵敏度和信噪比高等优点，用压电式传感器来检测金属加工切削力，提高了生产效率及产品质量，如图5.21所示，请大家思考其原理是什么？

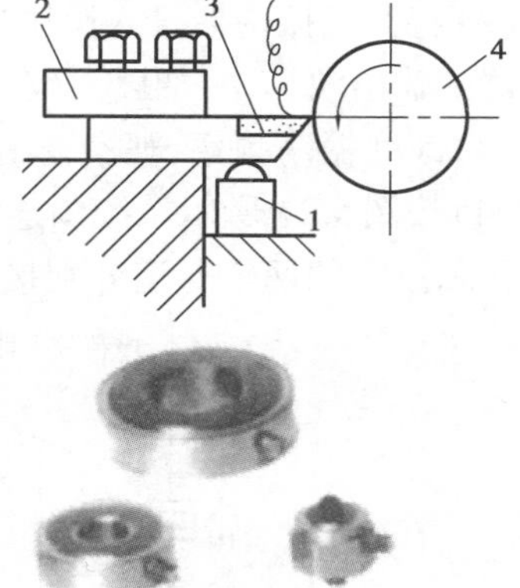

图5.21　金属加工切削力的测量

压电式加速度计的性能测试

实训目的:

1.通过实训了解压电式加速度计的结构、性能及应用。

2.锻炼动手能力,将课堂理论与实践相结合培养精益求精的工匠精神。

1.实训原理

压电式加速度计是压电式传感器的一种,是典型的有源传感器。其压电元件是敏感元件,在压力、应力、加速度等外力作用下,压电元件的电介质表面上会产生电荷,从而实现非电量的测量。实训用的压电式传感器主要由质量块和双压电晶片组成。

2.实训设备和器材

实训设备和器材包括压电式传感器、电荷放大器、低频振荡器、低通滤波器、示波器、直流稳压电源、电桥、相敏检波器和电压表等。

3.实训内容和步骤

(1)按图5.22所示方框图连线,压电式传感器与电荷放大器必须用屏蔽线连接,屏蔽线接于地上。

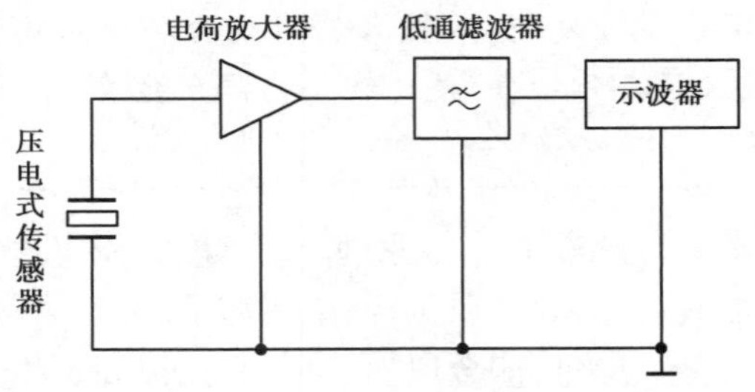

图5.22　压电传感器方框图

(2)将低频振荡器接入激振器。保持适当的振荡幅度,用示波器观察电荷放大器和低通滤波器的输出波形,并加以比较。

(3)改变振荡频率,观察输出波形的变化。

(4)按图5.23所示系统图连线。低频振荡器的输出频率为5~30 Hz,差放增益调节适中,首先将示波器的两个通道分别接差分放大器和相敏检波器的输出端。

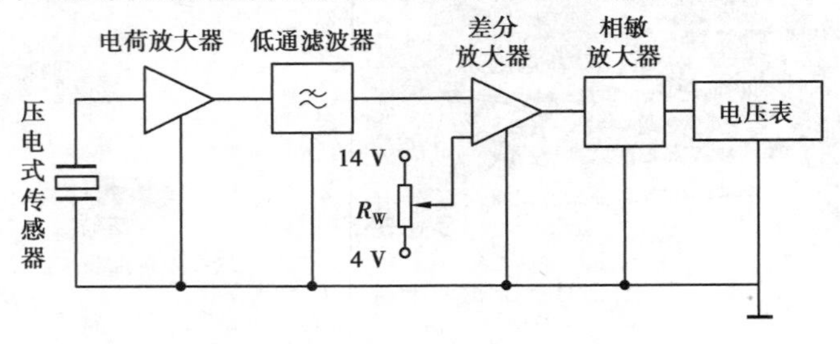

图5.23　压电传感器系统图

(5)调节 R_W，使差分放大器的输出直流分量为零。方法是通过观察相敏检波器的输出波形来调节 R_W（使示波器上的两排曲线成一行即可）。因为当相敏检波器输入无直流分量时，输出的两个半波就在一条直线上。

(6)改变振荡频率，再将电压表接入电路，记录电压表数值，比较相对变化值和灵敏度。

注意事项

(1)双平行梁、综合振动台振动时应无碰撞现象，否则输出波形将受到严重影响。

(2)低频振荡器的幅度应适当，避免失真。

(3)屏蔽线的屏蔽层应接地。

压电式玻璃破碎报警器的设计

我国的社会秩序稳定、有序，全国公安机关在党中央的领导下，始终保持高压势态，深入开展社会治安治理，确保社会治安不断向好，为我国的经济建设提供了良好的社会治安环境。在日常管理中，通过防盗安全系统进行安全警示，防盗报警系统就是用探测器对建筑内外重要地点和区域进行布防，可以及时探测非法入侵，并且在探测到有非法入侵时，及时向有关人员示警。

利用这一章所学的压电式传感器的工作特性、测量电路，结合控制芯片的专业知识，综合利用电工技术的滤波与比较电路，设计压电式玻璃破碎传感器，用于安全警示。

压电材料在受到压力的瞬间，其表面产生的电荷会形成压电脉冲，将其送到报警装置会产生报警信号。例如，玻璃在破碎时会发出几千赫兹至超声波（高于 20 kHz）的振动。如果将一压电薄膜粘贴在玻璃上，可以感受到这一振动，并将电压信号传送给集中报警系统。图 5.24所示为高分子压电薄膜振动感应片示意图。高分子薄膜厚约 0.2 mm，用聚偏二氟乙烯薄膜裁制成尺寸为 10 mm×20 mm 的大小，在它的正反两面各喷涂透明的一氧化锡导电电极，也可以用热印制工艺制作铝薄膜电极，再用超声波焊接上两根柔软的电极引线，并用保护膜覆盖。

图 5.24 压电式玻璃破碎传感器

使用时，用瞬干胶将其粘贴在玻璃上。当玻璃遭暴力打碎的瞬间，压电薄膜感受到剧烈振动，表面产生电荷 q，在两个输出引脚之间产生窄脉冲电压，窄脉冲信号经放大后，用电缆输送到集中推警装置，报警器的电路框图如图 5.25 所示。

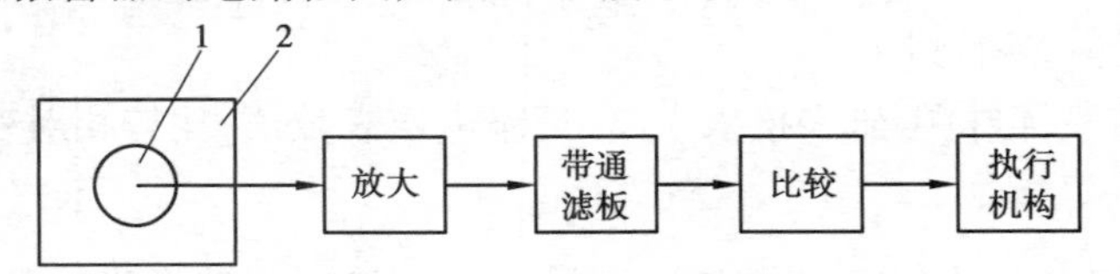

图 5.25　压电式玻璃破碎报警器电路框图

1—传感器；2—玻璃

1.2016 年，习近平总书记在河北唐山市考察时强调落实责任完善体系、整合资源统筹力量，全面提高国家综合防灾减灾救灾能力。将压电式传感器用于桥墩水下缺陷探测，图 5.26 是桥墩水下缺陷探测过程示意图，通过探测，能够及时发现桥墩缺陷，提前进行维修和巩固，避免桥墩垮塌给人民生命财产安全造成损害，时刻注重防灾减灾，请结合本章的学习，分析桥墩水下缺陷探测的原理。

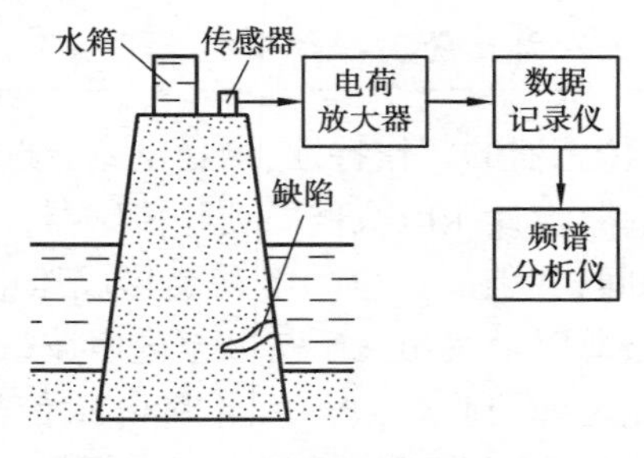

图 5.26　桥墩水下缺陷探测

2.什么是正压电效应？什么是逆压电效应？

3.压电式传感器的测量电路有哪些？各有什么特点？

4.石英晶体 x、y、z 轴的名称及其特点是什么？

5.画出压电元件的两种等效电路。

6.某压电式压力传感器的灵敏度为 80 pC/Pa，如果它的电容量为 1 nF，试确定传感器在输入压力为 1.4 Pa 时的输出电压。

7.用石英晶体加速度计及电荷放大器测量机器的振动，已知加速度计灵敏度为 5 pC/g，电荷放大器灵敏度为 50 mV/pC，当机器达到最大加速度值时相应的输出电压幅值为 2 V，试求该机器的振动加速度（g 为重力加速度）。

8.简述压电式加速度传感器的工作原理。

6

霍尔传感器

知识目标

1. 了解霍尔效应及霍尔元件；
2. 掌握霍尔传感器在工程中的应用。

技能目标

1. 能对霍尔传感器进行选型；
2. 能创新应用霍尔传感器解决实际问题。

素质目标

1. 培养学生严谨的科学态度和高度负责的精神；
2. 培养学生伴随着经济全球化，通过发展科技赢得世界范围内的市场竞争的意识；
3. 培养学生对品质精益求精的重视，努力地让“中国制造”转变为“中国品牌”。

6.1 霍尔效应及霍尔元件

霍尔效应及霍尔元件(1)

【案例导读】上海洋山深水四期码头

2017 年 12 月 10 日，中国开港运行了全球规模最大、自动化程度最高的——上海洋山深水四期码头(图6.1)!这是历史性的一刻!

洋山深水港码头岸线全长近5.6 km,洋山港四期总用地面积223万m^2,设计年通过能力初期为400万标准箱,远期为630万标准箱。

这座由上港集团、上海振华重工联合打造的码头被称为“魔鬼码头”,共建有7个集装箱泊位。巨大的集装箱迅速被吊起放下,川流不息,然而繁忙的港口内却不见一个人,洋山港四期建成后最大的特点就是成为“无人码头”,通过上海港自主研发的智能化操作系统,实现智能装卸,提高整个码头的利用效率。不管是多么繁忙的情况下,这里的操作系统都是在办公室的监控下完成,无人驾驶的自动引导车借助地下磁钉自动行走。洋山港从一座默默无名的小岛成长为世界第一大港,一次次打破集装箱码头单船装卸效率世界纪录、一次次刷新集装箱码头桥吊单机效率世界纪录。

放眼全球,规模如此之大的自动化码头一次性建成投运是史无前例的。值得注意的是,洋山港四期全部采用中国制造,码头现场均使用电驱动,这标志着我国港口机械装备在由“中国制造”向“中国创造”的转变上又迈出了坚实的一步。

图6.1　上海洋山深水四期码头

【案例分析】上海洋山深水四期码头采用智能化操作系统,其中运输线采用无人驾驶的自动引导车借助地下磁钉自动行走,这种引导车也称为AGV自动引导车,基于不同的导向传感器,AGV的制导方式可以分为许多种,有一种采用的是磁性传感器加陀螺仪的这种固定路线的制导方式,其工作原理是利用特制的霍尔位置传感器,检测安装在地面上的小磁铁,再利用陀螺仪技术连续控制AGV的运行方向。

6.1.1　霍尔效应

霍尔式传感器是利用半导体在磁场中的霍尔效应制成的一种传感器。1879年美国物理学家霍尔首先在金属材料中发现了霍尔效应,但由于金属材料的霍尔效应太弱而没有得到应用。随着半导体技术的发展,开始用半导体材料制成霍尔元件,由于它的霍尔效应显著而得到应用和发展。霍尔传感器广泛用于电磁测量、压力、加速度、振动等方面的测量。

金属或半导体薄片在磁场中，当有电流流过时，在垂直于电流和磁场的方向上将产生电动势，这种物理现象称为霍尔效应。该电势称为霍尔电势。

霍尔效应的原理图如图6.2所示。图中为N型半导体薄片，在半导体左右两端通以电流I（称为控制电流）。当没有外加磁场作用时，半导体中电子沿直线运动，方向如图所示。当在半导体正面垂直方向加上磁场B时，每个电子受洛仑磁力F_L的作用，洛仑兹力F_L的大小为

$$F_L = eBv \tag{6.1}$$

式中：e——电子电荷；

v——电子运动平均速度；

B——磁场的磁感应强度。

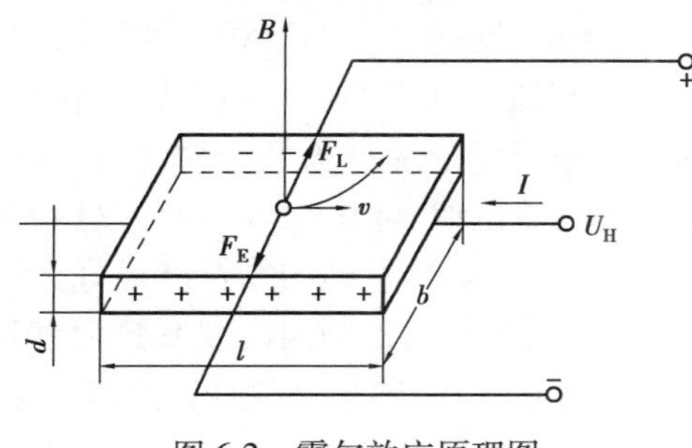

图6.2　霍尔效应原理图

F_L的方向在图中是向内侧的，此时电子除了沿电流反方向做定向运动外，还在F_L的作用下向内侧漂移，这样在半导体内侧方向积聚大量的电子，而外侧则积聚大量的正电荷，前后两个侧面间形成电场，这一电场就是霍尔电场。

该电场强度为

$$E_H = \frac{U_H}{b} \tag{6.2}$$

式中：U_H——电势差。

霍尔电场的出现，使定向运动的电子除了受洛仑磁力作用外，还受到霍尔电场的作用力F_E，其大小为eE_H，此力阻止电荷继续积累。随着前、后侧面积累电荷的增加，霍尔电场增加，电子受到的电场力也增加，当电子所受洛仑兹力与霍尔电场作用力大小相等、方向相反时，即

$$eE_H = eBv \tag{6.3}$$

则

$$E_H = Bv \tag{6.4}$$

此时电荷不再向两侧面积累，达到平衡状态。若金属导电板单位体积内电子数为n，电子定向运动平均速度为v，则激励电流$I=nevbd$，而

$$v = \frac{I}{nebd} \tag{6.5}$$

将式（6.5）代入式（6.4），得

$$E_H = \frac{IB}{nebd} \tag{6.6}$$

将式（6.6）代入式（6.2），得

$$U_H = \frac{IB}{ned} \tag{6.7}$$

式中：令$R_H=1/(ne)$，称之为霍尔常数，其大小取决于导体载流子密度。则

$$U_H = \frac{R_H IB}{d} = K_H IB \tag{6.8}$$

式中：$K_H=R_H/d$称为霍尔片的灵敏度。从上面的公式可以看出，霍尔电势正比于电流强度和磁场强度，其灵敏度与霍尔常数R_H成正比而与霍尔片厚度d成反比。为了提高灵敏度，

霍尔元件常制成薄片。

对霍尔片材料的要求，希望有较大的霍尔常数 R_H，霍尔元件激励极间电阻 $R=\rho l/(bd)$，同时 $R=\frac{U_1}{I}=\frac{E_1 l}{I}=vl/(\mu nevbd)$，其中 U_1 为加在霍尔元件两端的激励电压，E_1 为霍尔元件激励极间内电场，v 为电子移动的平均速度，l 为霍尔元件的长度。则

$$\frac{\rho l}{bd}=\frac{l}{\mu nebd} \tag{6.9}$$

解得

$$R_H=\mu\rho \tag{6.10}$$

从式(6.10)可知，霍尔常数等于霍尔片材料的电阻率与电子迁移率 μ 的乘积。若要霍尔效应强，则 R_H 值大，因此要求霍尔片材料有较大的电阻率和载流子迁移率。一般金属材料载流子迁移率很高，但电阻率很小；而绝缘材料电阻率极高，但载流子迁移率极低。故只有半导体材料适于制造霍尔片。目前常用的霍尔元件材料有锗、硅、锑化铟、砷化铟等半导体材料。其中 N 型锗容易加工制造，其霍尔系数、温度性能和线性度都较好。N 型硅的线性度最好，其霍尔系数、温度性能同 N 型锗相近。锑化铟对温度最敏感，尤其在低温范围内温度系数大，但在室温时其霍尔系数较大。砷化铟的霍尔系数较小，温度系数也较小，输出特性线性度好。

6.1.2 霍尔元件的基本结构

如图 6.3(a)所示是霍尔元件的外形结构图，它由霍尔片、四根引线和壳体组成，激励电极通常用红色线，而霍尔电极通常用绿色或黄色线表示。

近年来，已采用外延离心注入工艺或采用溅射工艺制造出尺寸小、性能好的薄膜型霍尔元件，如图 6.4 所示。它由衬底、薄膜、引线(电极)及外壳组成，壳体采用塑料、环氧树脂、陶瓷等材料封装，其灵敏度、稳定性、对称性等均比老工艺优越得多。

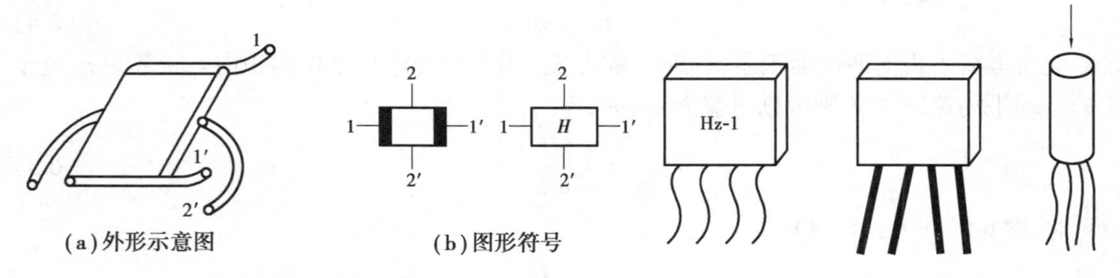

图 6.3 霍尔元件
1、1′—激励电极；2、2′—霍尔电极

图 6.4 霍尔元件外形图

6.1.3 霍尔元件的基本特性

霍尔效应及霍尔元件(2)

霍尔集成电路是利用霍尔效应与集成电路技术，将霍尔元件、放大器、温度补偿电路、稳压电源及输出电路等集成在一个芯片上而制成的一个简化的比较完善的磁敏传感器。因其外形与 PID 封装的集成电路相同，故通常也称为霍尔集成电路。霍尔集成电路有很多优点，如尺寸紧凑、体积小、灵敏度高、温漂小、稳定性高等。

霍尔集成电路仍以半导体硅材料为主,按其输出信号的形式可分为线性型和开关型两种。

1.线性型霍尔集成电路

线性型霍尔集成电路的输出电压与外加磁场成线性比例关系。这类传感器一般由霍尔元件和放大器组成,当外加磁场时,霍尔元件产生与磁场成线性比例关系的霍尔电压,经放大器放大后输出。在实际电路设计中,为了提高传感器的性能,往往在电路中设置稳压、电流放大输出级、失调调整和线性度调整等电路。霍尔开关集成传感器的输出有低电平或高电平两种状态,而霍尔线性集成传感器的输出却是对外加磁场的线性感应。

图 6.5 是这种集成电路的输出特性,集成电路的输出电压与霍尔元件感受的磁场变化近似呈线性关系,因此线性型霍尔集成传感器广泛用于位置、力、重量、厚度、速度、磁场、电流等的测量或控制。

2.开关型霍尔集成电路

开关型霍尔集成电路是利用霍尔效应与集成电路技术结合而制成的一种磁敏传感器,它能感知一切与磁信息有关的物理量,并以开关信号形式输出。霍尔开关集成传感器具有使用寿命长、无触点磨损、无火花干扰、无转换抖动、工作频率高、温度特性好、能适应恶劣环境等优点。

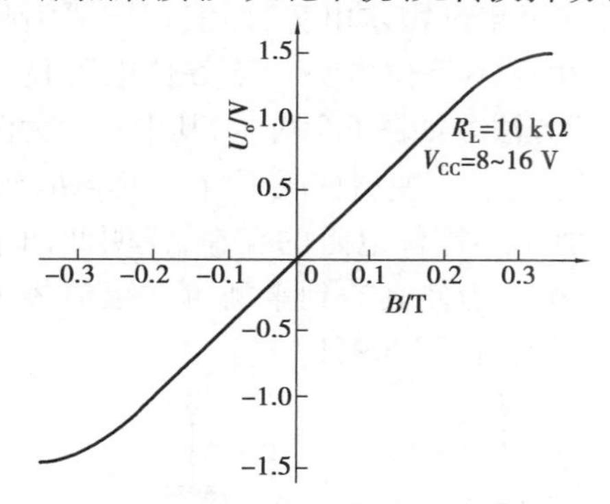

图 6.5 线性型霍尔传感器特性

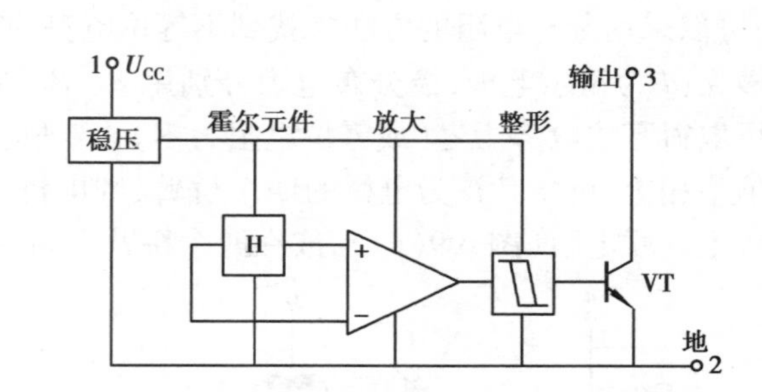

图 6.6 开关型霍尔集成传感器内部结构框图

图 6.6 是典型的开关型霍尔集成电路,集成电路的内部元件主要由霍尔元件、稳压电路、放大电路、施密特触发器、开关输出五部分组成。当有磁场作用在开关型霍尔传感器上时,霍尔元件输出霍尔电压,该电压经放大后,送至施密特整形电路。当放大后的霍尔电压大于"开启"阈值时,施密特电路翻转,输出高电压,使三极管导通;当放大后的霍尔电压低于"关闭"阈值时,施密特电路输出低电平,使三极管 *VT* 截止。

开关型霍尔集成电路的特性如图 6.7 所示。

从工作特性曲线上可以看出,工作特性有一定的磁滞 B_H,这对开关动作的可靠性非常有利。图中的 B_{OP} 为工作点"开"的磁感应强度,B_{RP} 为释放点"关"的磁感应强度。该曲线反映了外加磁场与传感器输出电平的关系。当外加磁感强度高于 B_{OP} 时,输出电平由高变低,传感器处于开状态。当外加磁感强度低于 B_{RP} 时,输出电平由低变高,传感器处于关状态。

霍尔开关集成传感器的技术参数包括工作电压、磁感应强度、输出截止电压、输出导通电流、工作温度、工作点等。

3.不等位电势和不等位电阻

霍尔元件在额定激励电流作用下,若元件不加外磁场,输出的霍尔电势的理想值应为零,

但实际不等于零,此时的空载霍尔电势称为不等位电势,用 U_0 表示,原因有以下几方面:

(1)存在电极的安装位置不对称;

(2)半导体材料电阻率不均衡或几何尺寸不均匀;

(3)激励电极接触不良造成激励电流不均匀分布等。

不等位电势也可以用不等位电阻 r_0 表示,其值为不等位电势与激励电流 I 的比值,如图 6.8 所示。

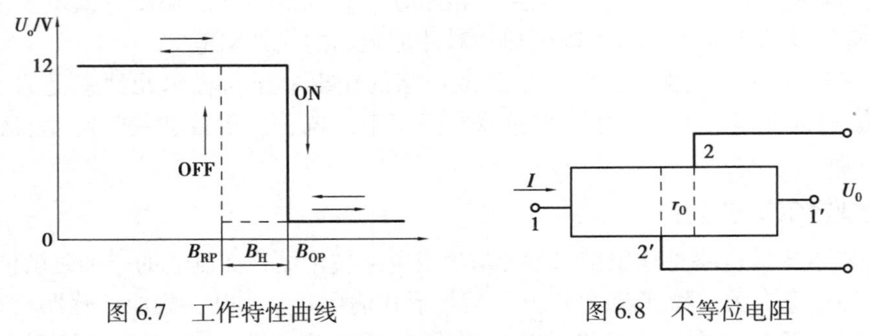

图 6.7 工作特性曲线　　图 6.8 不等位电阻

不等位电势与霍尔电势具有相同的数量级,有时甚至超过霍尔电势,而实用中要消除不等位电势是极其困难的,因而必须采用补偿的方法。由于不等位电势与不等位电阻是一致的,可以采用分析电阻的方法来找到不等位电势的补偿方法。如图 6.9 所示,其中 a、b 为激励电极,c、d 为霍尔电极,极分布电阻分别用 R_1、R_2、R_3、R_4 表示。理想情况下,$R_1=R_2=R_3=R_4$,即可取得零位电势为零(或零位电阻为零)。实际上,由于不等位电阻的存在,说明此四个电阻值不相等,可将其视为电桥的四个桥臂,则电桥不平衡。为使其达到平衡可在阻值较大的桥臂上并联电阻(图 6.9(a)),或在两个桥臂上同时并联电阻(图 6.9(b))。

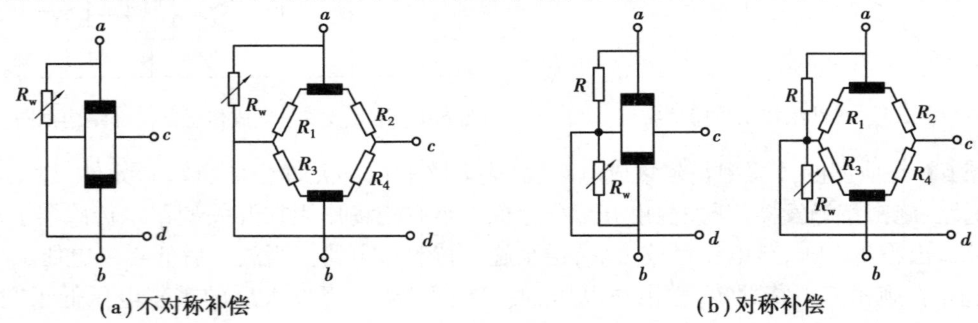

图 6.9 不等位电势补偿电路

4.负载特性

在线性特性中描述的霍尔电动势,是指在霍尔电极间开路或测量仪表阻抗无穷大情况下测得的电动势。当霍尔电极间串联有负载时,由于要流过霍尔电流,故在其内阻上产生压降,实际的霍尔电动势比理论值略小。这就是霍尔元件的负载特性。

5.温度特性

霍尔元件的温度特性包括霍尔电动势、灵敏度、输入阻抗和输出阻抗的温度特性。一般半导体材料都具有较大的温度系数,所以当温度发生变化时,霍尔元件的载流子浓度、迁移率、电阻率以及霍尔系数都会发生变化。为了减小温度误差,除了使用温度系数小的半导体材料(如砷化铟)外,还可以采用适当的补偿电路进行补偿。

6.寄生直流电势

当没有外加磁场,霍尔元件用交流控制电流,霍尔电极的输出有一个直流电势,称为寄生直流电势。当霍尔元件的电极焊点是不完全的欧姆接触(指金属与半导体的接触,其接触面的电阻值远小于半导体本身的电阻),霍尔电极焊点大小不等、热容量不同时,就会产生寄生直流电势。寄生直流电势与工作电流有关,随工作电流减小而减小。因此要求元件在制作安装时,尽量做到使电极欧姆接触,并做到散热均匀。

6.1.4 霍尔元件的基本测量电路

霍尔元件的基本测量电路如图 6.10 所示。激励电流由电源 E 供给,可变电阻R_P用来调节激励电流 I 的大小。R_L为输出霍尔电势u_H的负载电阻。

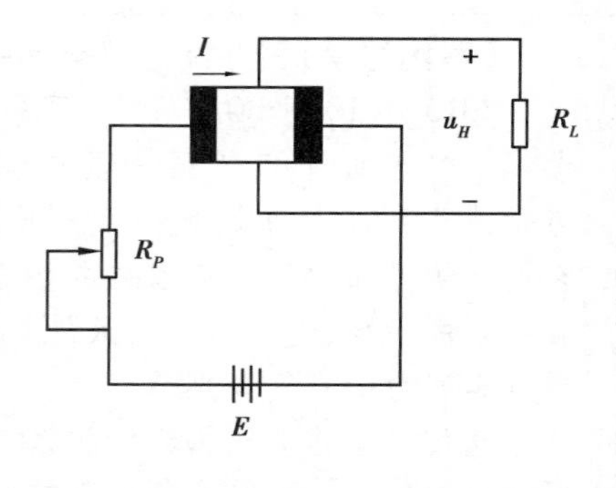

图 6.10 霍尔元件的基本测量电路

在实际使用中,可以把激励电流 I 或外磁场感应强度 B 作为输入信号,或同时将两者作为输入信号,而输出信号则正比于 I 或 B,或两者的乘积。由于建立霍尔效应的时间很短,因此激励电流用交流时,频率可高达10^9 Hz 以上。

中国开港运行了全球规模最大、自动化程度最高的码头——上海洋山深水四期码头给我们的启示:

(1)国家发改委、交通部等国家有关部门多次组织专家咨询会、评审会,力求把洋山深水港区工程建成一个经得起历史考验的精品工程,充分体现了科学的态度和高度负责的精神。

(2)伴随着经济全球化,世界航运市场正在迅速走向一体化、网络化,世界范围内的市场竞争日趋激烈。竞争的焦点也越来越明显,就是在全球市场上争夺航运中心地位,抢占航运制高点。洋山深水四期码头标志着上海国际航运中心建设取得了重大突破,推动我国由航运大国向航运强国迈进。

(3)安装有霍尔传感器的 AGV 自动引导车运行灵活,可更改路径,具有高速无线通信及高精度导航系统,使洋山深水四期码头自动化程度高,系统运行稳定可靠。

6.2 霍尔传感器的应用

霍尔传感器的应用(1)

【案例导读】国务院总理李克强视察江淮汽车股份有限公司

2015 年 10 月 30 日上午,国务院总理李克强来到安徽江淮汽车股份有限公司进行参观视察。期间,李克强总理进入车间生产一线,实地考察了公司的主销汽车产品,并与企业负责人亲切交谈,认真听取江淮汽车发展战略汇报,并且高度评价了江淮汽车在新能源产品研发方面取得的显著成绩,勉励公司不断探索创新实践,积蓄力量,加大自主创新步伐,开创一片新天地。这充分展现了政府对新能源的重视,以及政府对江淮汽车实力的肯定与期望。

江淮汽车作为国内新能源汽车发展的先行者,一直以来非常重视新能源汽车的研究开发和推广,至 2010 年实现首批新能源轿车产品投放市场以来,江淮汽车已实现销售过万辆,居国内纯电动轿车推广规模首位。本次李克强总理视察江淮汽车生产线,在江淮汽车集团公司董事长安进的陪同下,亲身体验江淮 iEV5 并详细询问了车内各零部件的情况,江淮 iEV5 是一款真正实现零排放、零污染的纯电动轿车。总理肯定了江淮汽车的发展成绩,相信这一举措将会持续刺激新能源汽车行业的发展。

江淮汽车始终坚持以“节能、环保、安全、智能”为关键技术研发路线,打造中国品牌汽车的核心竞争力,一直以来对品质精益求精,重视创新能力发展,努力地让这家自主品牌逐步由“中国制造”转变为“中国品牌”。

【案例分析】汽车技术发展特征之一就是越来越多的部件采用电子控制,汽车传感器过去单纯用于发动机上,现已扩展到底盘、车身和灯光电气系统上,这些系统采用的传感器有 100 多种。传感器是汽车计算机系统的输入装置,它把汽车运行中各种工况信息,如车速、各种介质的温度、发动机运转工况等,转化成电信号输给计算机,使汽车处于最佳工作状态。其中霍尔传感器在汽车中的应用尤为广泛,可用于车门的状态跟踪、汽车转速表、汽车防抱死装置等等。

6.2.1 霍尔式微量位移的测量

霍尔元件具有结构简单、体积小、动态特性好和寿命长的优点,它不仅用于磁感应强度、有功功率及电能参数的测量,也在位移测量中得到广泛应用。

由霍尔效应可知,当控制电流恒定时,霍尔电压 U 与磁感应强度 B 成正比,若磁感应强度 B 是位置 x 的函数,即

$$U_{H} = kx(B) \tag{6.11}$$

式中:k——位移传感器灵敏度。

因此,霍尔电压的大小就可以用来反映霍尔元件的位置。当霍尔元件在磁场中移动时,输出霍尔电压 U 的变化就反映了霍尔元件的位移量 Δx,利用上述原理可对微量位移进行测量。

图 6.10 为霍尔式位移传感器的工作原理图。图 6.10(a)中磁场强度相同的两块永久磁铁,同极性相对地放置,霍尔元件处于两块磁铁中间。由于磁铁中间的磁感应强度 $B=0$,由此霍尔元件的输出电压 U 也等于零,这时位移 $\Delta x=0$。若霍尔元件在两磁铁中间产生相对位移,霍尔元件感受到的磁感应强度也随之改变,这时有输出 U,其量值大小反映出霍尔元件与磁铁之间相对位置的变化量。这种结构的传感器,其动态范围可达 5 mm,当位移小于 2 mm 时,输出霍尔电压与位移之间有良好的线性关系。图 6.10(b)所示的是一种结构简单的霍尔位移传感器,是由一块永久磁铁组成磁路的传感器,在霍尔元件处于初始位置 $\Delta x=0$ 时,霍尔电压不等于零。图 6.10(c)所示的是一个由两个结构相同的磁路组成的霍尔式位移传感器,为了获得较好的线性分布,在磁极端面装有极靴,霍尔元件调整好初始位置时,可以使霍尔电压等于零。这种传感器灵敏度很高,但它所能检测的位移量较小,适合于微位移量及振动的测量。

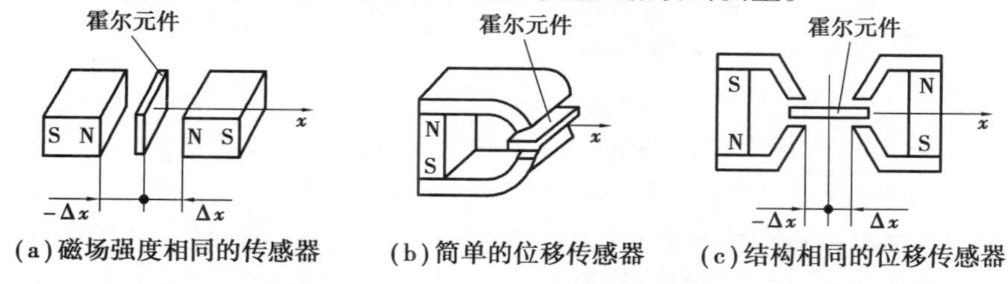

(a)磁场强度相同的传感器　(b)简单的位移传感器　(c)结构相同的位移传感器

图 6.10　霍尔式位移传感器的工作原理图

6.2.2　霍尔元件测量转速

利用霍尔元件测量转速的工作原理非常简单,将永久磁体按适当的方式固定在被测轴上,霍尔元件置于磁铁的气隙中,当轴转动时,霍尔元件输出的电压则包含有转速的信息,该电压经后续电路处理,便可得到转速的数据。如图 6.11 所示是测量转速方法的示意图。图 6.11(a)、(b)、(c)中,转盘的输入轴与被测转轴相连,当被测转轴转动时,转盘随之转动,固定在转盘附近的霍尔传感器便可在每一个小磁场通过时产生一个相应的脉冲,检测出单位时间每秒的脉冲数,根据脉冲数 f、转盘上的齿槽数 z 等,便可知道被测转速 $n=60\dfrac{f}{z}$(r/min)。图 6.11(d)中,磁性转盘的输入轴与被测转轴相连,当被测转轴转动时,磁性转盘随之转动,固定在磁性转盘附近的霍尔传感器便可在每一个小磁铁通过时产生一个相应的脉冲,检测出单位时间的脉冲数,便可知被测转速。同理,磁性转盘上小磁铁数目的多少决定了传感器测量转速的分辨率。

霍尔转速表是目前汽车上应用较多的一种测速传感器。它的工作原理基于霍尔效应,即在霍尔元件上通入电流 I,并将其置于垂直于电流方向的磁场 B 中,则与磁场 B 和电流方向均垂直的表面上会产生霍尔电势 U_{H},且 $U_{H}=K_{H}BI$。如果改变垂直于霍尔元件的磁场的强度,就能使其输出的霍尔电势发生改变。

固定在车轮轴上的霍尔齿轮式转速传感器是常用的测速传感器之一,由齿轮、霍尔元件和一块永久磁铁组成,其工作原理如图 6.12 所示。

霍尔元件与磁体相连,齿轮随车轮一起转动。当齿对准霍尔元件时,磁力线集中穿过霍

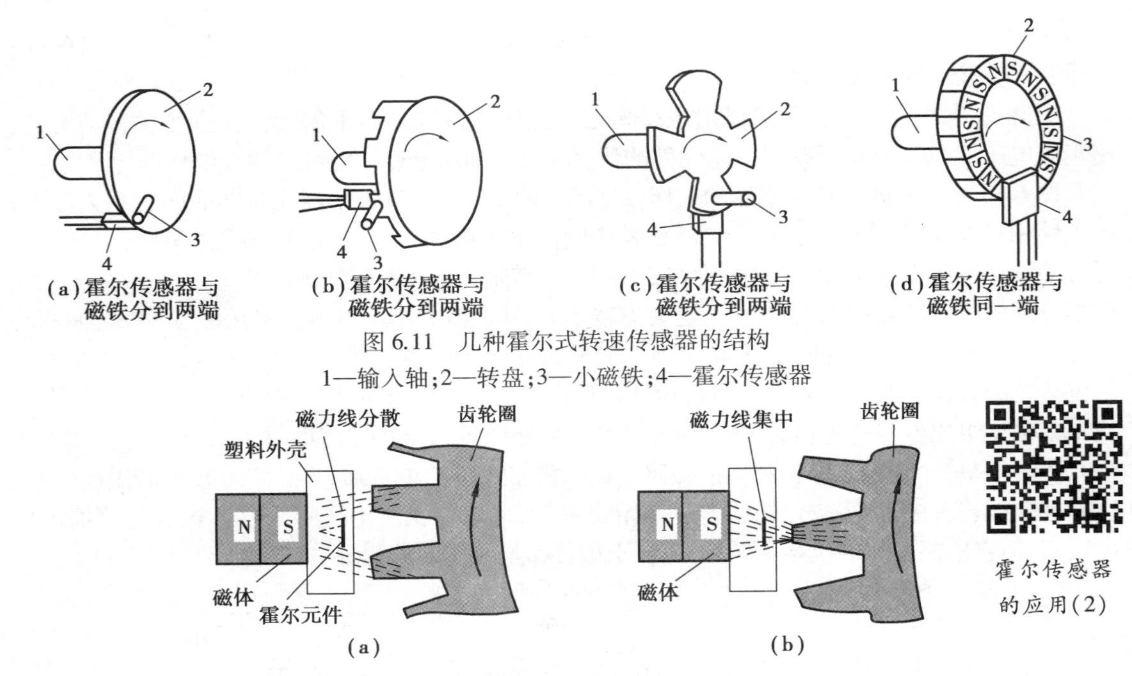

图 6.11 几种霍尔式转速传感器的结构

1—输入轴;2—转盘;3—小磁铁;4—霍尔传感器

图 6.12 霍尔齿轮式转速传感器的工作原理

尔元件,如图 6.12(b)所示,此时穿过霍尔元件的磁场强度比较大,可产生较大的霍尔电势,放大、整形后输出为高电平;反之,当齿轮的空挡对准霍尔元件时,磁力线分散,如图 6.12(a)所示,此时霍尔电势比较小,放大、整形后输出为低电平。在车轮转动的过程中,霍尔元件输出周期变化的高低电平信号。根据齿的个数和输出高低电平的频率就能得到车轮的转速。

利用霍尔元件测量转速的方法很多,如利用线性霍尔元件或开关型霍尔元件,其基本原理都是使穿过霍尔元件的磁场发生变化从而引起霍尔电势的变化。

在汽车防抱死装置(ABS)中,速度传感器是十分重要的部件。ABS 主要由测速齿轮传感器、压力调节器和控制器组成。在制动过程中,控制器不断接收测速齿轮传感器发出的和车轮转速相对应的脉冲信号并进行处理,得到车辆的滑移率和减速信号,并按其控制逻辑及时、准确地向制动压力调节器发出指令;调节器及时、准确地做出响应,使制动气室执行充气、保持或放气指令,调节制动器的制动压力以防止车轮抱死,达到抗侧滑、甩尾,提高制动安全及制动过程中的可驾驭性的目的。在这个系统中,霍尔传感器作为车轮转速传感器,其工作原理如图 6.13 所示,用带有微型磁铁的霍尔传感器检测齿圈的转速,其是制动过程中的实时速度采集器,是 ABS 中的关键部件之一。

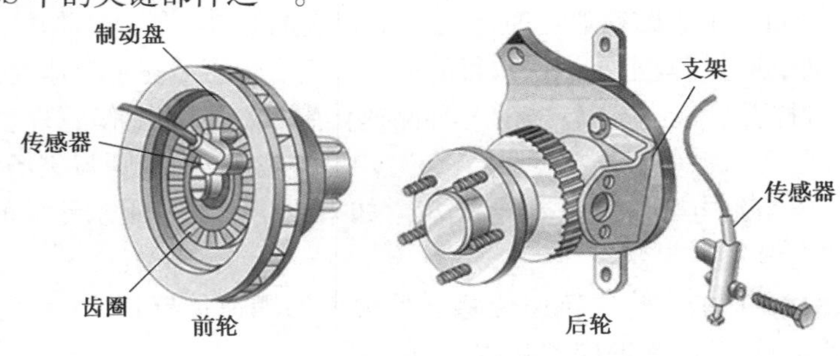

图 6.13 汽车防抱死装置(ABS)

6.2.3　霍尔电流计

如图 6.14 所示，将霍尔元件 H 垂直置于磁环开口气隙中，让载流导体穿过磁环，由于磁环气隙的磁感应强度 B 与待测电流 I 成正比，当霍尔元件控制电流 I_H 一定时，霍尔输出电压 U_H 则正比于待测电流，这种非接触检测安全简便，适用于高压线电流检测。

霍尔电流传感器实物如图 6.15 所示，将被测电流的导线穿过霍尔电流传感器的检测孔。当有电流通过导线时，在导线周围将产生磁场，磁力线集中在铁芯内，并在铁芯的缺口处穿过霍尔元件，从而产生与电流成正比的霍尔电压。

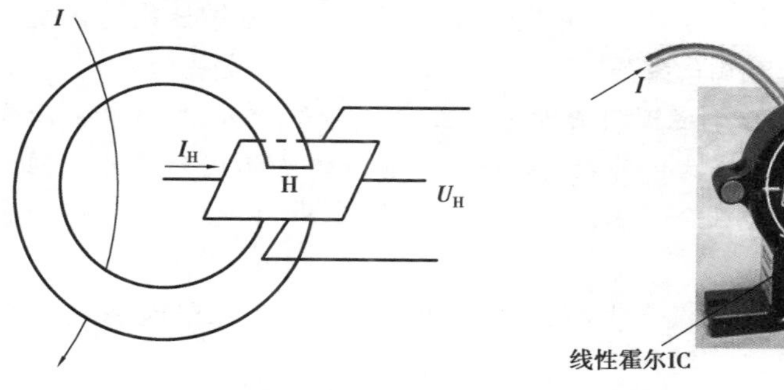

图 6.14　霍尔电流计　　　　图 6.15　霍尔电流传感器

6.2.4　霍尔式接近开关

利用开关型霍尔集成电路可以制成开关型霍尔传感器，为保证霍尔器件，尤其是霍尔开关器件的可靠工作，在应用中要考虑有效工作气隙的长度。在计算总有效工作气隙时，应从霍尔片表面算起。工作磁体和霍尔器件间的运动方式如图 6.16 所示。

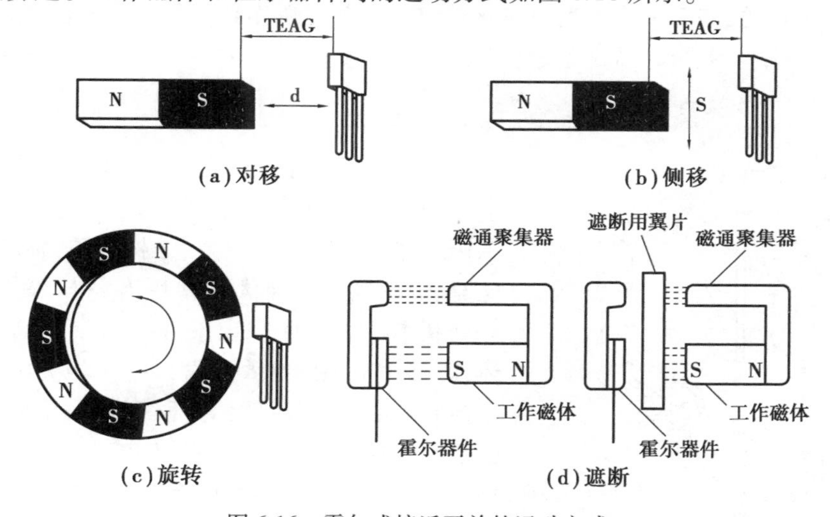

图 6.16　霍尔式接近开关的运动方式

课程育人

国务院总理李克强视察江淮汽车股份有限公司给我们的启示：

(1)2001 年，新能源汽车研究项目被列入国家“十五”期间的“863”重大科技课题，“十一五”以来，我国提出“节能和新能源汽车”战略，政府高度关注新能源汽车的研发和产业化。新能源汽车环保、节能，以电代油，减少排放，动力等性能更优越以及更适合未来的智能化，既符合我国的国情，也代表了世界汽车产业发展的方向。

(2)发展新能源车可以倒逼国内的能源产业加快转型升级，发展新能源车会促进电力扩容和发展，电力有了更大的市场，又会促进电力的清洁化和提升电网的智能化升级。只有这样，中国才能在全球未来新能源产业竞争中率先发展，取得未来新能源产业的领先优势。

(3)霍尔传感器在新能源汽车上的应用，提升了汽车自动化程度、安全性能和舒适性能，使驾驶更方便和更容易操作。

智慧城市离不开传感器

智慧城市的建设离不开智能传感器的发展。“十三五”期间，以智慧城市为代表的新型城镇化改造，将是未来我国城市化进程的主要发展模式。智慧城市要通过大量智能传感器来采集、处理和传送信息，因此智能传感器已经成为我国智慧城市基础建设中的结构化功能设施。

这一章我们学习了霍尔传感器的霍尔效应和基本结构，并讲解了各种形式的霍尔传感器的应用。霍尔传感器具有对磁场敏感、结构简单、体积小、频率响应宽、输出电压变化大和使用寿命长等优点，磁卡是一种利用特殊磁体来记录数字与字符信息的片状载体，能够用来识别有效身份以提供相关服务或进行安全控制。磁卡不仅携带方便，而且简单易用，因此，在生活中大受欢迎。采用霍尔传感器来读取磁卡，操作如图 6.17 所示，请大家思考其原理是什么。

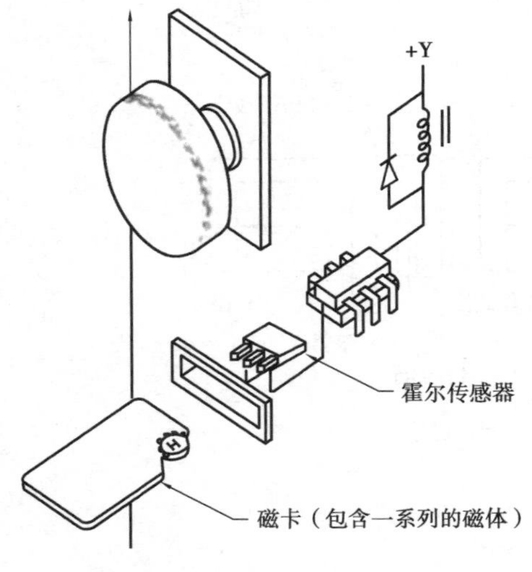

图 6.17　霍尔传感器读取磁卡

霍尔式传感器的性能测试与标定

实训目的：

1.通过实验加深对霍尔元件工作原理的理解。

2.了解霍尔元件的基本结构和外形特征。

3.掌握霍尔式传感器在直流激励状态下的输出特性情况。

4.掌握霍尔式传感器的静态位移性能的标定方法。

5.锻炼动手能力，将课堂理论与实践相结合培养精益求精的工匠精神。

1.实训原理

霍尔式传感器是由两个环形磁铁（组成梯度磁场）和位于梯度磁场中的霍尔元件组成的。当霍尔元件通过恒定电流时，霍尔元件在梯度磁场中上、下移动，输出的霍尔电势 U_H 取决于其在磁场中的位移量 x，所以测得霍尔电势的大小便可获知霍尔元件的静位移。

2.实训设备和器材

实训设备和器材包括霍尔式传感器、直流稳压电源、磁路系统、电桥、差动放大器、数字电压表、测微仪和振动平台等。

3.实训内容和步骤

（1）了解霍尔式传感器的结构及实验仪上的安装位置，如图 6.18 所示，熟悉实验面板上霍尔元件的符号。霍尔元件安装在实验仪的振动圆盘上，两个半圆永久磁铁固定在实验仪的顶板上，二者组合成霍尔式传感器。

（2）设置旋钮初始位置。将差动放大器增益旋钮打到最小，电压表置 20 V 挡，直流稳压电源置 2 V 挡，主、副电源关闭。

（3）根据图 6.19 所给的电路原理图，将霍尔式传感器、直流稳压电源、电桥、差动放大器及数字电压表连接起来，组成一个测量系统。

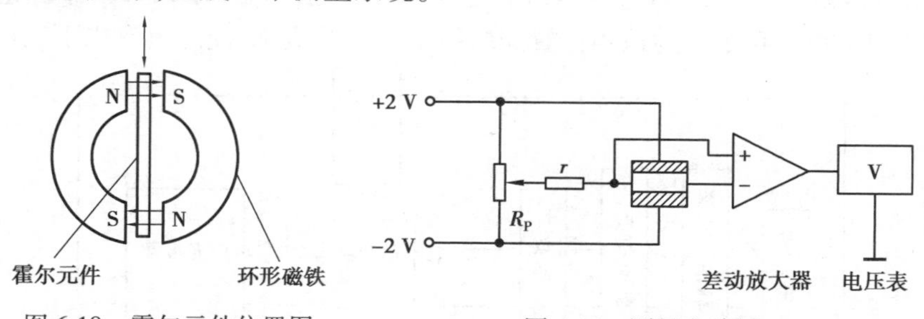

图 6.18　霍尔元件位置图　　图 6.19　测量电路图

（4）开启主、副电源，将差动放大器调零后，增益最小，关闭主电源，根据图 6.19 接线，R_P、r 为电桥单元的直流电桥平衡网络。

（5）装好测微头，调节测微头，使之与振动台吸合并使霍尔元件置于半圆磁铁上下正中位置。

(6)开启主、副电源,调整 R_P,使电压表指示为零。

(7)往下旋动测微头,每次向下移动 0.5 mm,记录每次位移的输出电压值,将其填入表6.1中;将测微头回零,然后每次向上移动 0.5 mm,记录输出电压值,将其填入表 6.1 中。

(8)根据所得结果在坐标纸上做出 U_H—x 关系曲线,指出线性范围,求出灵敏度,分析其线性范围(本实验测出的实际上是磁场情况,磁场分布为梯度磁场,位移测量的线性度、灵敏度与磁场分布有很大关系)。

表 6.1　输出电压与传感器的位移

x/mm	0	0.5	1.0	1.5	2.0	2.5	3.0	3.5
电压 U_H/mV(上)								
电压 U_H/mV(下)								

注意事项

(1)由于磁路系统的气隙较大,应使霍尔元件尽量靠近极靴,以提高灵敏度。

(2)一旦调整好后,测量过程中不能移动磁路系统。

(3)激励电压不能过大,以免损坏霍尔元件。

霍尔传感器测车速的设计

超速行驶是指驾驶员在驾车行驶中,以超过法律、法规规定的速度进行行驶的行为。超速行驶会影响车辆的安全性能,影响驾驶人及时、准确地操作,以及驾驶人对速度的判断能力下降,严重危害道路交通安全,在我国的交通法规中,严厉打击和处罚超速行驶行为。霍尔传感器常用于检测汽车的速度,及时提醒驾驶人员注意不要超速。

霍尔传感器一般由霍尔元件和磁钢组成,当霍尔元件和磁钢相对运动时,就会产生脉冲信号,根据磁钢和脉冲数量就可以计算转速,进而求出车速。现要求设计一个测量系统,其框图结构如图 6.20 所示,在小车的适当位置安装霍尔元件及磁钢,使之具有以下功能:

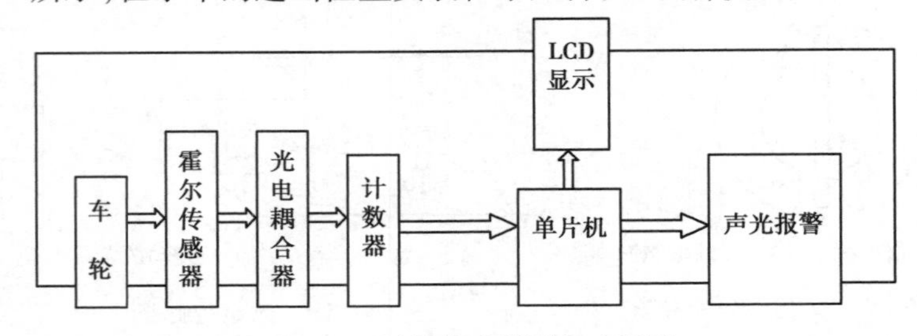

图 6.20　霍尔传感器测车速框图

(1)LED 数码管显示小车的行驶距离(单位:cm)。

(2)具有小车前进和后退检测功能,并用指示灯显示。

(3)记录小车的行驶时间,并实时计算小车的行驶速度。

(4)距离测量误差小于 2 cm。

1.偷盗汽车犯有盗窃罪,《中华人民共和国刑法》规定了犯罪受到的刑事处罚,依据盗窃汽车的价值,决定量刑大小。国家全面推进依法治国,我们在工作生活中也要遵纪守法,不要触碰法律的权威。科技的发展可以维护财产的安全,在汽车车门上安装霍尔传感器,当车门出现异常,进行报警,即可警示盗汽贼,又能及时报警。该报警系统是:汽车的四个门框上各安装一个开关型霍尔传感器,在车门适当位置各固定一块磁钢,请问报警系统的原理是什么(图 6.21)?

图 6.21　汽车车门报警装置

2.什么是霍尔效应?写出你认为可以用霍尔传感器来检测的物理量?

3.霍尔电动势的大小与方向和哪些因素有关?影响霍尔电动势的因素有哪些?霍尔元件的不等位电压概念是什么?

4.有一霍尔元件,其灵敏度 $K_H = 4$ mV/mA · kGs,把它放在一个梯度为 1 Gs~5 kGs 变化的磁场中(设磁场与霍尔元件平面垂直),如果额定控制电流是 3 mA,求输出霍尔电势的范围为多少?

5.某霍尔元件 $l \times b \times d = 10 \times 3.5 \times 1$ mm^3,沿 l 方向通以电流 $I = 1.0$ mA,在垂直于 lb 面方向加有均匀磁场 $B = 0.3$ T,传感器的灵敏度系数为 22 V/A · T,试求其输出霍尔电势及载流子浓度。

6.影响霍尔元件输出零点的因素有哪些?怎样补偿?

7.如图所示,霍尔元件制成位移传感器,置于相反的磁场中,试分析输出电压与移动位移的关系?

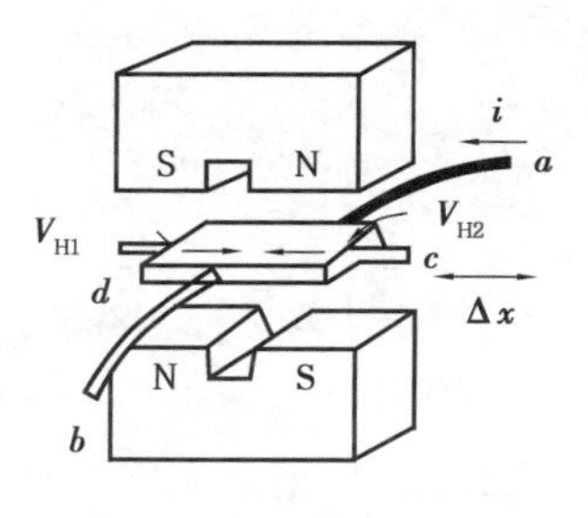

图 6.22　霍尔位移传感器

7

光电式传感器

知识目标

1. 了解光电元件的原理与特性；
2. 掌握光电式传感器的应用。

技能目标

1. 能对光电式传感器进行选型；
2. 能依据光电元件原理与特性进行传感器设计。

素质目标

1. 培养学生增强中华民族自立于世界民族之林的自豪感，为实现中华民族伟大复兴而努力奋斗；
2. 培养学生认识到经济发展与生态环境保护协调发展的重要性。

7.1 光电元件的原理与特性

光电元件的原理与特性(1)

【案例导读】2008 年北京绿色奥运会

2008 年 8 月 8 日——8 月 24 日北京成功举办了第 29 届夏季奥林匹克运动会，作为全世界规模最大的体育盛会，第 29 届奥运会在北京的成功举办，实现了中国人民和中国政府对全世界的庄严承诺:举全国之力,办出一届高水平有特色的奥运会!

北京奥运以“绿色、科技、人文”为主题,“科技奥运”更多的是向世人展示国人最新的科技成果(图 7.1 鸟巢),通过成果应用的科技示范体现改革开放后中国的科技创新能力,如新型薄膜太阳能电池、质子交换膜燃料电池、新型半导体照明 LED、全降解生物塑料等,通过示范推动和带动产业化进程。

而“绿色奥运”更多的是政府在产业界倡导和推行一种经营理念,推动产业界发展以低消耗、低排放、高效率为基本特征的产品,如高性能环保涂料、节能玻璃、生态透水砖、环保防水卷材等绿色建材;无极灯、微波灯及发光二极管等无汞清洁光源,以及采用导光系统、太阳能蓄光电池等技术的天然光照明等。

北京奥运以“绿色、科技、人文”为主题,表达了北京人民和中国人民与世界各国人民共有美好家园,同享文明成果,携手共创未来的崇高理想;表达了一个拥有五千年文明,正在大步走向现代化的伟大民族致力于和平发展、社会和谐、人民幸福的坚定信念;表达了 13 亿中国人民为建立一个和平而更美好的世界做出贡献的心声。

图 7.1　北京绿色奥运会(鸟巢)

【案例分析】奥运场馆设计处处渗透着“绿色、科技、人文”的理念。安装在屋顶的太阳能集热管生活热水系统,每年可以节约电力 500 万千瓦时;在奥运场馆的玻璃幕墙、太阳能草坪灯、路灯设计中,大量安装了新型太阳能光电池板,即使只有微弱的月光,新型太阳能电池板也可以照常发电。

专业知识

光电器件是将光能转换为电能的一种传感器件,它是构成光电式传感器最主要的部件。光电器件响应快、结构简单、使用方便,而且有较高的可靠性,因此在自动检测、计算机和控制系统中,应用非常广泛。光电器件工作的物理基础是光电效应。

用光照射某一物体,可以看作物体受到一连串具有能量的光子轰击,组成该物体的材料吸收光子能量而发生相应电效应的物理现象称为光电效应。对不同频率的光,其光子能量是不相同的,频率越高,光子能量越大。光电效应分为外光电效应、光电导效应和光生伏特效应,后两种现象发生在物体内部,也称为内光电效应。

7.1.1 外光电元件的原理与特性

在光线的作用下,物体内的电子逸出物体表面向外发射的现象称为外光电效应。向外发射的电子称为光电子。基于外光电效应的光电器件有光电管和光电倍增管等。

1.光电管的原理与特性

1)光电管的原理

光电管有真空光电管和充气光电管两类,由阴极和阳极构成,要求阴极镀有光电发射材料,并有足够的面积来接受光的照射。阳极是用一条细长的金属丝弯成圆形或矩形制成,放在玻璃管的中心。

连接电路,光电管的阴极 K 和电源的负极相连,阳极 A 通过负载电阻 R_L 接电源正极,当阴极受到光线照射时,电子从阴极逸出,在电场作用下被阳极收集,形成光电流 I,随光照的强弱而改变,达到把光信号变化转换为电信号的目的,如图 7.2 所示。

如图 7.3 所示,当入射紫外线照射在紫外管阴极板上时,电子克服金属表面对它的束缚而逸出金属表面,形成电子发射。紫外管多用于紫外线测量、火焰监测等。

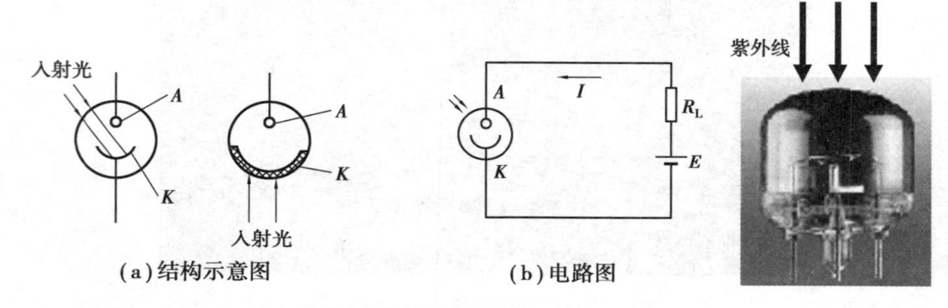

图 7.2　光电管结构示意图与连接电路　　　　图 7.3　紫外管

充气光电管的结构基本与真空光电管相同,只是管内充以少量惰性气体,如氖气等。当光电管阴极被光线照射产生电子后,在趋向阳极的过程中,由于电子对气体分子的撞击,将使惰性气体分子电离,从而得到正离子和更多的自由电子,使电流增加,提高了光电管的灵敏度。但充气光电管的频率特性较差,温度影响大,伏安特性为非线性等,所以在自动检测仪表中多采用真空光电管。

2)光电管的特性

(1)伏安特性:在一定的光照射下,对光电器件的阴极所加电压与阳极所产生的电流之间的关系称为光电管的伏安特性。光电管的伏安特性如图 7.4 所示。它是应用光电传感器参数的主要依据。

(2)光照特性:当光电管的阳极和阴极之间所加电压一定时,光通量与光电流之间的关系为光电管的光照特性。其特性曲线如图 7.5 所示。曲线 1 表示氧铯阴极光电管的光照特性,光电流 I 与光通量成线性关系。曲线 2 为锑铯阴极的光电管光照特性,它是非线性曲线。光照特性曲线的斜率(光电流与入射光光通量之间比)称为光电管的灵敏度。

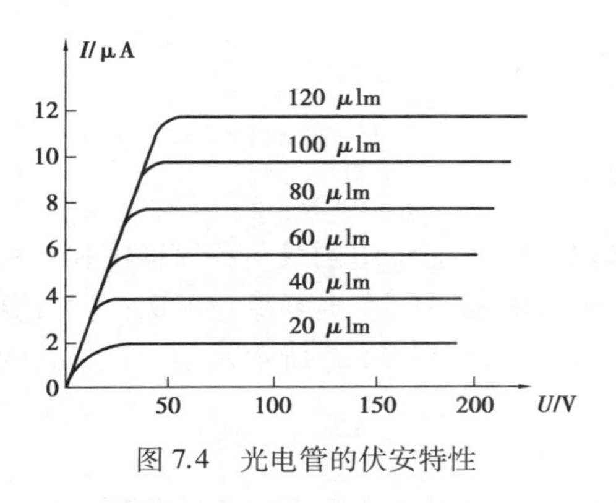

图 7.4 光电管的伏安特性

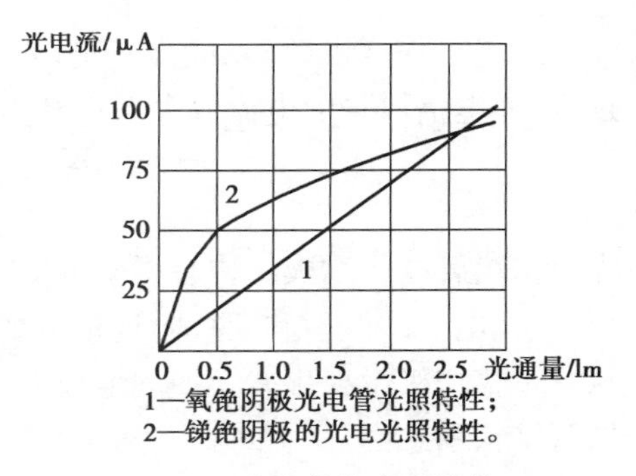

图 7.5 光电管的光照特性

(3)光谱特性：由于光阴极对光谱有选择性，因此光电管对光谱也有选择性。保持光通量和阴极电压不变，阳极电流与光波长之间的关系叫光电管的光谱特性。一般对于光电阴极材料不同的光电管，它们有不同的极限频率，因此它们可用于不同的光谱范围。除此之外，即使照射在阴极上的入射光的频率高于极限频率，并且强度相同，随着入射光频率的不同，阴极发射的光电子的数量还是会不同，即同一光电管对不同频率的光的灵敏度不同，这就是光电管的光谱特性。所以，对各种不同波长区域的光，应选用不同材料的光电阴极。

2.光电倍增管的原理与特性

1)光电倍增管的原理

当光照微弱时，光电管所产生的光电流很小(零点几个微安)，为了提高灵敏度，常应用光电倍增管，对光电流进行放大。

光电倍增管的工作原理建立在光电发射和二次发射基础上。如图 7.6(a)所示是光电倍增管的原理示意图，图中 K 为光电阴极，$D_1 \sim D_4$ 为二次发射体，称为倍增极，A 为阳极(或收集阳极)。在工作时，这些电极的电位是逐级增高的，一般阳极和阴极之间电压是 1 000～2 500 V，两个相邻倍增极之间的电位差为 50～100 V。当光线照射到光阴极 K 后，它产生的光电子受到第一倍增极 D_1 正电位的作用，使之加速并打在这个倍增极上，产生二次发射。由第一倍增极 D_1 产生二次发射电子，在更高电位的 D_2 极作用下，再次被加速入射到 D_2 上，在 D_2 极上又将产生二次发射，这样逐级前进，直到电子被阳极收集为止。阳极最后收集到的电子数将达到阴极发射电子数的 $10^5 \sim 10^6$ 倍。

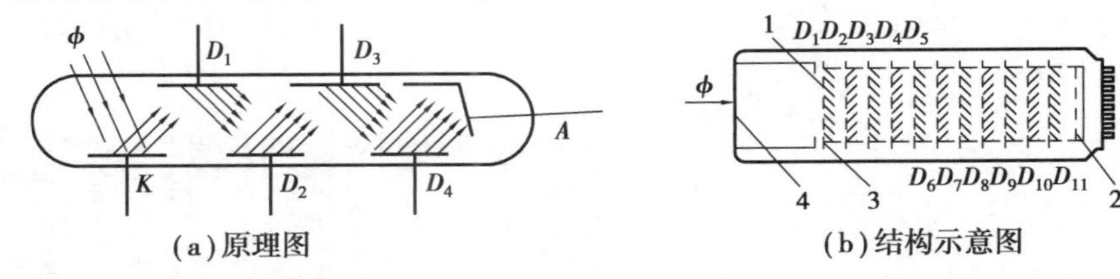

图 7.6 光电倍增管的结构示意图

1—栅网；2—阳极；3—倍增极；4—阴极

如果设每个电子落到任一倍增极上都打出 σ 个电子，则阳极电流 I 为

$$I = i_0 \sigma^n \tag{7.1}$$

式中：i_0——光电阴极发出的光电流；

n——光电倍增极数(一般为9~11)。

这样,光电倍增管的电流放大系数β为

$$\beta = \frac{I}{i_0} = \sigma^n \tag{7.2}$$

光电倍增管的倍增极结构有很多形式,它的基本构造是把光电阴极与各倍增极和阳极隔开,以防止光电子的散射和阳极附近形成的正离子向阴极返回,产生不稳定现象;另外,要使电子从一个倍增极发射出来无损失地至下一级倍增极。如图7.6(b)所示是某一种形式的光电倍增管结构示意图。

2)光电倍增管的特性

(1)倍增系数M:倍增系数M等于n个倍增电极的二次电子发射系数δ的乘积。M与所加电压有关,当M在105~108时,稳定性为1%左右,加速电压稳定性要在0.1%以内。如果有波动,倍增系数也要波动,因此M具有一定的统计涨落。一般阳极和阴极之间的电压为1 000~2 500 V,两个相邻的倍增电极的电位差为50~100 V。

(2)光电阴极灵敏度和光电倍增管总灵敏度:一个光子在阴极上能够打出的平均电子数叫作光电倍增管的阴极灵敏度;而一个光子在阳极上产生的平均电子数叫作光电倍增管的总灵敏度。

光电倍增管的最大灵敏度可达10 A/lm,极间电压越高,灵敏度越高,但极间电压也不能太高,太高反而会使阳极电流不稳。

另外,由于光电倍增管的灵敏度很高,因此不能受强光照射,否则将会损坏。

(3)暗电流和本底脉冲:一般在使用光电倍增管时,必须把管子放在暗室里避光使用,使其只对入射光起作用。但是由于环境温度、热辐射和其他因素的影响,即使没有光信号输入,加上电压后阳极仍有电流,这种电流称为暗电流,这是热发射所致或场致发射造成的,这种暗电流通常可以用补偿电路消除。

如果光电倍增管与闪烁体放在一处,在完全蔽光情况下,出现的电流称为本底电流,其值大于暗电流。增加的部分是宇宙射线对闪烁体的照射而使其激发,被激发的闪烁体照射在光电倍增管上而造成的,本底电流具有脉冲形式。

(4)光谱特性:光谱特性反映了光电倍增管的阳极输出电流与照射在光电阴极上的光通量之间的函数关系。对于较好的管子,在很宽的范围之内,这个关系是线性的,即入射光通量小于10^{-4}lm时,有较好的线性关系。光通量大,开始出现非线性,如图7.7所示,光电倍增管的外形如图7.8所示。

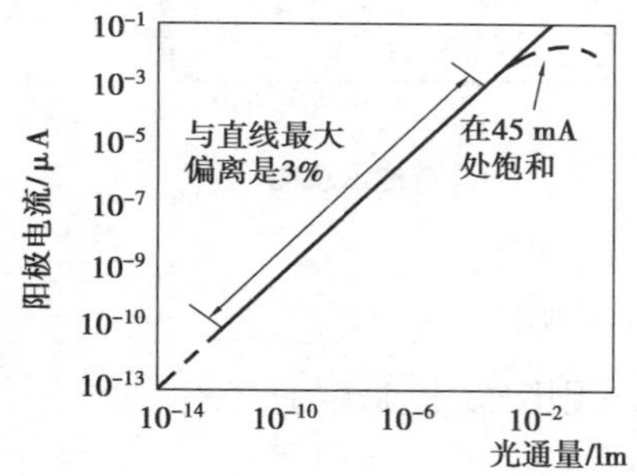

图7.7　光电倍增管的光谱特性

图7.8　几种光电倍增管的外形

7.1.2 内光电元件的原理与特性

光电元件的原理与特性(2)

1.内光电效应

在光线作用下,物体的导电性能发生变化或产生光生电动势的效应称为内光电效应,内光电效应可以分为以下两大类。

1)光电导效应

在光线的作用下,由于半导体材料吸收了入射光子能量,当光子能量大于或等于半导体材料的禁带宽度时,就会激发出电子——空穴对,使载流子浓度增加,半导体的导电能力增强,阻值减低,这种现象称为光电导效应。光敏电阻就是基于这种效应的光电器件。

2)光生伏特效应

在光线的作用下能够使物体产生一定方向的电动势的现象称为光生伏特效应,基于这种效应的光电器件有光电池。此外,光敏二极管、光敏晶体管也是基于内光电效应。

2.光敏电阻

1)结构原理

光敏电阻又称光导管,它几乎都是用半导体材料制成的光电器件。光敏电阻没有极性,纯粹是一个电阻器件,使用时既可加直流电压,又可加交流电压。无光照时,光敏电阻阻值(暗电阻)很大,电路中的电流(暗电流)很小。当光敏电阻受到一定波长范围的光照时,它的阻值(亮电阻)急剧减小,电路中的电流迅速增大。一般希望暗电阻越大越好,亮电阻越小越好,此时光敏电阻的灵敏度高。实际光敏电阻的暗电阻阻值一般在兆欧数量级,亮电阻阻值在几千欧以下。

光敏电阻的结构很简单,图 7.9(a)所示为金属封装的硫化镉光敏电阻的结构图。在玻璃底板上均匀地涂上一层薄薄的半导体物质,称为光导层。半导体的两端装有金属电极,金属电极与引出线端相连接,光敏电阻就是通过引出线端接入电路。为了防止周围介质的影响,在半导体光敏层上覆盖了一层漆膜,漆膜的成分应使它在光敏层最敏感的波长范围内透射率最大。为了提高灵敏度,光敏电阻的电极一般采用梳状图案,如图 7.9(b)所示。如图7.9(c)所示为光敏电阻的接线图。

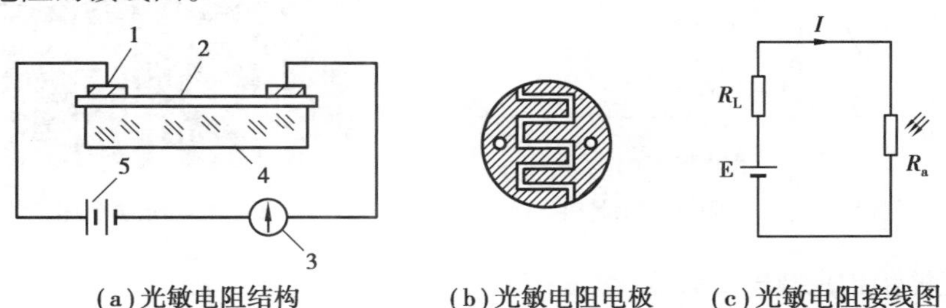

(a)光敏电阻结构　(b)光敏电阻电极　(c)光敏电阻接线图

图 7.9　光敏电阻结构

1—金属电极;2—半导体;3—检流计;4—玻璃底板;5—电源

2)光敏电阻的主要参数

光敏电阻的主要参数有以下几个。

(1)暗电阻:光敏电阻在不受光照射时的阻值称为暗电阻,此时流过的电流称为暗电流。

(2)亮电阻:光敏电阻在受光照射时的电阻称为亮电阻。此时流过的电流称为亮电流。

(3)光电流:亮电流与暗电流之间的差值称为光电流。

3)基本特性

(1)伏安特性:在一定照度下,流过光敏电阻的电流与光敏电阻两端的电压的关系称为光敏电阻的伏安特性。如图 7.10 所示为硫化镉光敏电阻的伏安特性曲线。由图可见,光敏电阻在一定的电压范围内,其 *I-U* 曲线为直线。说明其阻值与入射光量有关,而与电压电流无关。

(2)光照特性:光敏电阻的光照特性是描述光电流 *I* 和光通量 *Φ* 之间的关系,不同的材料的光照特性是不同的,绝大多数光敏电阻光照特性是非线性的。如图 7.11 所示为硫化镉光敏电阻的光照特性。

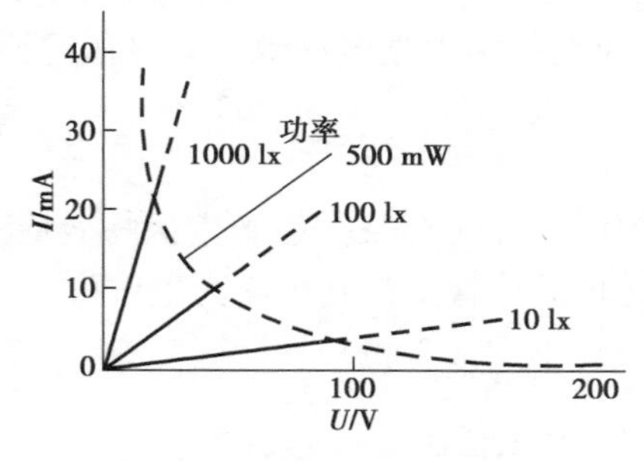

图 7.10 硫化镉光敏电阻的伏安特性

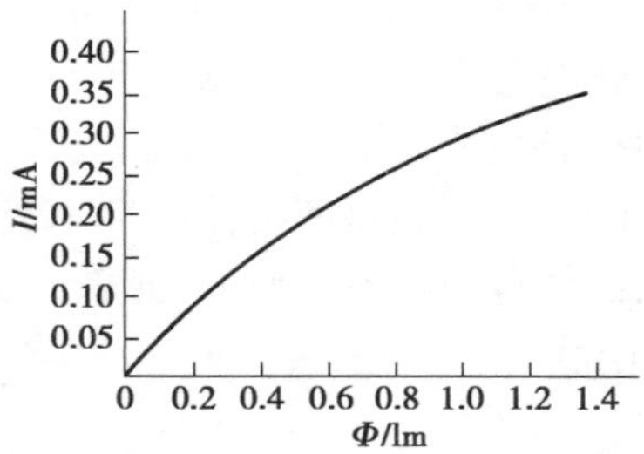

图 7.11 光敏电阻的光照特性

(3)光谱特性:光敏电阻对入射光的光谱特性具有选择作用,即光敏电阻对不同波长的入射光有不同的灵敏度。光敏电阻的相对光敏灵敏度与入射波长的关系称为光敏电阻的光谱特性,亦称光谱响应。如图 7.12 所示为几种不同材料光敏电阻的光谱特性。对应于不同波长,光敏电阻的灵敏度是不同的,而且不同材料的光敏电阻光谱响应曲线也不同。从图中可见硫化镉光敏电阻的光谱响应的峰值在可见光区域,常被用作光度量测量(照度计)的探头。而硫化铅光敏电阻响应于近红外和中红外区,常用作火焰探测器的探头,光敏电阻实物图如图 7.13 所示。

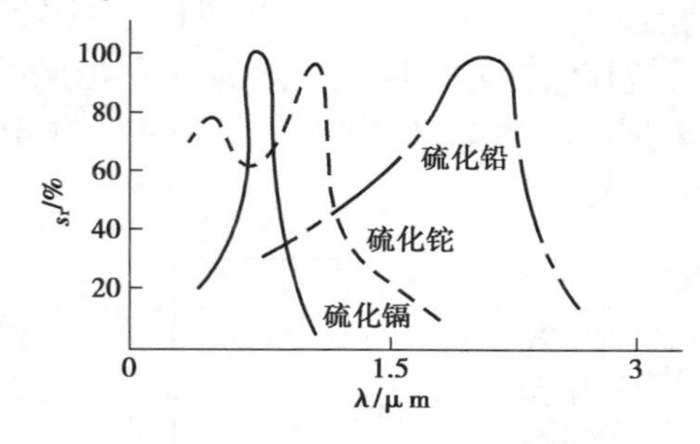

图 7.12 光敏电阻的光谱特性

图 7.13 光敏电阻

3.光敏二极管和光敏晶体管

1)光敏二极管和光敏晶体管的原理

光敏二极管的结构与一般二极管相似。它装在透明的玻璃外壳中,其 PN 结装在管的顶部,可以直接受到光的照射,如图 7.14 所示。光敏二极管在电路中一般处于反向工作状态,如图 7.15 所示。当没有光照射时,反向电阻很大,反向电流很小,这种反向电流称为暗电流,当光线照射在 PN 结上时,光子打在 PN 结附近,使 PN 结附近产生光生电子和光生空穴对,它们在 PN 结处的内电场作用下做定向移动,形成光电流。光的照度越大,光电流越大。因此光敏二极管在不受光照射时处于截止状态，受光照射时处于导通状态。

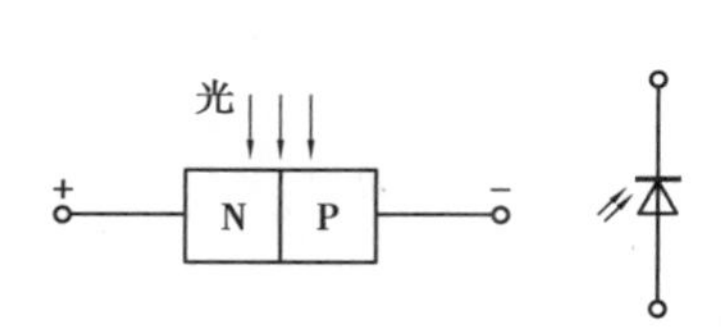

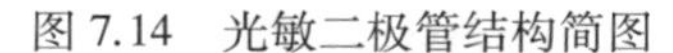

图 7.14　光敏二极管结构简图

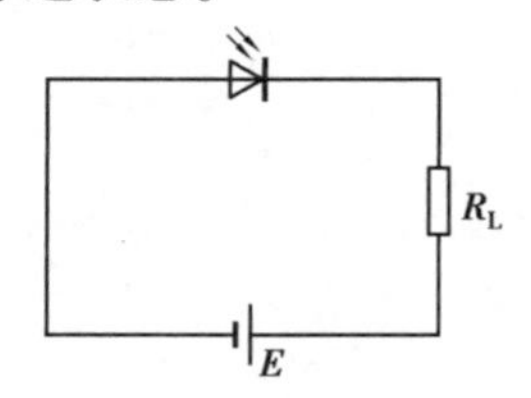

图 7.15　光敏二极管的接线图

光敏晶体管与一般晶体管相似，具有两个 PN 结，如图 7.16(a)所示，只是它的发射极一边做得很大，以扩大光的照射面积。光敏晶体管的接线如图 7.16(b)所示，大多数光敏晶体管的基极无引出线，当集电极加上相对于发射极为正的电压而不接基极时，集电极就是反向偏压，当光照射在集电结时就会在结附近产生电子——空穴对，光使电子被拉到集电极，基区留下空穴，使基极与发射极间的电压升高，这样便会有大量的电子流向集电极，形成输出电流，且集电极电流为光电流的 β 倍，所以光敏晶体管具有放大作用。

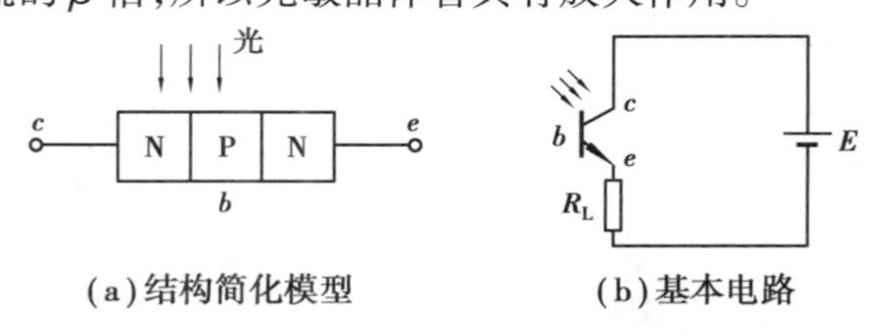

(a)结构简化模型　　(b)基本电路

图 7.16　NPN 型光敏晶体管结构简图与基本电路

光敏二极管、三极管的实物如图 7.17 所示。

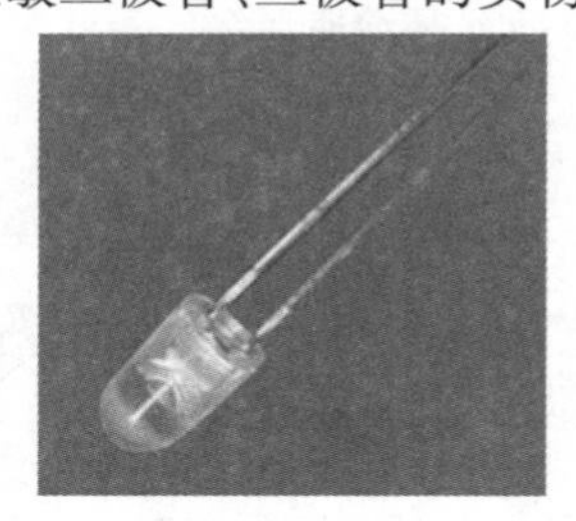

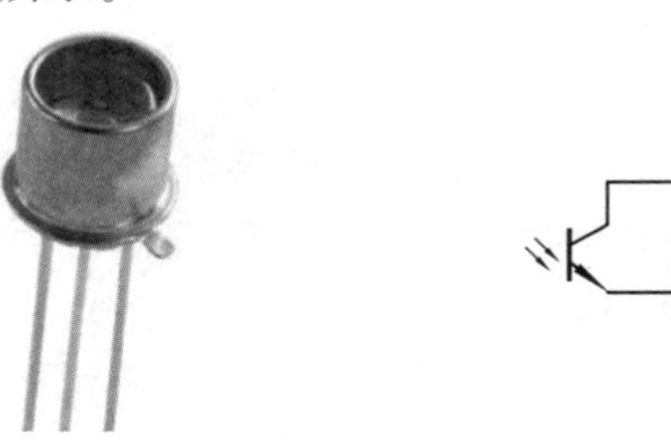

图 7.17　光敏二极管、三极管实物图

图 7.18　达林顿光敏管的等效电路

光敏晶体管的光电灵敏度虽然比光敏二极管高得多，但在需要高增益或大电流输出的场合，需采用达林顿光敏管。如图 7.18 所示是达林顿光敏管的等效电路。它是一个光敏晶体管与一个晶体管以共集电极连接的集成器件。由于增大了一级电流放大，所以输出电流能力大大增强，甚至可以不必经过进一步放大，便可直接驱动灵敏继电器。但由于无光照时的暗电流也增加，因此适合于开关状态或位式信号的光电转换。

2)基本特性

(1)光谱特性：光敏管的光谱特性是指在一定的照度时，输出的光电流(或用相对灵敏度表示)与入射光波长的关系。硅和锗光敏二极(晶体)管的光谱特性曲线如图 7.19 所示。从曲线可以看出，硅的峰值波长约为 0.9 μm，锗的峰值波长约为 1.5 μm，此时灵敏度最大，而当入射光的波长增长或缩短时，相对灵敏度都会下降。一般来讲，锗的暗电流较大，因此性能较差，故在可见光或探测赤热状态物体时，一般都用硅管。但在红外线探测时，锗管较为适宜。

(2)伏安特性：如图 7.20(a)所示为硅光敏二极管的伏安特性。横坐标表示所加的反向

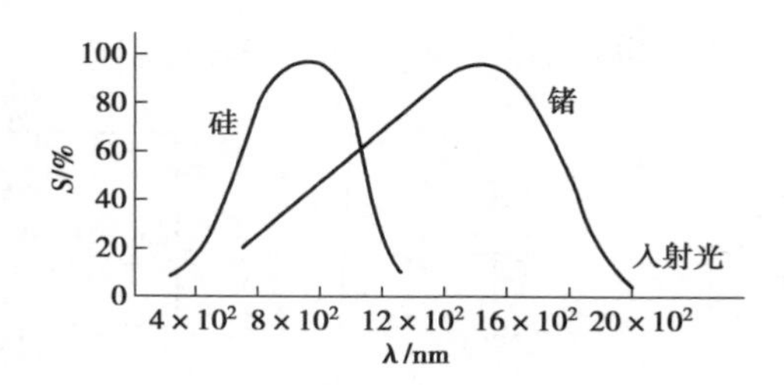

图 7.19　光敏二极(晶体)管的光谱特性

偏压。当光照时,反向电流随着光照强度的增大而增大,在不同的照度下,伏安特性曲线几乎平行,所以只要没达到饱和值,它的输出实际上不受偏压大小的影响。如图 7.20(b)所示为硅光敏晶体管的伏安特性。纵坐标为光电流,横坐标为集电极——发射极电压。从图中可见,由于晶体管具有放大作用,因此在同样的照度下,其光电流比相应的二极管大上百倍。

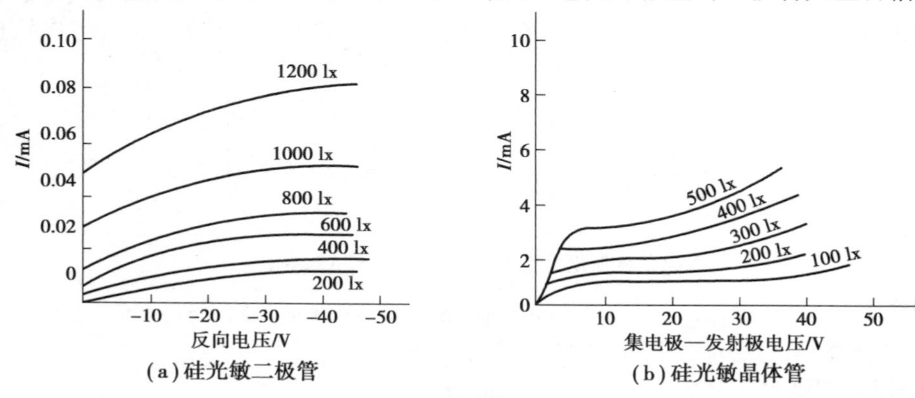

图 7.20　硅光敏管的伏安特性

(3)频率特性:光敏管的频率特性是指光敏管的输出电流(或相对灵敏度 S)随频率变化的关系。光敏二极管的频率特性是半导体光电器件中最好的一种,普通光敏二极管频率响应时间达 10 μs。光敏晶体管的频率特性受负载电阻的影响,如图 7.21 所示为光敏晶体管频率特性,减小负载电阻可以提高频率响应范围,但输出电压响应也减小。

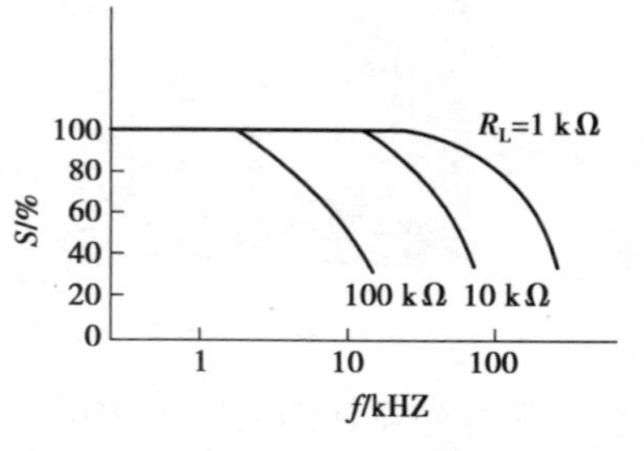

图 7.21　光敏电阻的频率特性

(4)温度特性:光敏管的温度特性是指光敏管的暗电流及光电流与温度的关系。光敏晶体管的温度特性曲线如图 7.22 所示。从特性曲线可以看出,温度变化对光电流影响很小,如图 7.22(b)所示,而对暗电流影响很大,如图 7.22(a)所示,所以在电子线路中应对暗电流进行温度补偿,否则将会导致输出误差。

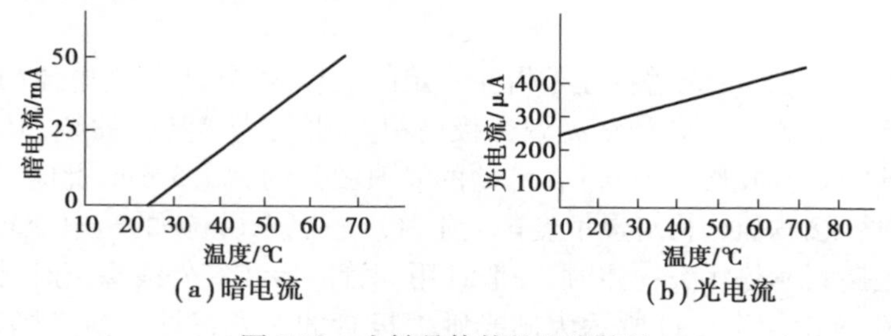

图 7.22　光敏晶体管的温度特性

4.光电池

1)光电池的原理

光电池是一种直接将光能转换成电能的一种光电器件。光电池在有光线作用时实质就是电源,电路中有了这个器件就不需外加电源。

光电池的工作原理是基于“光生伏特效应”。它实质上是一个大面积的 PN 结,当光照射在 PN 结的一个面,例如 P 型面时,若光子能量大于半导体的禁带宽度,那么 P 型区每吸收一个光子就会产生一对自由电子和空穴,电子——空穴对从表面向内迅速扩散,在结电场的作用下,最后建立一个与光照强度有关的电动势。如图 7.23 所示为硅光电池的原理图。

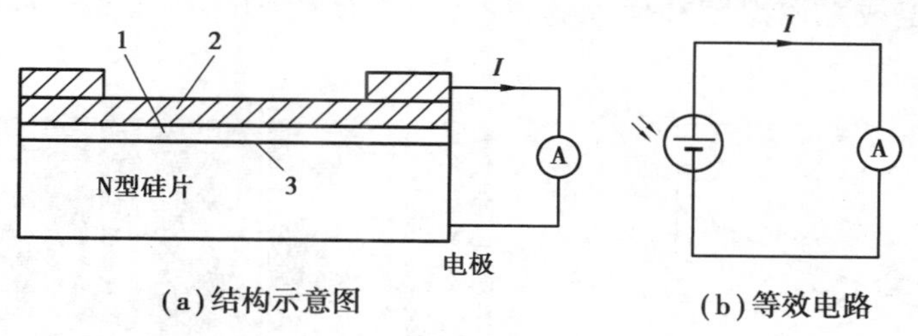

图 7.23 硅光电池原理图

1—硼扩散层;2—P 型电极(SiO_2 膜);3—PN 结

光电池的种类很多,有硒光电池、氧化亚铜光电池、锗光电池、硅光电池、砷化镓光电池等,其中硅光电池由于性能稳定、光谱范围宽、频率特性好、转换效率高及耐高温辐射,因此最受人们的重视。

2)基本特性

(1)光谱特性:光电池对不同波长的光灵敏度是不同的。如图 7.24 所示为硅光电池和硒光电池的光谱特性曲线。从图中可知,不同材料的光电池,光谱响应峰值所对应的入射光波长是不同的,硅光电池波长在 0.8 μm 附近,硒光电池在 0.5 μm 附近。硅光电池的光谱响应波长为 0.4~1.2 μm,而硒光电池只能为 0.38~0.75 μm。可见,硅光电池可以在很宽的波长范围内得到应用。

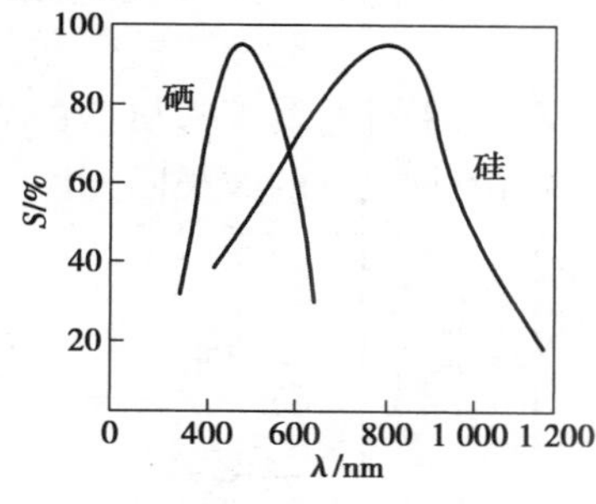

图 7.24 硅光电池的光谱特性

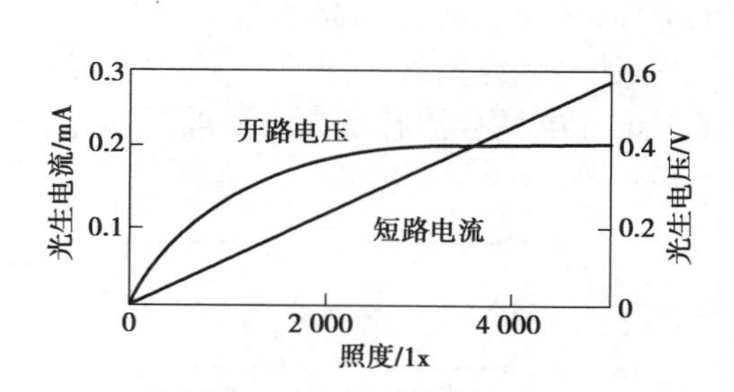

图 7.25 硅光电池的光照特性

(2)光照特性:光电池在不同光照度下,其光生电流和光生电动势是不同的,它们之间的关系就是光照特性,如图 7.25 所示为硅光电池的开路电压和短路电流与光照的关系曲线。从图中看出,短路电流在很大范围内与光照强度呈线性关系,开路电压(即负载 R_L 无限大时)与光照度的关系是非线性的,并且在照度为 2 000 lx(勒克斯)时就趋于饱和了。因此用光电池作为测量元件时,应把它当作电流源的形式来使用,不宜作电压源。

(3)频率特性:如图 7.26 所示分别给出硅光电池和硒光电池的频率特性,横坐标表示光的调制频率。由图可见,硅光电池有较好的频率响应。

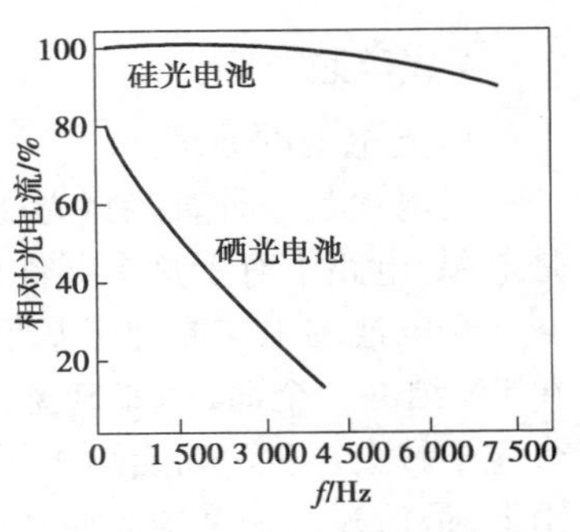

图 7.26　硅光电池的频率特性

(4)温度特性:光电池的温度特性是描述光电池的开路电压和短路电流随温度变化的情况。由于它关系到应用光电池的仪器或设备的温度漂移,影响测量精度和控制精度等重要指标,因此温度特性是光电池的重要特性之一。光电池的温度特性如图 7.27 所示。从图中看出,开路电压随温度升高而下降的速度较快,而短路电流随温度升高而缓慢增加。由于温度对光电池的工作有很大的影响,因此把它作为测量元件使用时,最好保证温度恒定或采取温度补偿措施,硅光电池实物如图 7. 28 所示。

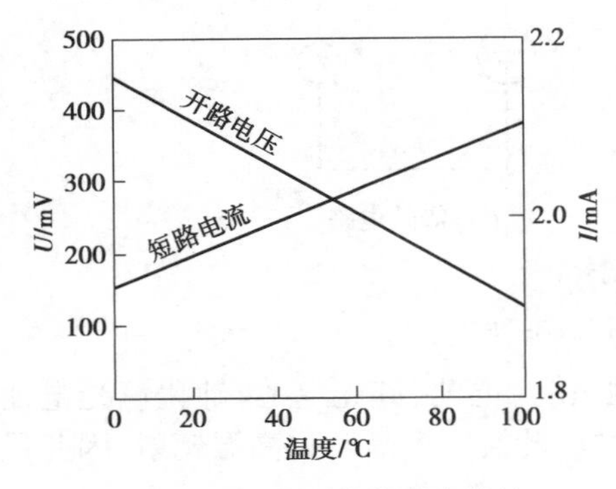

图 7.27　硅光电池的温度特性

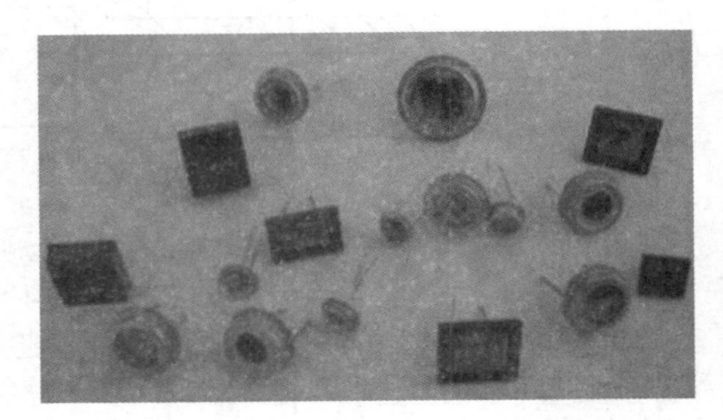

图 7.28　硅光电池实物图

7.1.3　光电耦合器件

1.光电耦合器

光电耦合器的发光元件和接收元件都装在一个外壳内,一般有金属封装和塑料封装两种。发光器件通常采用砷化镓发光二极管,其管芯由一个 PN 结组成,随着正向电压的增大正向电流也增加,发光二极管的光通量也增加。光电接收元件可以是光敏二极管和光敏三极管,也可以是达林顿光敏管。图 7.29 所示为光敏三极管和达林顿光敏管输出型的光电耦合器。为了保证光电耦合器有较高的灵敏度,应使发光元件和接收元件的波长匹配。

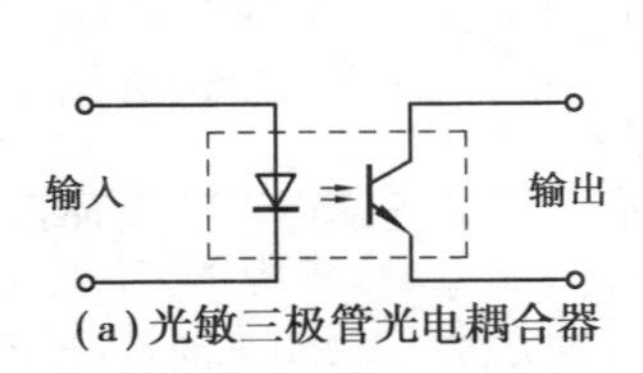

(a)光敏三极管光电耦合器

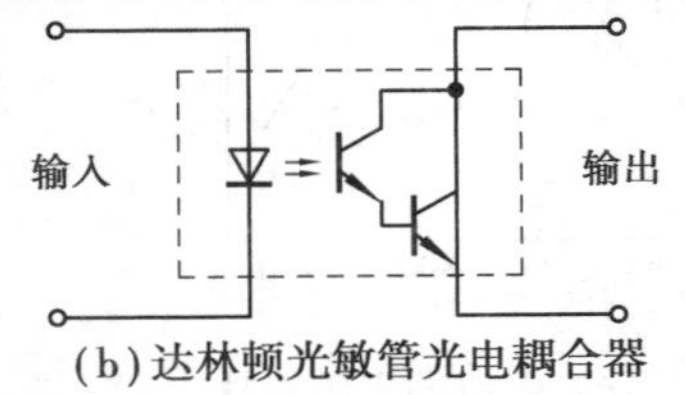

(b)达林顿光敏管光电耦合器

图 7.29　光电耦合器的组合形式

光电耦合器实际上是一个电隔离转换器,它具有抗干扰性能和单向信号传输功能,广泛应用在电路隔离、电平转换、噪声抑制等场合。

2.光电开关

光电开关是一种利用感光元件对变化的入射光加以接收,并进行光电转换,同时加以某种形式的放大和控制,从而获得最终的控制输出“开”“关”信号的器件。

如图 7.30 所示为典型的光电开关结构图。图 7.30(a)是一种透射式的光电开关,它的发光元件和接收元件的光轴是重合的。当不透明的物体位于或经过它们之间时会阻断光路,使接收元件接收不到来自发光元件的光,这样就起了检测的作用。图 7.30(b)是一种反射式的光电开关,它的发光元件和接收元件的光轴在同一平面且以某一角度相交,交点一般即为待测物所在处。当有物体经过时,接收元件将收到从物体表面反射的光,没有物体时则接收不到。光电开关的特点是小型、高速、非接触,而且用于 TTL、MOS 等容易使用电路的场合。

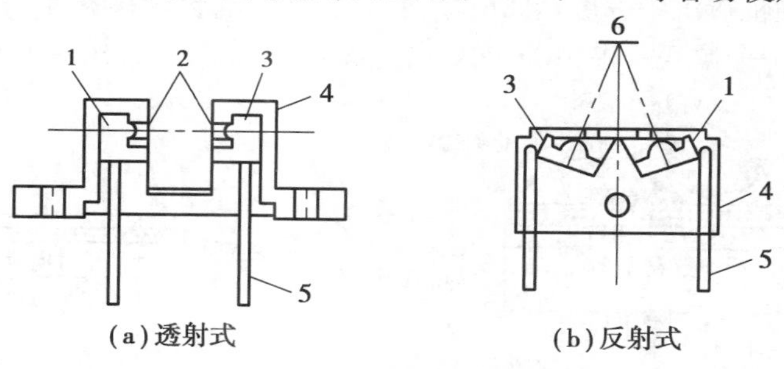

图 7.30　光电开关的结构

1—发光元件;2—窗;3—接收元件;4—壳体;5—导线; 6—反射物

用光电开关检测物体时,大部分要求其输出信号有高—低(1—0)之分即可。如图 7.31 所示是光电开关的基本电路实例。图 7.31(a)、(b)表示负载为 CMOS 比较器等高输入阻抗电路时的情况,图 7.31(c)表示用晶体管放大光电流的情况。

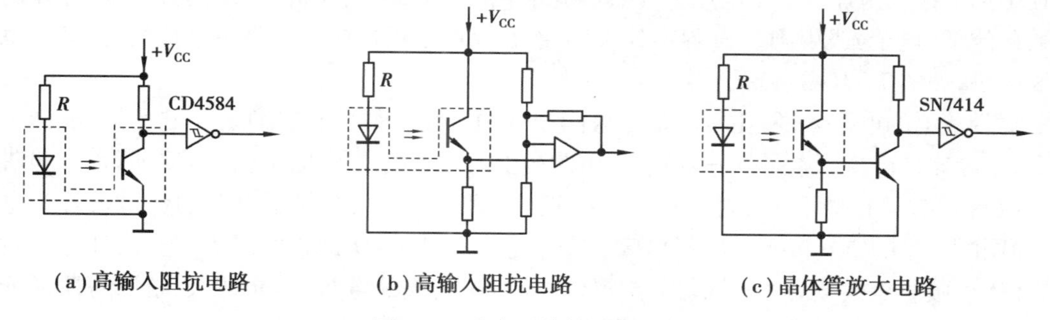

图 7.31　光电开关的基本电路

光电开光广泛应用于工业控制,自动化包装线及安全装置中作为光控制和光检测装置。可在自动控制系统中用作物体检测,产品计数,料位检测,尺寸控制,安全报警及计算机输入接口等。

光电耦合器和光电开关实物图如图 7.32 所示。

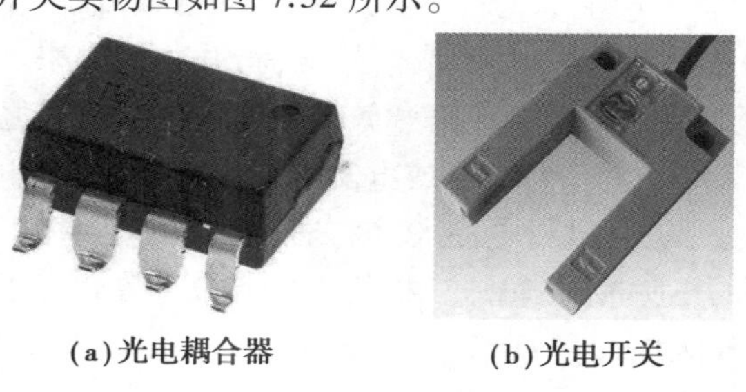

图 7.32　光电耦合器实物图

7.1.4 CCD 图像传感器

1.电荷存储原理

CCD 是由若干个电荷耦合单元组成的,其基本单元是 MOS(金属-氧化物-半导体)电容器,图 7.33(a)所示。它以 P 型(或 N 型)半导体为衬底,上面覆盖一层厚度约 120 nm 的 SiO_2,再在 SiO_2 表面依次沉积一层金属电极而构成 MOS 电容转移器件。这样一个 MOS 结构称为一个光敏元或一个像素。将 MOS 阵列加上输入、输出结构就构成了 CCD 器件。

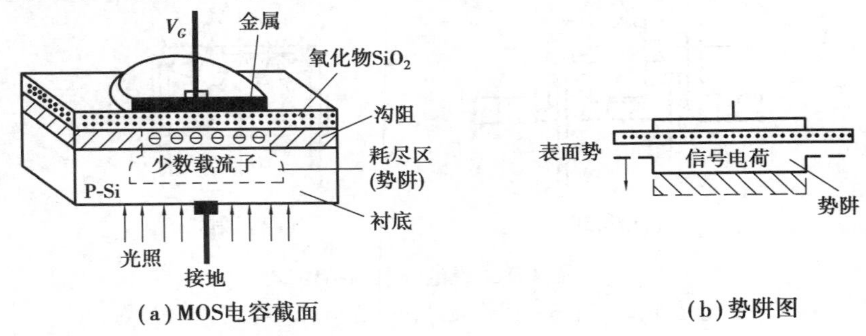

图 7.33 MOS 电容器

与其他电容器一样,MOS 电容器能够存储电荷。如果 MOS 电容器中的半导体是 P 型硅,当在金属电极上施加一个正电压 U_a 时,P 型硅中的多数载流子(空穴)受到排斥,半导体内的少数载流子(电子)吸引到 P-Si 界面处来,从而在界面附近形成一个带负电荷的耗尽区,也称表面势阱,如图 7.33(a)、(b)。

对带负电的电子来说,耗尽区是个势能很低的区域。如果有光照射在硅片上,在光子作用下,半导体硅产生了电子——空穴对,由此产生的光生电子就被附近的势阱所吸收,势阱内所吸收的光生电子数量与入射到该势阱附近的光强成正比,存储了电荷的势阱被称为电荷包,而同时产生的空穴被排斥出耗尽区。在一定的条件下,所加正电压 U_g 越大,耗尽层就越深,Si 表面吸收少数载流子表面势(半导体表面对于衬底的电势差)也越大,这时势阱所能容纳的少数载流子电荷的量就越大。

CCD 的信号是电荷,那么信号电荷是怎样产生的呢? CCD 的信号电荷产生有两种方式:光信号注入和电信号注入。CCD 用作固态图像传感器时,接收的是光信号,即光信号注入。图 7.34(a)是背面光注入方法,如果用透明电极也可用正面光注入方法。当 CCD 器件受光照射时,在栅极附近的半导体内产生电子——空穴对,其多数载流子(空穴)被排斥进入衬底,而少数载流子(电子)则被收集在势阱中,形成信号电荷,并存储起来。存储电荷的多少正比于照射的光强,从而可以反映图像的明暗程度,实现光信号与电信号之间的转换。所谓电信号注入,就是 CCD 通过输入结构对信号电压或电流进行采样,将信号电压或电流转换成信号电荷。图 7.34(b)是用输入二极管进行电注入,该二极管是在输入栅衬底上扩散形成的。当输入栅 IG 加上宽度为 Δt 的正脉冲时,输入二极管 PN 结的少数载流子通过输入栅下的沟道注入 ϕ_1 电极下的势阱中,注入电荷量 $Q=I_D\Delta t$。

2.电荷转移原理

CCD 的最基本结构是一系列彼此非常靠近的 MOS 电容器,这些电容器用同一半导体衬

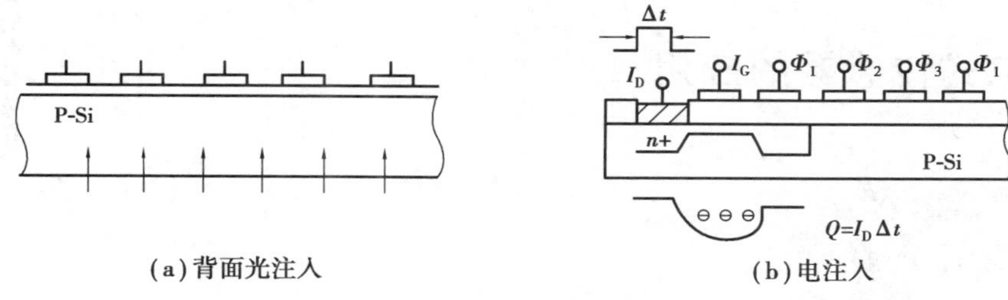

(a)背面光注入　　(b)电注入

图 7.34　电荷注入方法

底制成,衬底上面覆盖一层氧化层,并在其上制作许多互相绝缘的金属电极,各电极按三相(也有二相和四相)配线方式连接,图 7.35 为三相 CCD 时钟电压与电荷转移关系。当电压从电极 Φ_1 相移到电极 Φ_2 相时,Φ_1 相电极下势阱消失,Φ_2 相电极下形成势阱。这样储存于 Φ_1 相电极下势阱中的电荷移到邻近的中 Φ_2 相电极下势阱中,实现电荷的耦合与转移。

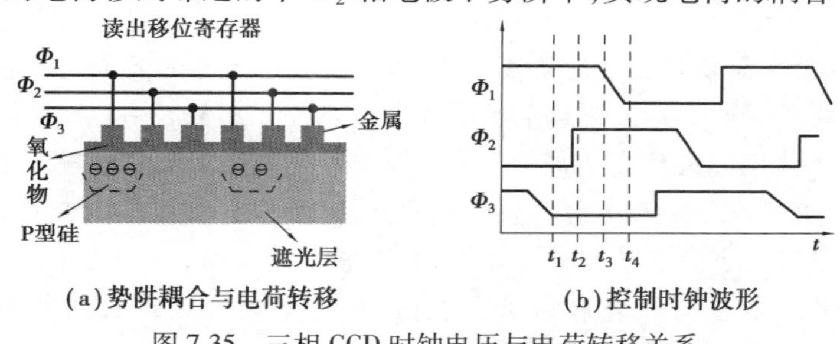

(a)势阱耦合与电荷转移　　(b)控制时钟波形

图 7.35　三相 CCD 时钟电压与电荷转移关系

3.电荷输出原理

CCD 输出端实际上是在 CCD 阵列的末端衬底上制作一个输出二极管,当输出二极管加上反向偏压时,转移到终端的电荷在时钟脉冲作用下移向输出二极管,被二极管的 PN 结所收集,在负载电阻上就形成脉冲电流,输出电流的大小与信号电荷大小成正比,并通过负载电阻变为信号电压输出。

2008 年北京绿色奥运会给我们的启示:

(1)2008 年北京奥运会使中国日益自信,大国心态和风范亦得到塑造和锤炼。北京奥运会圆了中国的百年梦想,使中国更加自信,更加开放,更加进步。北京奥运会后的中国,更加致力于和平的发展、开放的发展、合作的发展,致力于同世界各国人民一道,建设持久和平、共同繁荣的和谐世界。

(2)北京的“绿色奥运”不仅代表了当今国际环保事业发展的方向,也反映出技术进步、资源节约、适度消费的环境友好发展模式。通过无极灯、微波灯及发光二极管等无汞清洁光源以及采用导光系统、太阳能蓄光电池等天然光,这样的模式为我国的新材料产业尤其是绿色材料产业带来了重要的发展机遇和广阔的发展空间,也预示了未来新材料产业发展的趋势。

7.2 光电式传感器的应用

光电式传感器的应用

【案例导读】工业排放是大气污染第一大排放源(图 7.36)

据中国生态环境部公布的消息显示,2018 年 3 月,全国环保举报管理平台共接到环保举报 46 929 件,相比上月增加 158.5%。在各类污染举报中,涉及大气的举报最多,占 51.5%。

近年来,污染天气频发成为现阶段大气污染治理的焦点和难点,工业排放是大气污染第一大排放源。烟尘是工业最主要的 3 种污染气体排放之一(二氧化硫、粉尘、烟尘),它会给人体健康带来巨大的威胁,引发各种呼吸系统疾病,尤其是对上呼吸道损害很大,此外烟尘还能与空气中的二氧化硫发生协同作用,加重其对身体的危害;而烟尘逸散到大气中后又会影响植物光合作用,并能够引发酸雨,导致土壤退化,破坏区域环境。之前学者对烟尘的环境影响研究表明,每吨烟尘排放造成的经济损失为 150 元,仅略低于每吨二氧化碳排放造成的经济损失,因此针对工业烟尘排放进行研究,具有重要的现实意义。

绿水青山就是金山银山,阐述了经济发展和生态环境保护的关系,揭示了保护生态环境就是保护生产力、改善生态环境就是发展生产力的道理,指明了实现发展和保护协同共生的新路径。因此,降低工业污染的排放刻不容缓。

图 7.36　工业排放的污染气体

【案例分析】通过光电式烟尘浊度检测仪对企业排放的烟尘源进行连续检测、自动显示和超标报警,依据检测结果,通过结构效应是控制并降低工业烟尘排放的潜在动力,通过将工业产值由高污染行业转移向低污染行业,实现更彻底的工业烟尘减排。

7.2.1　光电式纬线探测器

光电式纬线探测器是用于喷气织机上，判断纬线是否断线的一种探测器。如图 7.37 所示为光电式纬线探测器原理电路图。

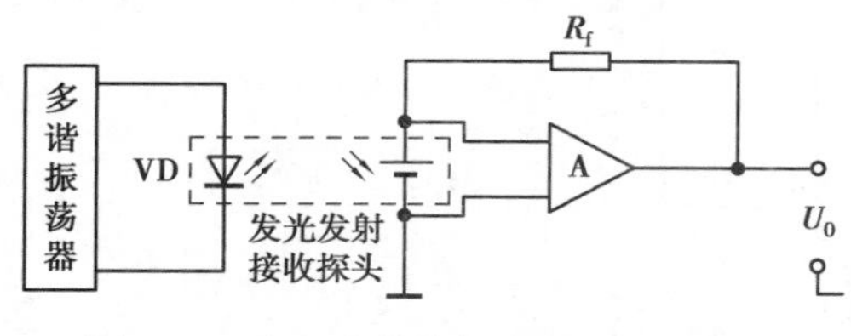

图 7.37　光电式纬线探测器原理电路图

当纬线在喷气作用下前进时，红外发光管 VD 发出红外光，经纬线反射，由光电池接收，如光电池接收不到反射信号时，说明纬线已断。因此利用光电池的输出信号，通过后续电路的放大、脉冲整形等，控制机器是正常运转还是关机报警。

由于纬线线径很细，又是摆动前进，形成光的漫射，削弱了光的反射强度，而且还伴有背景杂散光，因此要求探纬器具有较高的灵敏度和分辨率。为此，红外发光管 VD 采用占空比很小的强电流脉冲供电，这样既可保证发光管的使用寿命，又能在瞬间有强光射出，以提高检测灵敏度。一般来说，光电池的输出信号较小，需经放大、脉冲整形，以提高分辨率。

7.2.2　燃气器具中的脉冲点火控制器

由于燃气是易燃、易爆气体，所以对燃气器具中的点火控制器的要求是安全、稳定、可靠。为此电路中就有这样一个功能，即打火确认针产生火花，才可以打开燃气阀门；否则燃气阀门关闭。这样就能保证使用燃气器具的安全性。

如图 7.38 所示为燃气器具中高压打火确认电路的原理图。在高压打火时，火花电压可超过 1 万 V，这个脉冲高压对电路的影响极大，为了使电路正常工作，采用光电耦合器 V_B 进行电平隔离，大大增加了电路的抗干扰能力。当高压打火针经打火确认针放电时，光电耦合器中的发光二极管发光，耦合器中的光敏三极管导通，经 VT_1、VT_2、VT_3 放大，驱动强吸电磁阀，将气路打开，燃气碰到火花即燃烧。若打火针与打火确认针之间不放电，光电耦器不工作，VT_1 等不导通，燃气阀门关闭。

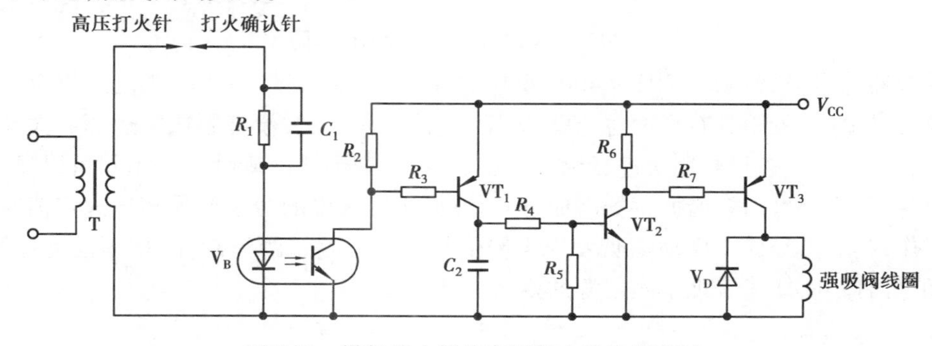

图 7.38　燃气热水器的高压打火确认原理图

7.2.3 电冰箱照明灯故障检测器电路

如图 7.39 所示是电冰箱照明灯故障检测器电路。此检测器可检测电冰箱的照明工作情况。M5232L、VT、C 等组成一个光控音频振荡器,在有光照时,音频振荡器停振,B 无声;当无光照射时,音频振荡器开始振荡,B 发声。使用时,只需将检测器放到冰箱的照明灯下面,关闭箱门后,B 应发声,如不发声,说明照明灯没有熄灭,可判断照明电路或照明开关出故障,应及时修理。

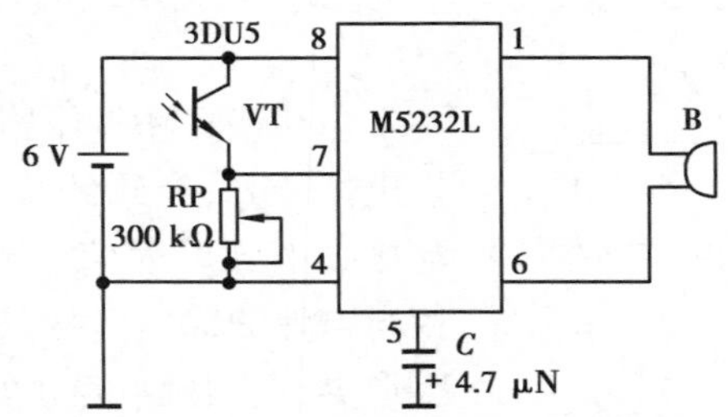

图 7.39 电冰箱照明灯故障检测器电路

7.2.4 烟尘浊度连续检测仪

工业烟尘是环境的主要污染之一,为此需要对烟尘源进行连续检测、自动显示和超标报警。

烟道里的烟尘浊度是通过光在烟道里传输过程中的变化大小来检测的。如果烟道里的烟尘浊度增加,光源发出的光被烟尘颗粒物吸收和折射就增多,到达检测器上的光减少,因而光检测器的输出信号便可反映烟道里烟尘浊度的变化。

如图 7.40 所示是吸收式烟尘浊度检测仪的组成框图。为了检测出烟尘中对人体的危害性最大的亚微米颗粒的浊度和避免水蒸气和二氧化碳对光源衰弱的影响,选取可见光作为光源。该光源产生光谱范围为 400~700 nm 的纯白炽平行光,要求光照稳定。

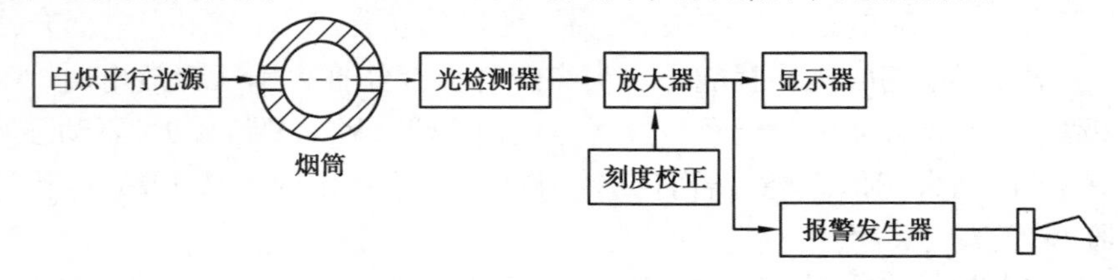

图 7.40 吸收式烟尘浊度检测仪框图

光检测器选取光谱响应范围为 400~600 nm 的光电管,获得随浊度变化的相应电信号。为提高检测灵敏度,采用具有高增益、高输入阻抗、低零漂、高共模抑制比的运算放大器,对电信号进行放大。刻度校正被用来进行调零与调满,以保证测试准确性。显示器可以显示浊度的瞬时值,报警发生器由多谐振荡器组成,当运算方法器输出的浊度信号超出规定值时,多谐振荡器工作,其输出经放大推动喇叭发出报警信号。为了测试的精确性,烟尘浊度检测仪应安装在烟道出口处,能代表烟尘发射源的横截面部位。

工业排放是大气污染第一大排放源给我们的启示：

（1）“绿水青山就是金山银山”指明了经济发展与生态环境保护协调发展的方法论。习近平总书记曾提出对绿水青山和金山银山之间关系认识的三个阶段。对三个阶段的认识，反映了发展的价值取向从经济优先，到经济发展与生态保护并重，再到生态价值优先、生态环境保护成为经济发展内在变量的变化轨迹。保护生态环境不是不要发展，而是要更好地发展。生态环境越好，对生产要素的集聚力就越强，就能推动经济社会又好又快发展。

（2）光电式烟尘浊度检测仪对企业排放的烟尘源进行连续检测、自动显示和超标报警，督促企业积极开展技术研发与革新，降低单位产值的烟尘产生量，强化烟尘排放的源头控制，加强烟气治理工程，实现污染达标排放。

城市治理智能化——传感器的应用

2018 年 11 月，习近平总书记近日在上海考察时强调，城市治理是国家治理体系和治理能力现代化的重要内容。一流城市要有一流治理，要注重在科学化、精细化、智能化上下功夫。城市治理智能化，不仅需要科技创新，也需要机制创新、理念创新，只有以开放包容的心态，勇于创新、支持创新，才能让我们的城市变得更智慧，让人民群众的生活变得更美好。

这一章我们学习了光电式传感器的原理和基本特性，讲解了各种形式的光电式传感器的应用。光电测量时不与被测对象直接接触，光束的质量又近似为零，在测量中不存在摩擦和对被测对象几乎不施加压力。因此在许多应用场合，光电式传感器比其他传感器有明显的优越性。如图 7.41 所示为利用硅光电池实现路灯自动控制的电路，其图 7.41（a）为控制电路原理图，图 7.41（b）为主电路。VT_1、VT_2 为三极管，K 为继电器，K_M 线圈为交流接触器，B 为硅光电池，R_P 为调节电位器，根据这章学习的内容，请大家思考其原理是什么。

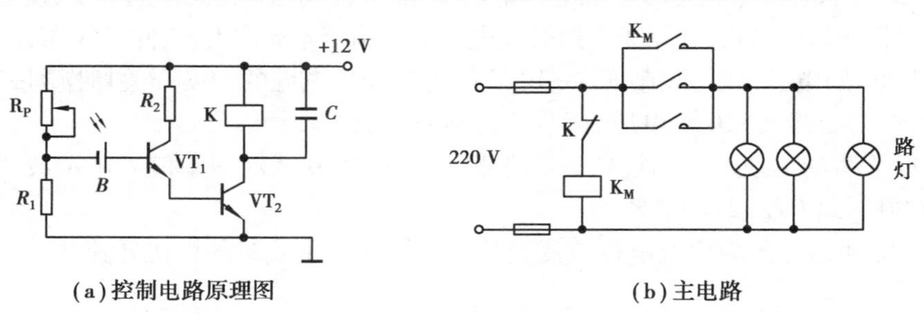

图 7.41　路灯自动控制电路

光电式传感器测转速

实训目的：

1.了解光电式传感器测速的原理。

2.观察并了解光电式传感器的结构，熟悉光电式传感器的工作特性，掌握光电式传感器测速的基本方法。

3.锻炼动手能力，将课堂理论与实践相结合培养精益求精的工匠精神。

1.实训原理

电机的转动使光纤探头与反射面(电机转盘)的相对位置发生变化，从而导致光电元件接收到的光的强度发生变化，光电元件将此光强的变化转换为相应的电信号的变化，电信号经放大、波形整形输出方波，再经 F/V 转换测出频率。只要测出此电信号的频率，就可以知道被测的转速。

2.实训设备和器材

实训设备和器材包括电机控制单元，小电机，F/V 表，差动放大器，光电式传感器，主、副电源，直流稳压电源和示波器等。

3.实训内容和步骤

(1)在传感器的安装顶板上，拧松小电机前面的轴套的调节螺钉，连轴拆去电涡流传感器，换上光电传感器。将光电传感器控头对准小电机上的小白圆圈(反射面)，调节传感器高度，离反射面 2~3 mm 为宜。

(2)按图 7.42 所示接线，将差动放大器的增益调至最大，将 F/V 表的切换开关置为 2 V，开启主、副电源。

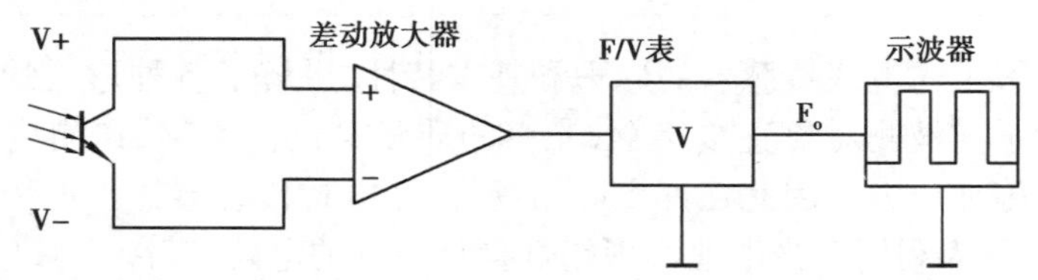

图 7.42　测量电路图

(3)将光纤探头移至电机上方对准电机上的反光纸，调节光纤传感器的高度，使 F/V 表显示最大。再用手稍微转动电机，让反光面避开光电探头。调节差动放大器，使 F/V 显示接近零。

(4)合上主、副电源，将可调整±2~±10 V 的直流稳压电源的切换开关切换到±10 V，在电机控制单元的 V_+ 处接入+10 V 电压，调节转速旋钮使电机转动。

(5)将 F/V 表的切换开关切换到 2 k 挡测频率，F/V 表显示频率值。用示波器观察输出口的转速脉冲信号(U_{P-P}>2 V)。

(6)根据脉冲信号的频率及电机上反光片的数目换算出此时的电机转速。

注意事项

(1)如示波器上观察不到脉冲波形而实验又正常，可调整探头与电机间的距离，同检查示波器的输入衰减开关位置是否合适（建议使用不带衰减的探头）。

（2）接线端子接触必须牢靠。

光电式接近开关用于生产线上的产品计数

采用自动线进行生产的产品应有足够大的产量；产品设计和工艺应先进、稳定、可靠，并在较长时间内保持基本不变。在大批、大量生产中采用自动线能提高劳动生产率，稳定和提高产品质量，改善劳动条件，缩减生产占地面积，降低生产成本，缩短生产周期，保证生产均衡性，有显著的经济效益。

光电式接近开关又称为无接触检测和控制开关，它利用物质对光束的遮蔽、吸收或反射等作用，对物体的位置、形状、标志、符号等进行检测。光电式接近开关所检测物体不限于金属，所有能反射光线的物体均可被检测。利用光电式接近开关可以制成产品计数器，广泛应用于自动化生产线的产品计数，具有无接触、安全可靠的优点。

请根据了解的光电式接近开关的知识，设计一个生产线上的产品计数装置。当产品在传送带上运行时，不断地遮挡光源到光敏器件间的光路，使光电脉冲电路随着产品的有无产生一个个电脉冲信号。产品每遮光一次，光电脉冲电路便产生一个脉冲信号，因此，输出的脉冲数即代表产品的数目。该脉冲经计数电路计数并由显示电路显示出来。画出相应的结构图并说明工作原理。

图 7.43　硅光电池应用于人造卫星

1. 东方红一号卫星是 1970 年 4 月 24 日中国自行研制并成功发射的第一颗人造卫星，按时间先后顺序，中国是继苏、美、法、日之后，世界上第五个用自制火箭发射国产卫星的国家，老一辈科学家的爱国、奉献、治学、修身，永远值得我们去学习，随着科技的发展，现在我国的人造卫星上常用硅光电池（图 7.43）作为电源，请说明其应用的原理时什么。

2. 光电效应有哪几种？相对应的光电器件各有哪些？

3. 试述光敏电阻、光敏二极管、光敏晶体管和光电池的工作原理及在实际应用时的特点。

4. 光电耦合器分为哪两类？各有什么用途？

5. 试述光电开关的工作原理（拟订光电开关用于自动装配流水线上工作的计数装置检测系统）。

6. 什么是光电元件的光谱特性？

7. 光敏二级管和光电池分别属于哪种光电效应？其特定是什么？

8. 什么是 *CCD* 的势阱？*CCD* 图像传感器中电荷转移原理是什么？

8

新型传感器

知识目标

1. 了解红外传感器；
2. 了解生物传感器；
3. 了解光纤传感器。

技能目标

1. 能根据工作需求选择合适的传感器；
2. 能区分各种类型传感器的性能差异。

素质目标

1. 培养学生认识到集中力量办大事的社会主义制度优越性；
2. 培养学生“不忘初心、牢记使命”，做有责任有担当的青年；
3. 培养学生认识到爱国是要把自己的理想同祖国的前途紧密联系在一起。

8.1 红外传感器

红外传感器(1)

【案例导读】众志成城,防控疫情

2020 年 3 月 10 日习近平总书记赴湖北省武汉市考察新型冠状病毒感染的肺炎疫情防控工作,深情点赞奋战在抗“疫”一线的医务工作者,称赞他们是新时代最可爱的人,是光明的使者、希望的使者,是最美的天使,是真正的英雄(图 8.1)。

在这场新中国成立以来传播速度最快、感染范围最广、防控难度最大的战“疫”中,广大医务人员像战士一样冲锋在前,日夜奋战,舍生忘死,不负重托,不辱使命,同时间赛跑,与病魔较量,无时无刻不在感动着全社会,也给了我们战胜疫情、拥抱希望的信心。总书记饱含深情的点赞,是对英雄的最高褒奖,也是对广大医务人员最大的激励。

在这场疫情防控战争中,习近平总书记强调“把人民群众生命安全和身体健康放在第一位”,疫情发生以来,除了医护工作者,各有关部门和地方在疫情防控、患者救治、科研攻关、物资保障等方面采取了一系列措施。各级党委和政府坚定不移地把党中央各项决策部署落到了实处,各级党政领导干部特别是主要领导干部深入了疫情防控第一线,基层党组织和广大党员发挥了战斗堡垒作用和先锋模范作用,广泛动员群众、组织群众、凝聚群众,全面落实了联防联控措施,构筑了群防群治的严密防线。各地各有关部门做好了疫情监测、排查、预警等工作,把各项防控措施落细落小落实,任务到人、责任到人,力求做到严密周全,由于新型冠状病毒感染患者一般会有发热症状,因此落小落实的过程中,首要检测的就是测体温,在医院、社区、超市、高速路口、小区门口等防控地点,都有奋战在一线的工作人员拿着体温计进行排查。

图 8.1 最美的天使

【案例分析】比起接触式测温方法,红外测温有着响应时间快、非接触、使用安全及使用寿命长等优点,红外测温仪的原理是:温度在绝对零度以上的物体,都会因自身的分子运动而辐射出红外线。通过红外探测器将物体辐射的功率信号转换成电信号后,经电子系统处理,得到物体温度。

红外技术是在最近几十年中发展起来的一门新兴技术。它已在科技、国防和工农业生产等领域获得了广泛的应用。红外传感器按其应用可分为以下几方面:①红外辐射计,用于辐射和光谱辐射测量;②搜索和跟踪系统,用于搜索和跟踪红外目标,确定其空间位置并对它的运动进行跟踪;③热成像系统,可产生整个目标红外辐射的分布图像,如红外图像仪、多光谱扫描仪等;④红外测距和通信系统;⑤混合系统,是指以上各类系统中的两个或多个的组合。

8.1.1 红外辐射

1.红外辐射的特性

红外辐射俗称红外线,它是一种不可见光,由于是位于可见光中红色光以外的光线,是太阳光谱的一部分,实质上是一种电磁波,由图 8.2 所示的电磁波谱可知,和可见光相邻的红外线(包括极远红外线、远红外线、中红外线和近红外线)的波长范围为 0.75~1 000 μm,其中近红外线波长范围为 1~3 μm。硅光电器件对光波最敏感的区域为 0.80~0.95 μm,在这个波段内,利用砷化镓和砷铝化镓材料制成的红外发光二极管发射波段,可以作为红外线遥控器的主要光源。

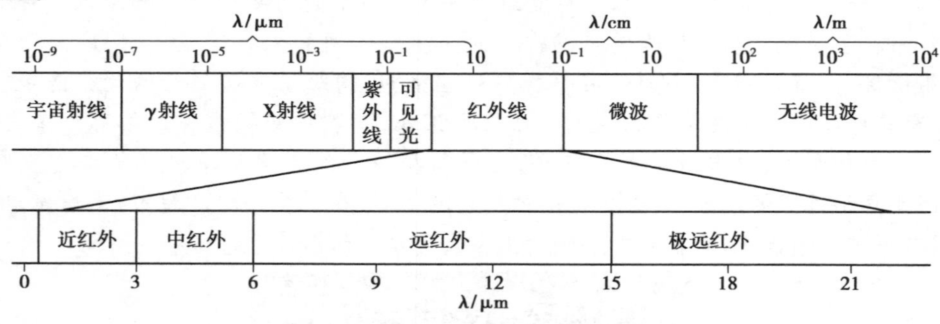

图 8.2 电磁波谱图

红外辐射是由于物体(固体、液体和气体)内部分子的转动及振动而产生的。这类振动过程是物体受热而引起的,只有在绝对零度(-273.16 ℃)时,一切物体的分子才会停止运动。所以在绝对零度时,没有一种物体会发射红外线。换言之,在常温下,所有的物体都是红外辐射的发射源,如火焰、汽车、飞机、动植物和人体等都是红外辐射源。红外线和所有的电磁波一样,具有反射、折射、散射、干涉及吸收等性质,但它的热效应非常大。红外线在真空中传播的速度为 3×10^8 m/s,而在介质中传播时,由于介质的吸收和散射作用使它产生衰减。红外线的衰减遵循如下规律,即

$$I = I_0 e^{-Kx} \tag{8.1}$$

式中:I——通过厚度为 x 的介质后的通量;

I_0——射到介质时的通量;

e——自然对数的底;

K——与介质性质有关的常数。

金属对红外辐射衰减非常大,一般金属材料基本上不能透过红外线。大多数半导体材料及一些塑料能透过红外线。液体对红外线的吸收较大,如 1 mm 厚的水对红外线的透明度很小,当厚度达到 1 cm 时,水对红外线几乎完全不透明。气体对红外辐射也有不同程度的吸收,如大气(含水蒸气、二氧化碳、臭氧、甲烷等)对红外辐射就存在不同程度的吸收。气体对波长为 1~5 μm 和 8~14 μm 的红外线是比较透明的,对其他波长的透明度相对较差。而介质的不均匀、晶体材料的不纯洁、有杂质或悬浮小颗粒等,都会引起红外辐射的散射。温度越低的物体,辐射的红外线波长越长。由此,在工业上和军事上根据需要有选择地接收某一范围的波长,即可达到测量的目的。

2.红外辐射的基本定律

①希尔霍夫定律。希尔霍夫定律指出一个物体向周围辐射热能的同时也吸收周围物体的辐射能。如果几个物体处于同一温度场中,各物体的热发射本领正比于它的吸收本领,这就是希尔霍夫定律。可用下式表示

$$E_r = \alpha E_0 \tag{8.2}$$

式中:E_r——物体在单位面积和单位时间内发射出来的辐射能;

α——该物体对辐射能的吸收系数;

E_0——等价于黑体在相同温度下发射的能量,它是常数。黑体是指能在任何温度下全部吸收投射到其表面的红外幅射的物体。

②斯忒藩-玻尔兹曼定律(Stefan-Boltzmann law)。物体温度越高,它辐射出来的能量越大。可用下面公式表示:

$$E = \sigma \varepsilon T^4 \tag{8.3}$$

式中:E——某物体在温度 T 时单位面积和单位时间的红外辐射总能量;

σ——斯忒藩-玻尔兹曼常数;

ε——比辐射率,即物体表面辐射本领与黑体辐射本领之比值,黑体的 $\varepsilon=1$;

T——物体的绝对温度。

物体红外辐射的能量与它自身的绝对温度 T 的四次方成正比,并与 ε 成正比。物体温度越高,其表面所辐射的能量就越大。

③维恩位移定律。热辐射发射的电磁波中包含着各种波长。实验证明,物体峰值辐射波长与物体自身的绝对温度成反比,即

$$\lambda_m = \frac{2\,897}{T}(\mu m) \tag{8.4}$$

从图 8.3 所示曲线可知,峰值辐射波长随温度升高向短波方向偏移。当温度不很高时,峰值辐射波长在红外区域。

8.1.2 红外传感器的类型与原理

红外传感器一般由光学系统、探测器、信号调理电路及显示单元等组成。红外探测器是红外传感器的核心。红外探测器是利用红外辐射与物质相互作用所呈现的物理效应来探测红外辐射的。红外探测器的种类很多,按探测机理的不同,分为热探测器和光子探测器两大类。

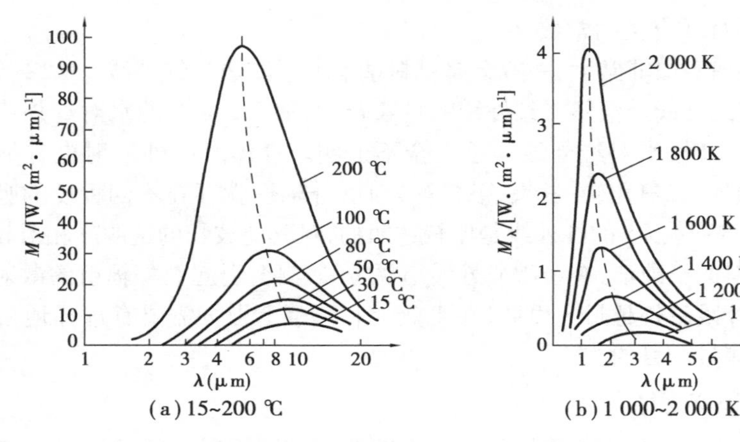

(a) 15~200 ℃ (b) 1 000~2 000 K

图 8.3 峰值辐射波长与温度的关系曲线

1.热探测器

热探测器是利用入射红外辐射引起敏感元件的温度变化，进而使其有关物理参数发生相应变化的原理制成的，通过测量有关物理参数的变化可确定探测器所吸收的红外辐射。热探测器的优点是响应波段宽，可以在室温下工作，使用方便。但由于热探测器响应时间长，灵敏度低，一般只用于红外辐射变化缓慢的场合。热探测器分为热电阻型、热电偶型、气体型和热释电型等，其中，热释电型探测器在热探测器中探测率最高，频率响应最宽，所以这种探测器备受重视，发展很快。

热释电型探测器是根据热释电效应制成的，即电石、水晶、酒石酸钾钠、钛酸钡等晶体受热产生温度变化时，其原子排列将发生变化，晶体自然极化，在其两表面产生电荷的现象称为热释电效应。用此效应制成的“铁电体”，其极化强度（单位面积上的电荷）与温度有关。当红外辐射照射到已经极化的铁电体薄片表面上时引起薄片温度升高，使其极化强度降低，表面电荷减少，这相当于释放一部分电荷，所以叫作热释电型探测器。如果将负载电阻与铁电体薄片相连，则负载电阻上便产生一个电信号输出。输出信号的强弱取决于薄片温度变化的快慢，从而反映出入射的红外辐射的强弱，热释电型探测器的电压响应率正比于入射光辐射率变化的速率。

2.光子探测器

光子探测器是利用某些半导体材料在红外辐射的照射下产生光子效应，使材料的电学性质发生变化的原理制成的。通过测量电学性质的变化，可以确定红外辐射的强弱。光子探测器按照工作原理的不同可分为外光电探测器和内光电探测器两种。内光电探测器又可分为光电探测器、光电伏特探测器和光磁电探测器三种。光电探测器的主要特点是灵敏度高、响应速度快、响应频率高，但必须在低温下工作，而且探测波段较窄。这类传感器主要有红外二极管、红外三极管等。

8.1.3 红外传感器的应用

红外传感器(2)

1.红外测温仪

红外测温仪是利用热辐射体在红外波段的辐射通量来测量温度的。当物体的温度低于1 000 ℃时，它向外辐射的不再是可见光而是红外光了，可用红外探测器检测其温度。

图 8.4 所示的是目前常见的红外线测温仪方框图,它是一个光、机、电一体化的红外线测温系统。图中的光学系统是一个固定焦距的透射系统,滤光片一般采用只允许 8~14 μm 的红外辐射能通过的材料。步进电机带动调制盘转动,将被测的红外辐射调制成交变的红外辐射线。红外探测器一般为(钽酸锂)热释电探测器,透镜的焦点落在其光敏面上。被测目标的红外辐射通过透镜聚焦在红外探测器上,红外探测器将红外辐射变换为电信号输出。

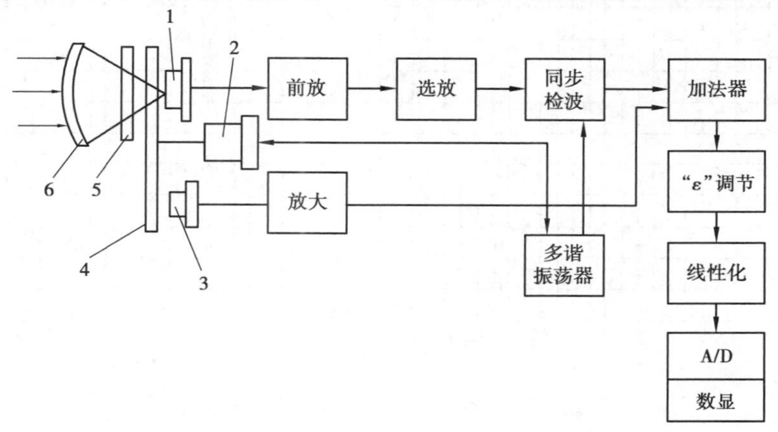

图 8.4 红外测温仪方框图

1—红外探测器;2—步进电机;3—温度传感器;4—调制盘;5—滤光片;6—透镜

红外测温仪电路比较复杂,包括前置放大器、选频放大、温度补偿、线性化、发射率调节等。目前已经有一种带单片机的智能红外测温仪,利用单片机与软件的功能,大大简化了硬件电路,提高了仪表的稳定性、可靠性和准确性。红外辐射温度计既可用于高温测量,又可用于冰点以下的温度测量,所以是辐射温度计的发展趋势。市售的红外辐射温度计的温度范围可以从-30~3 000 ℃,中间分成若干个不同的规格,可根据需要选择适合的型号。

红外测温是目前较先进的测温方法,特点有:

(1)远距离、非接触测量,适应于高速、带电、高温、高压物体;

(2)反应速度快,不需要达到热平衡过程,反应时间在微秒级;

(3)灵敏度高,辐射能与温度 T 成正比;

(4)准确度高,可达 0.1 ℃内;

(5)应用范围广泛,零下至上千度。

2.红外线气体分析仪

红外线气体分析仪是根据气体对红外线具有选择性的吸收的特性来对气体成分进行分析的。不同气体其吸收波段(吸收带)不同,从图 8.5 中可以看出,CO 气体对波长为 4.65 μm 附近的红外线具有很强的吸收能力,CO_2 气体则发生在 2.78 μm 和 4.26 μm 附近以及波长大于 13 μm 的范围对红外线有较强的吸收能力。如分析 CO 气体,则可以利用 4.26 μm 附近的吸收波段进行分析。

多种气体检测装置如图 8.6 所示,光源由镍铬丝通电加热发出 3~10 μm 的红外线,切光片将连续的红外线调制成脉冲状的红外线,以便于红外探测器检测。测量气室中通入被分析气体,参与气室中封入不吸收红外线的气体(如 N_2 等)。

红外探测器是薄膜电容型,它有一个吸气气室,充以被测气体,当它吸收了红外辐射能量

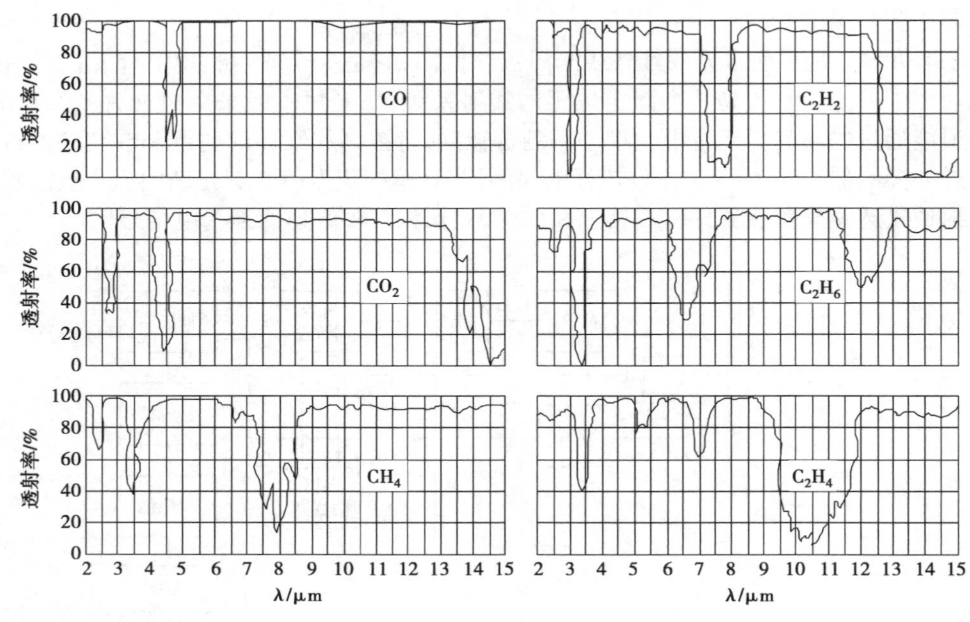

图 8.5 几种气体对红外线的透射光谱

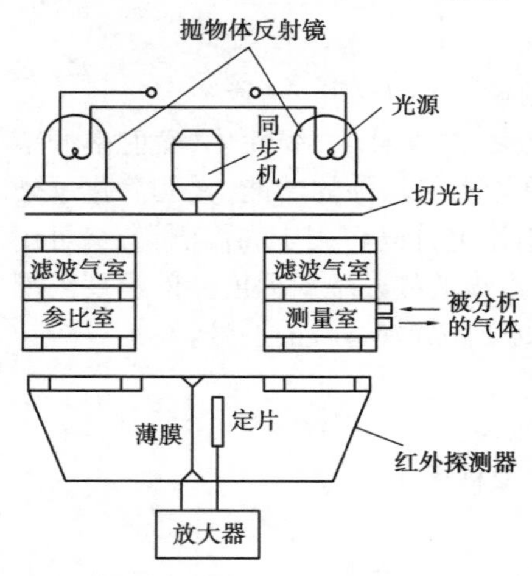

图 8.6 多种气体检测装置

后，气体温度升高，导致室内压力增大。测量时（如分析CO气体的含量），两束红外线经反射、切光后射入测量气室和参比气室，由于测量气室中含有一定量的CO气体，该气体对4.65 μm的红外线有较强的吸收能力，而参比气室中气体不吸收红外线，这样射入红外探测器两个吸收气室的红外线光造成能量差异，使两吸收室压力不同，测试边的压力增加，于是薄膜远离定片方向，改变了薄膜电容两电极间的距离，也改变了电容C。如被测气体的浓度越大，两束光强的差值也越大，则电容的变化也越大，因此，电容变化量反映了被分析气体中被测气体的浓度。

图 8.6 所示结构中还设置了滤波气室，它是为了消除干扰气体对测量结果的影响。所谓干扰气体，就是指与被测气体吸收红外线波段有部分重叠的气体，如CO气体和CO_2在4~5 μm波段内红外吸收光谱有部分重叠，则CO_2的存在对分析CO气体带来影响，这种影响称为干扰。为此在测量边和参比边各设置了一个封有干扰气体的滤波气室，它能将与CO_2气体对应的红外线吸收波段的能量全部吸收，因此左右两边吸收气室的红外能量之差只与被测气体（如CO）的浓度有关。

3.热释电红外传感器

热释电红外线传感器是20世纪80年代发展起来的一种新型高灵敏度探测元件。它能以非接触形式检测出人体辐射的红外线能量的变化，并将其转换成电压信号输出，同时，它还能鉴别出运动的生物与其他非生物，后续将这个电压信号加以放大，便可驱动各种控制电路，如作电源开关控制、防盗防火报警、自动监测等。热释电红外传感器不仅适用于防盗报警场所，亦适于对人体伤害极为严重的高压电及X射线场合等。

热释电红外线传感器采用的主要元件是热释电晶片，但热释电晶片表面必须罩上一块由一组平行的棱柱型透镜所组成菲涅尔透镜，如图8.7所示，每一透镜单元都只有一个不大的视场角，用于调制红外光，当人体在透镜的监视视野范围中运动时，顺次地进入第一、第二单元透镜的视场，晶片上的两个反向串联的热释电单元将输出一串交变脉冲信号，如果人体静止不动地站在热释电元件前面，它是"视而不见"的。若热释电红外线传感器不加菲涅尔透镜时，其检测距离小于2 m，而加上该透镜后，其检测距离可增加3倍以上。

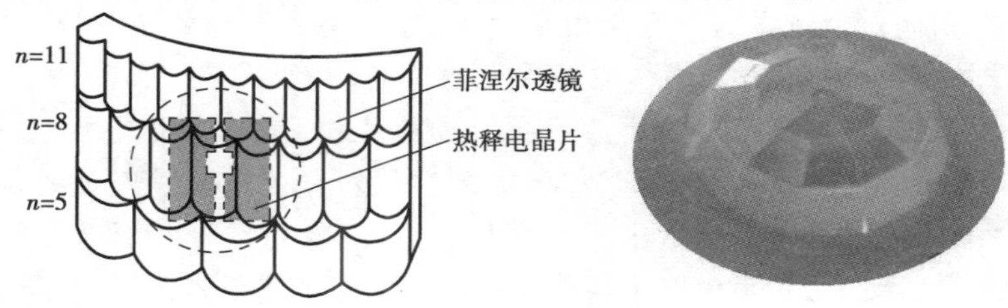

图8.7 菲涅尔透镜

众志成城，防控疫情给我们的启示：

(1)在党中央的坚强领导下，全国上下紧急行动，从组织各方力量开展防控，到压实属地防控责任、强化防控措施落实，从全力救治患者，到及时发布疫情信息，各项防控工作有力有序开展。事实表明，有党中央的坚强领导，举国上下同心同德，是打赢疫情防控阻击战最大的底气。

(2)在防控新冠肺炎疫情阻击战中，我们最尊敬最可爱的白衣天使冲锋在前、坚守一线，用实际行动体现了崇高的使命担当、优秀的道德情操，这种崇高的精神值得我们学习。

(3)红外测温仪响应时间快、非接触、使用安全及使用寿命长等优点，在这次疫情中用于检测人体温度，避免了交叉感染，能够对人群进行初步的排查。

8.2 生物传感器

生物传感器(1)

【案例导读】国士无双钟南山

2020年冬春之交，新型冠状病毒肺炎突袭武汉，并随春运人潮悄声却又迅猛地传播至全国。84岁的钟南山再次临危受命，担任国家卫健委高级别专家组组长，在这个戴着口罩的春天，我们细数了钟南山与疫情相关的几个瞬间，讲述他与新冠肺炎的抗争史。

第一个瞬间:武广高铁餐车。武汉爆发新冠病毒,钟南山呼吁大家没有特殊情况,不要去武汉。然而,1 月 18 日周六晚,说这话的人却坐在赶往武汉的高铁上,老院士还在奔赴一线,让人心疼,但更多人是安心。

第二个瞬间:肯定人传人。1 月 20 日晚上,央视《新闻 1+1》节目连线钟南山,面对白岩松的追问,钟南山回答"根据目前的资料,新型冠状病毒肺炎肯定人传人"。这让全国人民春节期间走亲访友的计划无限期搁置,进入全民防控的新阶段。实事求是,科学精神,是钟南山这一代学者隽刻在灵魂里的信仰。

第三个瞬间:问候前线医务人员。医护人员的防护,是钟南山最担心的问题。他深知,阻击传播量大的新型冠状病毒肺炎,重要的是发挥各地医护人员的作用。疫情发生以来,钟南山通过屏幕进行过很多次远程会诊,把他的经验和智慧贡献给奋战在一线的医护人员。近日,钟南山院士团队开发出咽拭子采样机器人,用机器人采样,可以保护医护人员,由于新型冠状病毒肺炎在全球范围内爆发,各个国家都开始投入大量的人力和资金研发检测新型冠状病毒肺炎的生物试剂和传感器。

第四个瞬间:连线外国医学院;3 月 12 日 19 时,钟南山在广州医科大学附属第一医院,同医院重症监护团队一起,与美国哈佛大学医学院及美国重症监护方面的专家进行多方视频连线。会议中,钟南山团队介绍了新冠病毒感染危重患者的临床特点和治疗难点,并分享了快速检测新冠病毒和防控社区聚集性病例的经验,双方讨论就新冠肺炎临床研究开展合作。

十七年前的 2003 年,非典疫情在北京爆发。中国工程院院士钟南山冲锋在前,主动要求"把重病患者都送我这里来"。

三十多年前,钟南山结束英国进修,他向学生提起:"在我将要回国的时候,导师的挽留的确使我心潮澎湃!但是,爱丁堡毕竟是英国的爱丁堡,而我来自中国,祖国正需要我,我的事业在中国!在经受了歧视,维护了自己和祖国的尊严后,我更能深深地体会科学家巴甫洛夫的话——'科学没有国界,但科学家却有国界'。当我回到珠江边的时候,我的心才真正踏实了。"

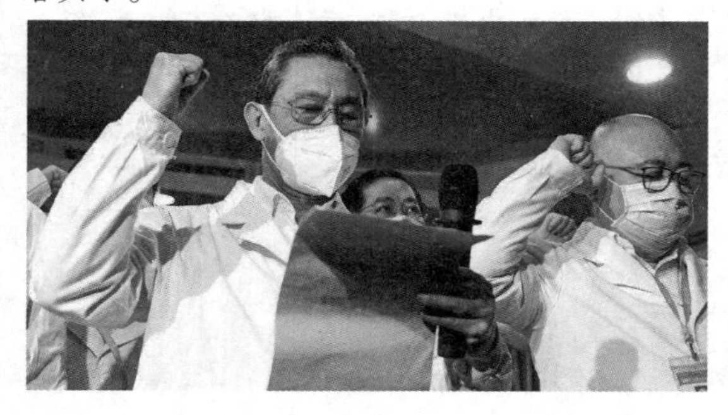

图 8.8 钟南山领誓——"白衣战士"火线入党

《人民日报》评价钟南山院士:既有国士的担当,又有战士的勇猛,令人肃然起敬。

【案例分析】生物传感器是一种新型的传感器,由固定化的生物敏感材料作识别元件(包括酶、抗体、抗原、微生物、细胞、组织、核酸等生物活性物质)、适当的理化换能器及信号放大装置构成分析工具或系统,可用于进行临床诊断检查。

8.2.1 生物传感器概念

生物传感器是一门由生物、化学、物理、医学、电子技术等多种学科互相渗透成长起来的高新技术，是一种将生物感应元件的专一性与一个能够产生和待测物浓度成比例的信号传导器结合起来的分析装置，具有选择性好、灵敏度高、分析速度快、成本低、能在复杂的体系中进行在线连续检测的特点。生物传感器的高度自动化、微型化与集成化，减少了对使用者环境和技术的要求，适合野外现场分析的需求，在生物、医学、环境监测，视频，医药及军事医学等领域有着重要的应用价值。

生物传感器的研究始于20世纪60年代初期。随着传感技术、半导体技术、微机械加工技术、生物工程技术和生物电子学的发展，各种类型的生物传感器相继问世。在21世纪知识经济发展中，生物传感器技术必将是介于信息和生物技术之间的新增长点，而生物传感器技术与纳米技术相结合将是生物传感器领域新的生长点，其中以生物芯片为主的微阵列技术是研究的重点。

1.生物传感器的定义

严格的生物传感器定义（由国际理论和应用化学联合会（IUPAC）推荐）为：生物传感器是一个独立的、完整的装置，通过利用与换能器保持直接空间接触的生物识别元件（生物化学受体），能够提供特殊的定量和半定量分析信息。生物传感器是化学传感器中的一大类别，它利用各种生物物质做成，用于检测与识别生物体内的化学成分。

2.生物传感器的测量原理和基本组成

生物传感器是在传统传感器转换元件前增加一个生物敏感膜而形成的，敏感膜上固定化生物活性物质作为敏感元件。生物活性物质与被测目标高度选择性地发生反应，通过各种物理化学型信号换能器捕捉反应产生的变化量，将其转化为离散或连续的电信号，从而得到被测物的浓度。生物活性物质由生物成分或生物体构成，具有分子识别能力，有的还能够放大反应信号，通常是固定化的细胞、酶、抗体、微生物、核酸、抗原和抗体、动植物组织切片等，换能器是电化学或光学检测元件，有电极、热敏电阻、离子敏场效应管等。

8.2.2 生物传感器的工作原理

生物传感器是对生物物质敏感并将其浓度转换为电信号进行检测的仪器。生物传感器的传感原理如图8.9所示，其构成包括两部分：生物敏感膜和换能器。被分析物扩散进入固定化生物敏感膜层，经分子识别发生生物学反应，产生的信息继而被相应的化学换能器或物理换能器转变成可定量和可处理的电信号，再经检测放大器放大并输出，从而可知待测物的浓度。

1.生物传感器的分子识别功能及信号转换

生物传感器的信号转换方式主要有以下几种：

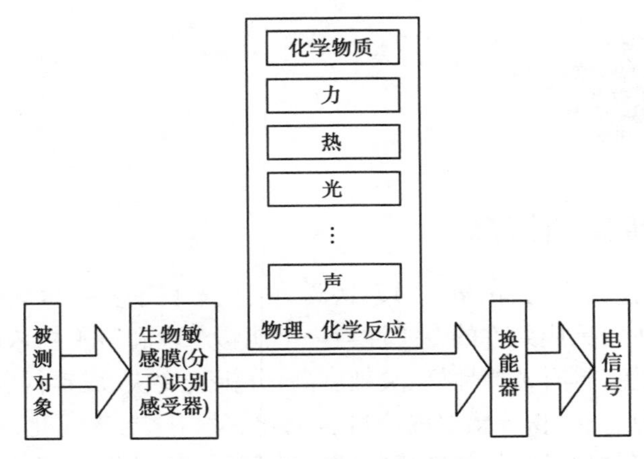

图 8.9　生物传感器原理图

①化学变化转换为电信号方式。用酶来识别分子,光催化这种分子,使之发生特异反应,产生特定物质的增减。将这种反应后产生的物质的增与减转换为电信号。能完成这个使命的器件有克拉克型氧电极、H_2O_2 电极、H_2 电极、H^+ 电极、NH_4 电极、CO_2 电极及离子选择性 FET 电极等。

②热变化转化为电信号方式。固定在膜上的生物物质在进行分子识别时,伴随有热变化,这种热变化可以转换为电信号进行识别,能完成这种使命的便是热敏电阻。

③光变化转换为电信号方式。萤火虫的光是在常温常压下,由酶催化产生的化学发光。最近发现有很多种可以催化产生化学发光的酶,可以在分子识别时导致发光,再转换为电信号。

④直接诱导式电信号方式。分子识别处的变化如果是电的变化,则不需要电信号转换元件,但是必须有导出信号的电极。例如:在金属或半导体的表面固定抗体分子,称为固定化抗体。此固定化抗体和溶液中的抗原发生反应时,则形成抗原体复合体,用适当的参比电极测量它和这种金属或半导体间的电位差,则可发现反应前后的电位差是不同的。

2.生物传感器的分类

生物传感器的种类繁多,常见的按照其感受器中所采用的生命物质分类,可分为微生物传感器、免疫传感器、组织传感器、细胞传感器、酶传感器、DNA 传感器等;按照传感器器件检测的原理分类,可分为热敏生物传感器、场效应管生物传感器压电生物传感器、光学生物传感器、声波道生物传感器、半导体生物传感器、酶电极生物传感器、介体生物传感器等;按照生物敏感物质相互作用的类型分类,可分为亲和型和代谢型两种。

3.几种典型的生物传感器

①酶传感器。酶传感器的基本原理是用酶电极、热敏电阻、光纤、敏感场效应晶体管等检测酶在催化反应中生成或消耗的物质(电极活性物质)或发出的光和热,将其变换成电信号输出。这种信号变换通常有两种:电位法和电流法。电位法是将酶催化反应所引起的物质量的变化转变为电位信号输出,电位信号大小与检测目标浓度的对数呈线性关系。电流法是将酶催化反应产生的物质发生电极反应所产生的电流响应作为测量信号,在一定条件下,利用测得的电流信号与被测物活度或浓度的函数关系,来测定样品中某一生物组分的活度或浓度。

近年来,随着纳米技术的发展,对酶电极的研究进人了全新的阶段。由于纳米颗粒不仅可以增强酶生物传感器的敏感性,还能与酶内部的亲水基团发生作用从而改变酶的构型,提高酶的催化效率,因此,现在有望实现纳米颗粒(如 Au 颗粒和 SO_2 颗粒)与酶分子活性中心及电极表面之间的直接电化学作用,这样将能够大大增强生物传感器的灵敏度。

在酶传感器中固定化酶有三种方式:一是把酶制成膜状,将其设置在电极附近,这种方式最普遍;二是在金属或 FET 栅极表面结合酶,使受体与电极结合起来;三是把固定化酶填充在小柱中作为受体,使受体与电极分离。

酶传感器是最早达到实用化的一种生物传感器,利用它可以测定各种糖、乙醇氨基酸、胺、醋质、无机离子等。

②微生物传感器。酶一般由微生物经过的过程提取分离而得到,利用单一,所以价格昂贵,且多数不稳定。微生物细胞不同于一般的动植物细胞,它能单独进行生长、呼吸、繁殖等生命活动,不停地从周围环境中摄取物质进行同化作用,同时又不停地向环境排出代谢产物及废物,因而,微生物可以看成含有多种天然复合酶系。微生物的种类非常多,菌体中的复合酶、能量再生系统、辅助酶再生系统、微生物的呼吸新陈代谢为代表的全部生理机能都可以加以利用。微生物传感器与酶传感器相比,复杂、高功能、价格更便宜、使用时间更长、稳定性更好。

由于微生物有好气性与厌气性之分(也称为好氧反应与厌氧反应),所以传感器也根据这一特性而有所区别。好气性微生物传感器是因为好气性微生物生活在含氧条件下,在微生物生长过程中离不开氧气(O_2),可根据呼吸活性控制氧气浓度得知其生理状态。对于厌气性微生物,由于氧气的存在妨碍其生长,可由其生成的二氧化碳(CO_2)或代谢产物得知其生理状态。因此,可利用二氧化碳电极或离子选择电极测定代谢产物。

③免疫传感器酶。免疫传感器以免疫为基础,人体在同生存环境接触过程中,一旦有病原菌或其他异性蛋白质侵入,则将在体内产生能识别这些异物,并把它们从体内排出的称为“抗体’的蛋白质。由于抗体分子中氨基酸结构排列的不同,存在与抗原形状相适应的分子空间,称为识别部位,它依靠很弱的静电引力选择性地识别特定的抗原,并在这个分子空间内形成抗体、抗原复合体。利用抗原、抗体的识别和结合反应制成的免疫传感器,能够对蛋白质、多糖类等结构略异的高分子有高选择性。免疫传感器用于测定各种抗体抗原半抗原以及能进行免疫反应的多种生物活性物质,如蛋白质、激素、药物、毒素等。

8.2.3 生物芯片

生物传感器(2)

生物芯片技术,被喻为 21 世纪生命科学的支撑技术,是便携式生化分析仪器的技术核心,是 20 世纪 90 年代中期以来影响最深远的重大科技进展之一。所谓生物芯片,是通过微加工技术和微电子技术在固体芯片表面构建微型生物化学分析系统,将成千上万与生命相关的信息集成在一块面积约为 1 cm^2 的硅、玻璃、塑料等材料制成的芯片上,在待分析样品中的生物分子与生物芯片的探针分子发生相互作用后,对作用信号进行检测和分析,以达到基因、细胞、蛋白质、抗原以及其他生物组分准确、快速的分析和检测。

根据芯片上的固定的探针不同,生物芯片包括基因芯片、蛋白质芯片、细胞芯片、组织芯片。

1.基因芯片

基因芯片也称 DNA 芯片,它是在基因探针基础上研制而成的,所谓基因探针只是一段人工合成的碱基序列,在探针上连接一些可检测的物质,根据碱基互补的原理,利用基因探针到基因混合物中识别特定基因。它将大量探针分子固定于支持物上,然后与标记的样品进行杂交,通过检测杂交信号的强度及分布来进行分析。基因芯片的突出优点是整个检测过程快速高效,其被广泛用于 DNA 测序、基因表达分析、法医鉴定等。

常见的微阵列基因芯片包括平面微阵列基因芯片、三维结构微阵列基因芯片和电诱导控制基因芯片等。图 8.10 所示为一种用于检测白血病的微阵列基因芯片工作原理示意图。

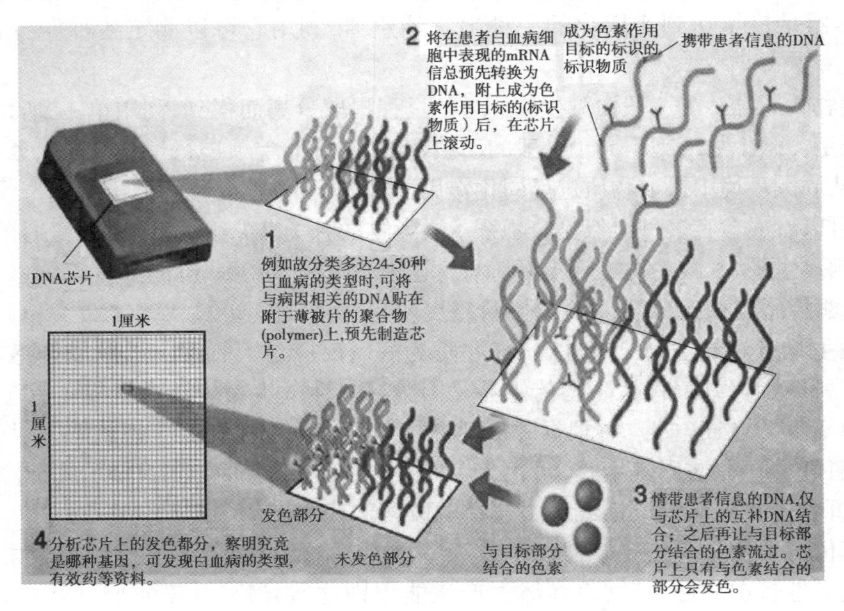

图 8.10　用于检测白血病的微阵列基因芯片工作原理示意图

2.蛋白质芯片

蛋白质芯片以蛋白质代替 DNA 作为检测目的物,蛋白质芯片与基因芯片的原理基本相同,但其利用的不是碱基配对而是抗体与抗原结合的特异性,即免疫反应来实现检测。检测的原理是依据蛋白质分子、蛋白与核酸、蛋白与其他分子的相互作用。

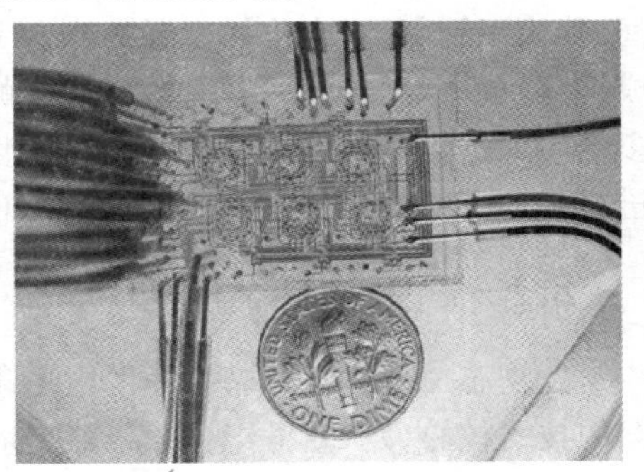

图 8.11　微阵列蛋白质芯片

微流控蛋白质芯片(*microfluidic protein biochip*)也称第二代蛋白质芯片,如图 8.11 所示,在保留高密度蛋白质微阵列的前提下引入了微通道,使得蛋白质的探针固定、待检测样品的注入以及随后多余样品的清洗都能够实现集成化和自动化,它代表了蛋白质芯片的发展趋势。

3.细胞芯片

细胞芯片由裸片、封装盖板和底板组成,裸片上密集分布有 6 000~10 000 乃至更高密度不同细胞阵列,封装于盖板与底板之间。细胞芯片能够精确地控制细胞膜微孔的开启与关闭,因此可以在完全不影响周围细胞的情况下,对目标基因或细胞进行基因导入、蛋白质提取等研究;通过计算机微型装置中的芯片,可以达到控制该健康细胞活动的目的,最终开发出的细胞芯片能够精确调节电压,以激活不同的人体组织细胞,将来还能批量生产细胞芯片,将其转入人体以取代或修复病变的细胞组织,解决多种人类疾病难题。

4.组织芯片

组织芯片是基因芯片技术的发展和延伸,它可以将数十个甚至上千个不同个体的临床组织标本按预先设计的顺序排列在一张玻璃芯片上进行分析研究,是一种高能量、多样本的分析工具,使科研人员能同时对上千种正常状态或疾病状态,以及疾病发展的不同阶段的自然病理生理状态下的组织样本进行某一个或多个特定的基因或与其相关的表达物进行研究。组织芯片对基因和蛋白质与疾病关系的研究尤其具有意义,并有广阔的市场前景。

8.2.4 生物传感器的应用实例

作为一门在生命科学和信息科学之间发展起来的交叉学科,生物传感器因其具有选择性好、灵敏度高、分析速度快、成本低、在复杂的体系中可在线连续监测,特别是高度自动化、微型化与集成化的特点,使得它在发酵工艺、环境监测、食品工业、临床医学、军事及军事医学等方面得到了广泛应用。

1.生物传感器在医学领域的应用

在临床医学中,酶电极是最早研制且应用最多的一种传感器,目前,已成功地应用于血糖、乳酸、维生素 C、尿酸、尿素、谷氨酸、转氨酶等物质的检测。其原理是:用固定化技术将酶装在生物敏感膜上,检测样品中若含有相应的酶底物,则反应产生可接受的信息物质,指示电极发生响应转换成电信号的变化,根据这一变化,就可测定某种物质的有无和多少。利用具有不同生物特性的微生物代替酶,可制成微生物传感器,在临床中应用的微生物传感器有葡萄糖、乙醇、胆固醇等传感器,图 8.10 是快速葡萄糖分析仪。

2.在水质监测中的应用

生化需氧量(BOD)是衡量水体有机污染程度的重要指标。BOD 的研究对于水质监测及处理都是非常重要的,此研究也成为水质检测科技发展的方向。BOD 的传统标准稀释法所需时间长,操作烦琐,准确度差,而 BOD 传感器不仅能满足实际监测的要求,并具有快速、灵敏的特点。自 1977 年首次将丝孢酵母菌分别用聚丙酰胺和骨胶原固定在多孔纤维素膜上,利用 BOD 微生物传感器测定水中 BOD 以来,此项技术得到了迅速的发展。目前,已有可用于测定废水中 BOD 值的生物传感器和适于现场测定的便携式测定仪。图 8.11 为德国研发的环境废水 BOD 分析仪。随着 BOD 快速测定研究的不断深入,研究发现 BODst(快速 BOD 测定值)还可作为在线监测生物处理过程的一个重要参数。

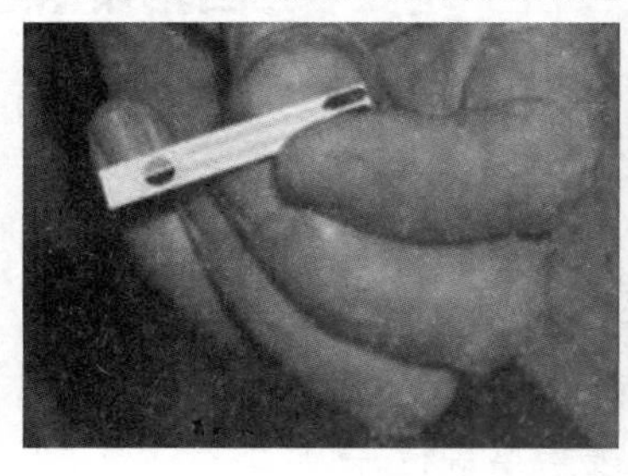

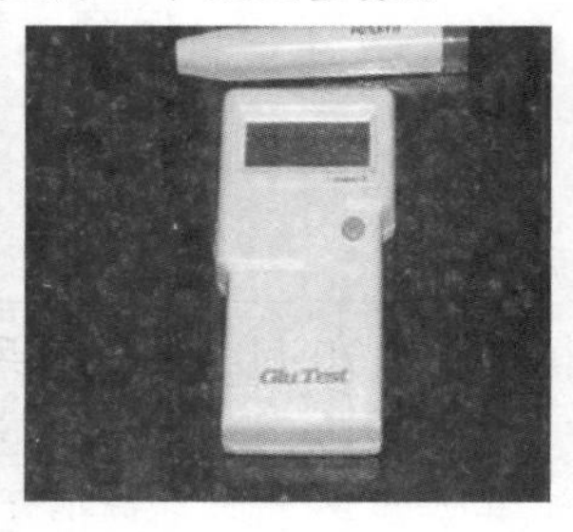

图 8.10 快速葡萄糖分析仪

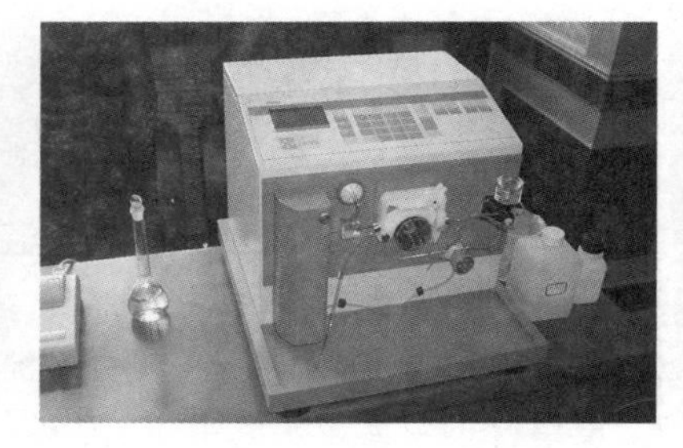

图 8.11 德国研发的环境废水 BOD 分析仪

3.生物传感器发展研究的展望

目前发展了许多种生物传感器,但是生物传感器的稳定性、再现性和可批量生产性明显不足,所以生物传感器技术尚处于幼年期。因此,生物传感器的一个发展方向是在完善现有传感器功能的基础上,开发新型的生物传感器。利用共价键结合的方法将辣根过氧化物酶和纳米金固定在电极表面制备第三代生物传感器还处于研究阶段,它们具有良好的研究价值和发展前景;另一个方向是完善生物活性膜的固定化技术,生物活性膜的固定是生物传感器制作中的关键技术,它决定着活性物质的响应与稳定性,生物活性膜的固定化技术如果发展成熟,那么体积小、灵敏度高、稳定性好、多功能成本低的新一代生物传感器将可成批生产,而应用于各个领域。生物传感器发展的第三个方向是模拟生物体功能,并超过人类五官的敏感能力,来完善机器人或是人类的视觉、味觉、触觉。

在学习了国士无双钟南山的事迹后,我们得到启示:

(1)科学没有国界,但科学家却有国界,钟南山院士“不忘初心、牢记使命”的科研态度激励我们弘扬科学报国的优良传统,祖国发展需要有责任,有担当的人,我们肩负时代重任,为实现中华民族伟大复兴的中国梦不懈努力。

(2)钟南山不仅医术精湛,医德高尚,他尊重科学,实事求是,敢医敢言的道德风骨和学术勇气更令人景仰。科学追求真理,我们要学习钟南山院士看事情或者做研究,要有事实根据,不轻易下结论,要相信自己的观察,有执着的追求,办事要严谨要实在。

(3)生物传感器是一类特殊的传感器,它以生物活性单元(如酶、抗体、核酸、细胞等)作为生物敏感单元,对目标测物具有高度选择性的检测器。生物传感器涉及的是生物物质,主要用于临床诊断检查、治疗时实施监控、发酵工业、食品工业、环境和机器人等方面。

8.3 光纤传感器

光纤传感器(1)

【案例导读】庆祝中华人民共和国成立70周年盛大阅兵

2019年10月1日上午,庆祝中华人民共和国成立70周年大会在北京天安门广场隆重举行。中共中央总书记、国家主席、中央军委主席习近平发表重要讲话,随后举行了盛大的阅兵式。习近平强调:今天,社会主义中国巍然屹立在世界东方,没有任何力量能够撼动我们伟大祖国的地位，没有任何力量能够阻挡中国人民和中华民族的前进步伐。

从总书记的重要讲话，到随后的盛大阅兵式，有太多振奋人心的话语，有太多激荡人心的场面。此次阅兵，亮点纷呈，从人数规模创近几次之最，到参阅将军人数创历史之最，再到武器装备全部国产化……无不令人激动。东风-31甲改核导弹、巨浪-2导弹、东风-5B核导弹、东风-41核导弹等强大的装备彰显了中国强大的国力，更体现了我国国防科研自主创新的能力，为共和国筑起坚不可摧的和平盾牌。

致敬先烈，不忘根本，这次阅兵再次凝聚了国人的价值共识。有个细节值得一提，在21辆礼宾车上，坐着老一辈党和国家、军队领导人亲属代表，老一辈建设者和家属代表，新中国成立前参加革命工作的老战士，老一辈军队退役英模、民兵英模和支前模范代表。无论走得多远，都不能忘记来时的路，不忘初心，方得始终！

图 8.12　庆祝中华人民共和国成立 70 周年盛大阅兵

中国人民解放军听党指挥的政治意蕴鲜明，阅兵通过三军列阵受阅、方队行进等形式，宣示坚持党对军队绝对领导的不变军魂，宣示坚决听从党中央中央军委和习近平主席指挥的坚强意志，宣示坚定不移忠诚核心、拥戴核心、维护核心的高度自觉。辉煌70年，奋进新时代，在中国共产党的坚强领导下，中国发生历史性变革、取得历史性成就，中国特色强军之路越走越宽广。

【案例分析】光纤传感器在军事领域应用广泛，东风-31甲改核导弹、巨浪-2导弹、东风-5B核导弹、东风-41核导弹等装备中都安装了光纤陀螺仪，它在测量导弹的姿态、实现制导、控制和目标跟踪中占有极其重要地位，它对提高制导武器的制导精度起着极为重要的作用，甚至可以说起着关键性和决定性作用。

光纤传感器是20世纪70年代中期发展起来的一门新技术，它是伴随着光纤及光通信技术的发展而逐步形成的。

光纤传感器与传统的各类传感器相比有一系列优点，如不受电磁干扰，体积小，质量小，可挠曲，灵敏度高，耐腐蚀，电绝缘、防爆性好，易与微机连接，便于遥测等。它能用于温度、压力、应变、位移、速度、加速度、磁、电、声和pH值等各种物理量的测量，具有极为广泛的应用前景。

8.3.1 光纤的结构与传光原理

1.光纤的结构

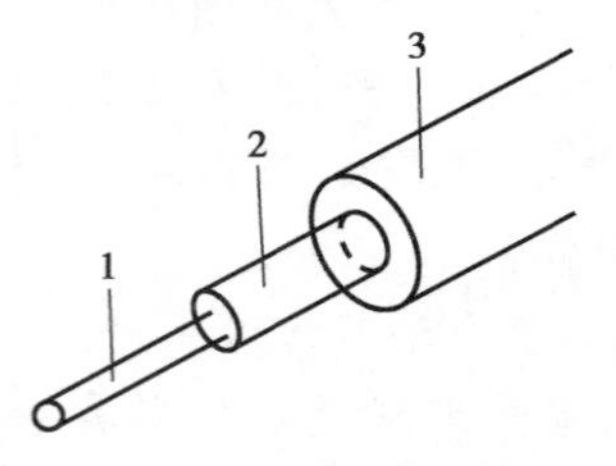

图 8.13 光纤传感器的结构
1—纤芯;2—包层;3—保护层

光导纤维简称光纤,是一种多层介质结构的对称圆柱体,它用比头发丝还细的石英玻璃丝制成,包括纤芯、包层和涂敷层,其结构如图 8.13 所示。纤芯材料的主体是二氧化硅,里面掺杂了极微量的其他材料,如二氧化锗、五氧化二磷等。掺杂其他材料的目的是提高材料的光折射率。纤芯的直径为 5~75 μm。纤芯外面为包层,可以是一层、两层(内外包层)或者更多层结构,总直径在 100~200 μm。包层的材料一般为纯二氧化硅,为了降低包层对光的折射率,也可掺杂其他微量元素。外层涂料对光纤起保护作用,并增加机械强度;外层加装不同颜色的塑料套管,除起保护作用外,还可方便地辨认不同的光纤型号。

2.光纤的传输原理

众所周知,光在空间是直线传播的。在光纤中,光的传输限制在光纤中,并随光纤能传送到很远的距离,光纤的传输是基于光的全内反射。当光纤的直径比光的波长大很多时,可以用几何光学的方法来说明光在光纤内的传播。设有一段圆柱形光纤,如图 8.14 所示,它的两个端面均为光滑的平面。当光线射入一个端面并与圆柱的轴线成 θ 角时,根据斯涅尔定律,在光纤内折射成 θ',然后以 φ 角入射至纤芯与包层的界面。若要在界面上发生全反射,则纤芯与界面的光线入射角 φ 应大于临界角 φ_c,即

$$\varphi \geqslant \varphi_c = \arcsin \frac{n_2}{n_1} \tag{8.5}$$

n_1 和 n_2 分别是纤芯和包层的折射率,并在光纤内部以同样的角度反复逐次反射,直至传播到另一端面。

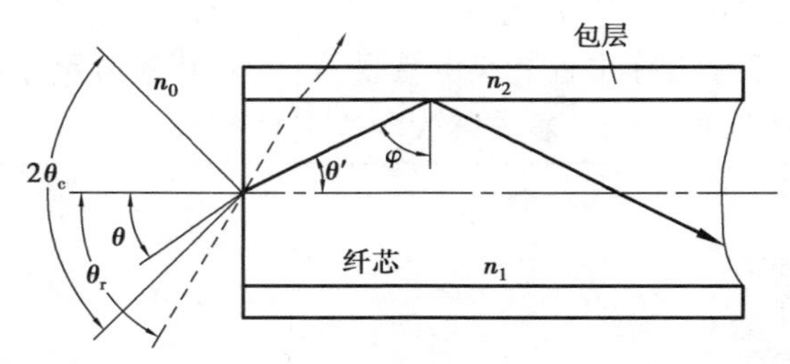

图 8.14 光纤的传光原理

为满足光在光纤内的全内反射,光入射到光纤端面的临界入射角 θ_c 应满足下式:

$$n_0 \sin \theta_c = n_1 \sin \theta' \tag{8.6}$$

而

$$n_1 \sin \theta' = n_1 \sin\left(\frac{\pi}{2} - \varphi\right) = n_1 \cos \varphi = n_1 (1 - \sin^2\varphi)^{\frac{1}{2}} = (n_1^2 - n_2^2)^{\frac{1}{2}} \tag{8.7}$$

所以

$$n_0 \sin \theta_c = (n_1^2 - n_2^2)^{\frac{1}{2}} \tag{8.8}$$

实际工作时需要光纤弯曲,但只要满足全反射条件,光线仍继续前进。可见这里的光线"转弯"实际上是由光的全反射所形成的。

一般光纤所处环境为空气,则 $n_0=1$。这样在界面上产生全反射,在光纤端面上的光线入射角为

$$\theta \leqslant \theta_c = \arcsin(n_1^2 - n_2^2)^{\frac{1}{2}} \tag{8.9}$$

说明光纤集光本领的术语叫数值孔径 NA,即

$$NA = \sin\theta_c = (n_1^2 - n_2^2)^{\frac{1}{2}} \tag{8.10}$$

数值孔径反映纤芯接收光量的多少。其意义是:无论光源发射功率有多大,只有入射光处于 $2\theta_c$ 的光锥内,光纤才能导光。如入射角过大,如图 8.7 中角 θ_r,经折射后不能满足式(8.10)的要求,光线便从包层逸出而产生漏光。所以 NA 是光纤的一个重要参数。一般希望有大的数值孔径,这有利于耦合效率的提高,但数值孔径过大,会造成光信号畸变所以要适当选择数值孔径的数值。

8.3.2 光纤传感器的类型与原理

光纤传感器(2)

1.光纤传感器的原理

光纤传感器的基本原理是将来自光源的光经过光纤送入调制器,使待测参数与进入调制器的光相互作用后,导致光的光学性质(如光的强度、波长、频率、相位、偏振态等)发生变化,成为被调制的信号光,再经过光纤送入光探测器,经解调器解调后,获得被测参数。由于光纤既是一种电光材料,又是一种磁光材料,即同电和磁存在着某些相互作用的效应,因而可以说光纤兼具"传"和"感"两种功能。

2.光纤传感器的分类

在光纤传感器技术领域里,可以利用的光学性质和光学现象很多,而且光纤传感器的应用领域极广,从最简单的产品统计到对被测对象的物理、化学或生物等参量进行连续监测、控制等,都可以采用光纤传感器。

光纤传感器按其传感器原理分为两大类:一类是传感型(也称功能型)光纤传感器,另一类是传光型(也称非功能型)光纤传感器。功能型传感器是利用光纤本身的特性把光纤作为敏感元件,被测量对光纤内传输的光进行调制,使传输的光的强度、相位、频率或偏振态等特性发生变化,再通过对被调制过的信号进行解调,从而得出被测信号。非功能型传感器是利用其他敏感元件感受被测量的变化,光纤仅作为信息的传输介质。光纤传感器所用光纤有单模光纤和多模光纤。单模光纤的纤芯直径通常为 2~ 12 μm,很细的纤芯半径接近于光源波长的长度,仅能维持一种模式传播,一般相位调制型和偏振调制型的光纤传感器采用单模光纤;光强度调制型或传光型光纤传感器多采用多模光纤。为了满足特殊要求,出现了保偏光纤、低双折射光纤、高双折射光纤等,所以采用新材料研制特殊结构的专用光纤是光纤传感技术发展的方向。

1)传感型光纤传感器

传感型光纤传感器利用对外界信息具有敏感能力和检测功能的光纤(或特殊光纤)作为传感元件。在这类传感器中,光纤不仅起传光的作用,而且还通过光纤在外界因素(弯曲、相变)的作用下,其光学特性(光强、相位、偏振态等)的变化来实现传和感的功能。因此,传感

器中的光纤是连续的,如图 8.15 所示。

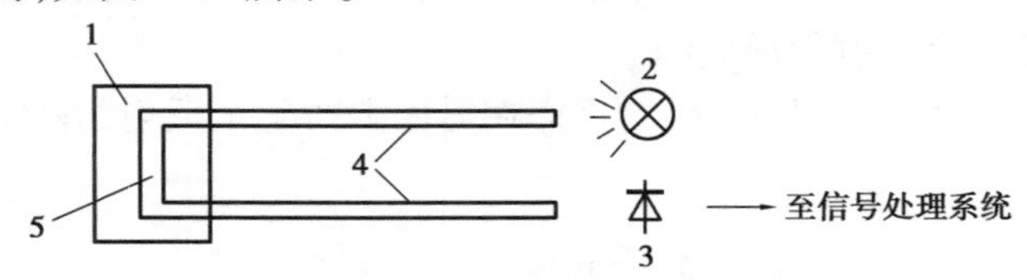

图 8.15 传感型光纤传感器组成示意图

1—被测对象;2—光源;3—光探测器;4—光纤;5—光纤敏感元件

2)传光型光纤传感器

在传光型光纤传感器中,光纤仅作为传播光的介质,对外界信息的“感觉”功能是依靠其他物理性质的功能元件来完成的。传感器中的光纤是不连续的,其间接有其他介质的敏感元件,如图 8.16 所示,光纤在传感器中仅起传光作用。

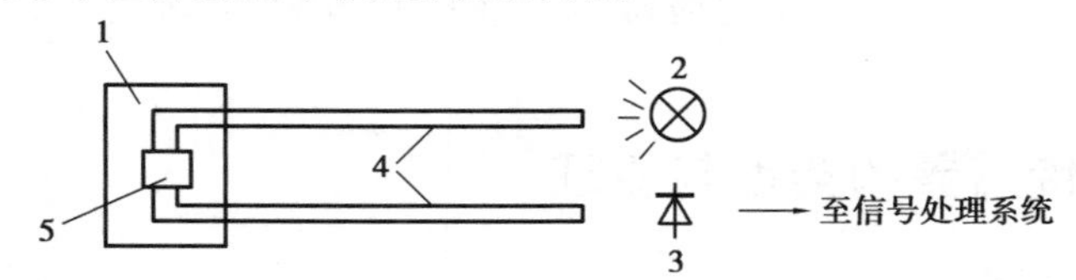

图 8.16 传光型光纤传感器组成示意图

1—被测对象;2—光源;3—光探测器;4—光纤;5—光敏感元件

根据光受被测对象的调制形式,光纤传感器可分为以下四类:

(1)强度调制型光纤传感器。这是一种利用被测对象的变化引起敏感元件的折射率、吸收或反射等参数的变化,而导致光强度变化来实现敏感测量的传感器。常见的有利用光纤的微弯损耗,各物质的吸收特性,振动膜或液晶的反射光强度的变化,物质因各种粒子射线或化学、机械的激励而发光的现象,以及物质的荧光辐射或光路的遮断等来构成压力、振动、温度、位移、气体等各种强度调制型光纤传感器。这类光纤传感器的优点是结构简单、容易实现、成本低。其缺点是受光源强度的波动和连接器损耗变化等的影响较大。

(2)偏振调制光纤传感器。这是一种利用光的偏振态的变化来传递被测对象信息的传感器。常见的有利用光在磁场中媒质内传播的法拉第效应做成的电流、磁场传感器;利用光在电场中的压电晶体内传播的泡克耳斯效应做成的电场、电压传感器;利用物质的光弹效应构成的压力、振动或声传感器;以及利用光纤的双折射性构成温度、压力、振动等传感器。这类传感器可以避免光源强度变化的影响,因此灵敏度高。

(3)频率调制光纤传感器。这是一种利用由被测对象引起的光频率的变化来进行监测的传感器。通常有利用运动物体反射光和散射光的多普勒效应制成的光纤速度、流速、振动、压力、加速度传感器;利用物质受强光照射时的拉曼散射制成的测量气体浓度或监测大气污染的气体传感器;以及利用光致发光的温度传感器等。

(4)相位调制传感器。其基本原理是利用被测对象对敏感元件的作用,使敏感元件的,折射率或传播常数发生变化,从而导致光的相位变化,然后用干涉仪来检测这种相位变化而得到被测对象的信息。通常有利用光弹效应的声、压力或振动传感器;利用磁致伸缩效应的电流、磁场传感器;利用电致伸缩的电场、电压传感器以及利用萨格纳克效应(Sagnac)效应的旋转角速度传感器(光纤陀螺)等。这类传感器的灵敏度很高,但由于须用特殊光纤及高精度检测系统,因此成本高。

8.3.3 光纤传感器的应用

1.光纤位移传感器

位移与其他机械量相比,既容易检测,又容易获得高的检测精度,所以常将被测对象的机械量转换成位移来检测,如将压力转换为膜片的位移,加速度转换成重物的位移等。这种方法不但结构形式多,而且很简单,因此位移传感器是机械量传感器中最基本的传感器。光纤位移传感器又分为传输型光纤位移传感器和传感型光纤位移传感器,这里仅介绍传输型光纤位移传感器。

利用反射式光纤位移传感器测微小位移的原理图如图 8.17(a)所示。反射式光纤位移传感器利用光纤传送和接收光束实现无接触测量。光源经一束多股光缆把光传送到传感器端部,并发射到被测物体上;另一束多股光缆把被测物反射出来的光接收并传递到光敏元件上。这两束多股光缆在接近目标之前汇合成 Y 形。汇合是将两束光缆里的光纤分散混合而成的。

图 8.17(a)中用白圈代表发射光纤,黑点代表接收光纤,会合后的端面仔细磨平抛光。由于传感器端部与被测物体间距离 d 的变化,因此反射到接收光纤的光通量不同,可以反映传感器与被测物体间距离的变化。

图 8.17(b)是接收相对光强与距离 d 的关系,可见峰值左面的线段有很好的线性,可以检测位移。光缆中的光纤往往多达数百根,可测量几百微米的小位移。

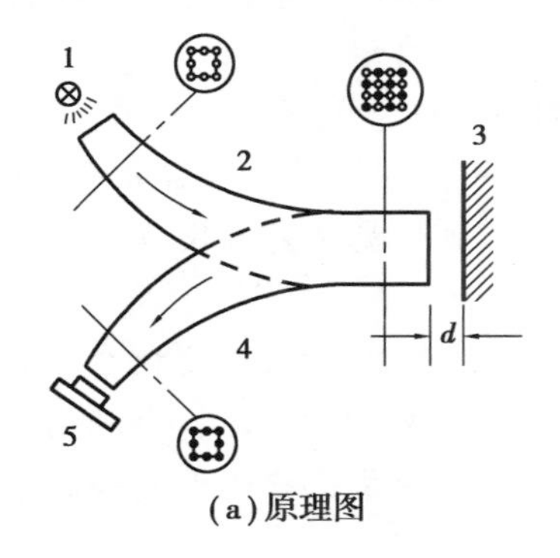

(a)原理图

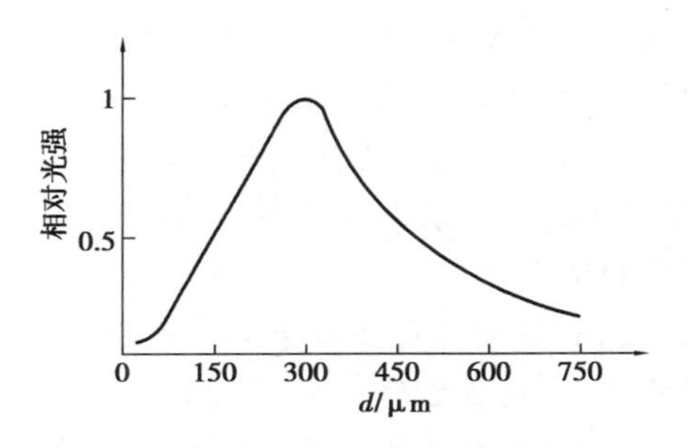

(b)接收相对光强与距离的关系特性曲线

图 8.17 反射式光纤位移传感器

1—光源;2—发射光纤;3—被测物;4—接收光纤;5—光敏元件

2.光纤旋涡流量传感器

光纤旋涡流量传感器是将一根多模光纤垂直地装入流管,当液体或气体流经与其垂直的光纤时,光纤受到流体涡流的作用而振动,振动的频率与流速有关系,测出频率便可知流速。这种流量传感器结构示意图如图 8.18 所示。

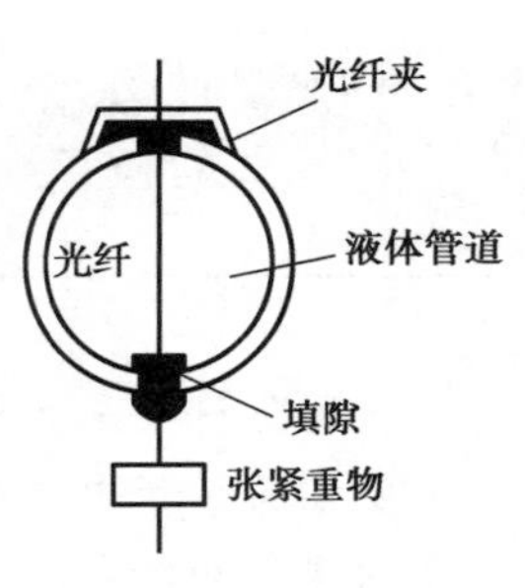

图 8.18 光纤旋涡流量传感器

当流体流动受到一个垂直于流动方向的非流线体阻碍时,根据流体力学原理,在某些条件下,在非流线体的下游两侧产生有规则的旋涡,其旋涡的频率 f 近似与流体的流速成正比,即

$$f = \frac{Sv}{d} \tag{8.11}$$

式中：v——流速；

d——流体中物体的横向尺寸大小；

S——斯特罗哈(Strouhal)数，它是一个无量纲的常数，仅与雷诺数有关。

式(8.11)是旋涡流体流量计测量流量的基本理论依据。由此可见，流体流速与涡流频率呈线性关系。

在多模光纤中，光以多种模式进行传输，在光纤的输出端，各模式的光就形成了干涉花样，这就是光斑。一根没有外界扰动的光纤所产生的干涉图样是稳定的，当光纤受到外界扰动时，干涉图样的明暗相间的斑纹或斑点发生移动。如果外界扰动是由于流体的涡流而引起时，干涉图样的斑纹或斑点就会随着振动的周期变化来回移动，那么测出斑纹或斑点移动，即可获得对应于振动频率 f 的信号，根据式(8.11)推算流体的流速。

这种流量传感器可测量液体和气体的流量，因为传感器没有活动部件，测量可靠，而且对流体流动不产生阻碍作用，所以压力损耗非常小。这些特点是孔板、涡轮等许多传统流量计所无法比拟的。

庆祝中华人民共和国成立70周年盛大阅兵给我们的启示：

(1)庆祝中华人民共和国成立70周年阅兵式彰显了中华民族从站起来、富起来迈向强起来的雄心壮志。阅兵式规模之大、类型之全均创历史之最，编组之新、要素之全，彰显强军成就。装备方阵堪称“强军利刃”“强国之盾”，见证着人民军队迈向世界一流军队的坚定步伐。

(2)爱国，不能停留在口号上。正如习近平总书记强调的，爱国是要把自己的理想同祖国的前途、把自己的人生同民族的命运紧密联系在一起，扎根人民，奉献国家。置身于新时代，爱国就是为实现“两个百年”奋斗目标、实现中华民族伟大复兴的中国梦而努力奋斗。

(3)光纤陀螺仪在导弹上的应用说明科技创新支撑着军事硬实力，把先进的科学技术应用到军事领域，使之成为战斗力生成的倍增器。

科学技术促进国防现代化建设

国防科技是衡量一个国家综合国力的重要标志之一，也是国防现代化建设的一个重要方面。新中国成立以来，在党中央、国务院、中央军委的关怀和领导下，经过50多年的建设和发展，中国的国防科技建立起了包括电子、船舶、兵器、航空、航天和核能等门类齐全、综合配套的科研实验生产体系，取得了一大批具有国内或国际先进水平的科研成果，为现代化建设和切实增强我国的综合国力做出了重要贡献。

这一章我们学习三种新型的传感器,其中,红外传感技术已经在现代科技、国防和工农业等领域获得了广泛的应用。由红外传感技术制成的红热成像仪能透过烟尘、云雾、小雨及树丛等许多自然或人为的伪装来看清目标。手持式及安装于轻武器上的热成像仪可以让使用者看清800 m或更远的人体大小的目标,如图8.19所示,请查阅资料分析红热成像仪其原理是什么?

图8.19　配备热成像传感器的自动步枪

光纤传感器测位移

实训目的:

1. 了解反射式光纤位移传感器的原理;
2. 熟悉光纤传感器的应用及测位移的方法;
3. 锻炼动手能力,将课堂理论与实践相结合培养精益求精的工匠精神。

1.实训原理

反射式光纤位移传感器是一种传输型光纤传感器,其原理如图8.20(a)所示。光纤采用Y型结构,两束光纤一端合并在一起组成光纤探头,另一端分为两支,分别作为光源光纤和接收光纤。光从光源耦合到光源光纤,通过光纤传输,射向反射面,再被反射到接收光纤,最后由光电转换器接收,转换器接收到的光源与反射体表面的性质及反射体到光纤探头距离有关。当反射表面位置确定后,接收到的反射光光强随光纤探头到反射体的距离的变化而变化。显然,当光纤探头紧贴反射面时,接收器接收到的光强为零。随着光纤探头离反射面距离的增加,接收到的光强逐渐增加,到达最大值点后又随两者的距离增加而减小。

2.实训设备和器材

实训设备和器材包括直流电源、电压表、Y型光纤传感器、振动平台、测微头和反射面等。

3.实训内容和步骤

(1)观察光纤位移传感器结构,它由两束光纤混合后,组成Y型光纤,探头固定在Z型安装架上,将二根光纤尾部端面对住自然光照射,观察探头端面,探头端面为半圆双D结构。

(2)了解振动平台在实验仪上的位置(实验仪台面上右边的圆盘,在振动台上贴有反射纸作为光的反射面)。

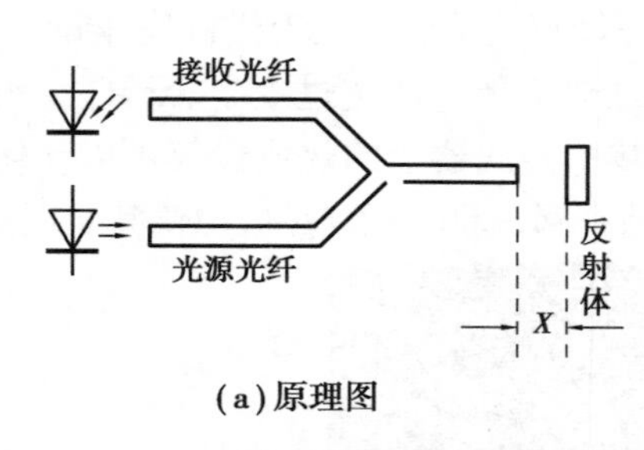

(a)原理图

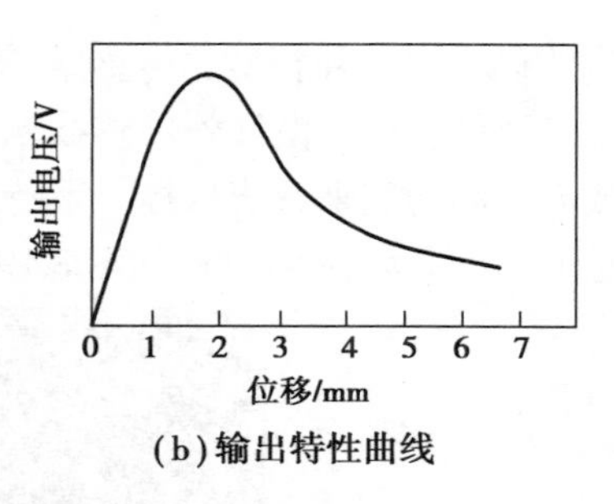

(b)输出特性曲线

图 8.20　反射式光纤位移传感器的原理及输出特性曲线

(3)按图 8.21 所示接线。因光/电转换器内部已安装好,所以可将电信号直接经差动放大器放大。电压表的切换开关置 2 V 挡,开启主、副电源。

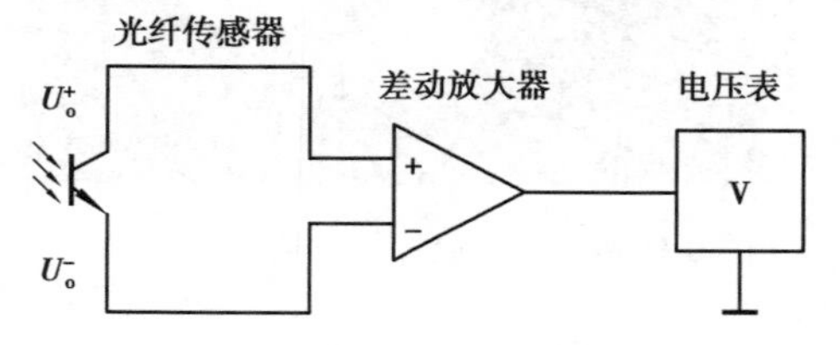

图 8.21　测量电路图

(4)旋转测微头,使光纤探头与振动台面接触,调节差动放大器增益至最大,调节差动放大器零位旋钮使电压表读数尽量为零,旋动测微头使贴有反射纸的被测体慢慢离开探头,观察电压表读数"小—大—小"的变化。

(5)旋转测微头使电压表指示重新回零;旋转测微头,每隔 0.05 mm 读出电压表的读数,并将其填入表 8.1 中。

(6)作出 U_o—X 曲线,计算灵敏度 $S=\Delta U/\Delta X$ 及线性范围。

表 8.1　实验数据记录表

X/mm								
U_o/V								

注意事项

(1)实验时应保持反射纸的洁净,并使反射面与光纤端面平行。

(2)工作时,光纤端面不宜长时间直照强光,以免内部电路受损。

(3)注意背景光对实验的影响,光纤勿成锐角曲折。

红外感应灯的设计

电力作为一种洁净方便的能源广泛的应用与我们的生活与生产方面,因此电能的节能尤为重要,要节能首先就要做到节约能源,其次再通过科学研究发明更加人性化和节能的用电器。热释电红外传感器是一种能检测人或动物发射的红外线而输出电信号的传感器,被广泛的应用到各种自动化控制装置中。

根据本章介绍的红外线感应原理设计一款红外感应灯,采用热释电红外探头作为敏感元件,将接收到的微弱信号加以放大,然后驱动继电器,制成人体红外感应灯。该灯能探测来自移动人体的红外辐射,只要人体进入探测区域,感应灯自然点亮。红外感应灯控制电路原理图如图 8.22 所示,设计要求如下:

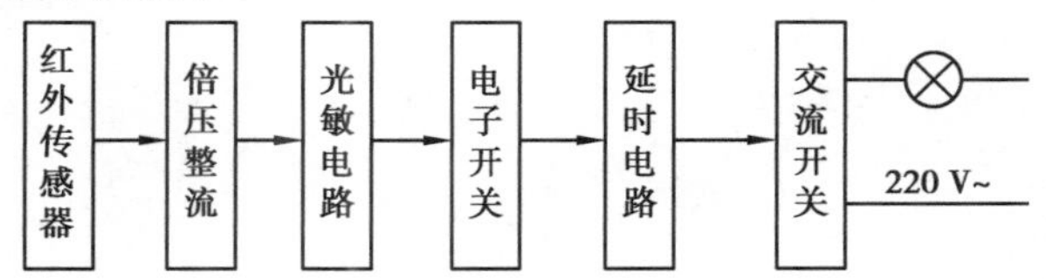

图 8.22　红外感应灯控制电路原理图

(1)熟悉光电检测器件。

(2)通过软硬件设计实现:当周围环境较亮时,灯具处于熄灭状态;而当周围环境较暗时,判断周围是否有人,有人灯具被点亮,否则灯具处于熄灭状态。

1.2017 年 10 月 18 日,习近平总书记在十九大报告中指出,坚持人与自然和谐共生。必须树立和践行“绿水青山就是金山银山”的理念,坚持节约资源和保护环境的基本国策。光纤传感器可以对水质进行方便、可靠、连续、现场监控或遥测,其为保护环境,河道免受污染提供依据(图 8.23)。请问利用光纤传感器检测水质的原理是什么?

图 8.23　光纤传感器检测水质

2.红外光电开关有哪些优越的开关特性?

3.红外探测器可分为哪两类?其探测机理又有何差异?试给出 2~3 个红外探测器的应用实例。

4.举例说明生物传感器在食品工业中有哪些应用,生物传感器的发展趋势主要有哪些方面?

5.简述生物传感器的工作原理。生物传感器的特点有哪些?

6.光纤传感器的性能有何特殊之处?主要有哪些应用?

7.已知 n_1 和 n_2 分别是光纤纤芯和包层的折射率,$n_1=1.46$,$n_2=1.45$,如光纤外部介质的 $n_0=1$,求最大入射角 θ_c 的值。

参考文献

[1] 陈艳红,等.传感器技术及应用[M].西安:西安电子科技大学出版社,2018.
[2] 胡向东,等.传感器与检测技术[M].北京:机械工业出版社,2012.
[3] 郁有文,等.传感器原理及应用[M].西安:西安电子科技大学出版社,2014.
[4] 唐文彦,等.传感器[M].北京:机械工业出版社,2014.
[5] 熊诗波,黄长艺.机械工程测试技术基础[M].北京:机械工业出版社,2006.
[6] 吴建平,等.传感器原理及应用[M].北京:机械工业出版社,2016.
[7] 俞志根.传感器与检测技术[M].北京:科学出版社,2007.
[8] 于彤.传感器原理及应用[M].北京:机械工业出版社,2009.
[9] 叶明超.自动检测与转换技术[M].北京:北京理工大学出版社,2009.
[10] 李晓莹,等。传感器与检测技术[M].北京:高等教育出版社,2019.